高等院校海洋科学专业规划教材

COASTAL STORMS:
PROCESSES AND IMPACTS

海岸风暴：
过程与作用

保罗·恰沃拉（Paolo Ciavola）　乔瓦尼·可可（Giovanni Coco）
编

邓俊杰
译

中山大学出版社
·广州·

版权所有　翻印必究

图书在版编目（CIP）数据

海岸风暴：过程与作用/（意）保罗·恰沃拉（Paolo Ciavola），（新西兰）乔瓦尼·可可（Giovanni Coco）编；邓俊杰译. —广州：中山大学出版社，2023.8
（高等院校海洋科学专业规划教材）
书名原文：Coastal Storms：Processes and Impacts

ISBN 978 - 7 - 306 - 07597 - 0

Ⅰ.①海…　Ⅱ.①保…②乔…③邓…　Ⅲ.①海岸—风暴—高等学校—教材　Ⅳ.①P425

中国版本图书馆 CIP 数据核字（2022）第 128577 号

HAIAN FENGBAO：GUOCHENG YU ZUOYONG

出 版 人：	王天琪
策划编辑：	李　文
责任编辑：	李　文
封面设计：	曾　斌
责任校对：	石玉珍
责任技编：	靳晓虹
出版发行：	中山大学出版社
电　　话：	编辑部 020 - 84110283，84113349，84111997，84110779，84110776
	发行部 020 - 84111998，84111981，84111160
地　　址：	广州市新港西路 135 号
邮　　编：	510275　传　真：020 - 84036565
网　　址：	http：//www.zsup.com.cn　E-mail：zdcbs@mail.sysu.edu.cn
印 刷 者：	佛山市浩文彩色印刷有限公司
规　　格：	787mm×1092mm　1/16　16.75 印张　435 千字
版次印次：	2023 年 8 月第 1 版　2023 年 8 月第 1 次印刷
定　　价：	80.00 元

如发现本书因印装质量影响阅读，请与出版社发行部联系调换

《高等院校海洋科学专业规划教材》
编审委员会

主　　任　陈省平　何建国
委　　员　（以姓氏笔画排序）
　　　　　王江海　吕宝凤　刘　岚　孙晓明
　　　　　杨清书　李　雁　来志刚　吴玉萍
　　　　　吴加学　何建国　邹世春　陈省平
　　　　　易梅生　罗一鸣　赵　俊　袁建平
　　　　　贾良文　夏　斌　殷克东　栾天罡
　　　　　郭长军　龚　骏　龚文平　翟　伟

总　序

　　海洋与国家安全和权益维护、人类生存和可持续发展、全球气候变化、油气和某些金属矿产等战略性资源保障等等休戚相关。贯彻落实"海洋强国"建设和"一带一路"倡议，不仅需要高端人才的持续汇集，实现关键技术的突破和超越，而且需要培养一大批了解海洋知识、掌握海洋科技、精通海洋事务的卓越拔尖人才。

　　海洋科学涉及的领域极为宽广，几乎涵盖了传统所熟知的"陆地学科"。当前，海洋科学更加强调整体观、系统观的研究思路，从单一学科向多学科交叉融合的发展趋势十分明显。海洋科学本科人才培养中，处理好"广博"与"专深"的关系，十分关键。基于此，我们本着"博学专长"的理念，按"243"思路来构建"学科大类→专业方向→综合提升"的专业课程体系。其中，学科大类板块设置了基础和核心两类课程，以拓宽学生知识面，助其掌握海洋科学理论基础和核心知识；专业方向板块从本科第四学期开始，按海洋生物、海洋地质、物理海洋和海洋化学四个方向将学生"四选一"进行分流，以帮助学生掌握扎实的专业知识；综合提升板块则设置选修课、实践课和毕业论文三个模块，以推动学生更自主、个性化、综合性地学习，养成专业素养。

　　相对于数学、物理学、化学、生物学、地质学等专业，海洋科学专业开设时间较短，教材积累相对欠缺，部分课程尚无正式教材，部分课程虽有教材但专业适用性不理想或知识内容较为陈旧。我们基于"243"课程体系，固化课程内容，从以下三个方面建设海洋科学专业系列教材：一是引进、翻译和出版 Descriptive Physical Oceanography: An Introduction, 6ed（《物理海洋学·第6版》）、Chemical Oceanography, 4ed（《化学海洋学·第4版》）、Biological Oceanography, 2ed（《生物海洋学·第2版》）、Introduction to Satellite Oceanography（《卫星海洋学》）、Coastal Storms: Processes and Impacts（《海岸风暴：过程与作用》）、Marine Ecotoxicology（《海洋生态毒理学》）等原版教材；二是编著、出版《海洋植物学》《海洋仪器分析》《海岸动力地貌学》《海洋地图与测量学》《海洋污染与毒理》《海洋气象学》《海洋观测技术》

《海洋油气地质学》等理论课教材；三是编著、出版《海洋沉积动力学实验》《海洋化学实验》《海洋动物学实验》《海洋生态学实验》《海洋微生物学实验》《海洋科学专业实习》《海洋科学综合实习》等实验教材或实习指导书，预计最终将出版40多部系列性教材。

教材建设是高校的基本建设，对于实现人才培养目标起着重要作用。在教育部、广东省和中山大学等教学质量工程项目的支持下，我们以教师为主体、以学生为中心，及时地把本学科发展的新成果引入教材，使教学内容更具针对性和适用性。谨此对所有参与系列教材建设的教师和学生表示感谢。

系列教材建设是一项长期持续的工作，我们致力于突出前沿性、科学性和适用性，并强调内容的衔接，以形成完整的知识体系。

因时间仓促，教材中难免有不足和疏漏之处，敬请不吝指正。

《高等院校海洋科学专业规划教材》编审委员会

原著前言

　　海岸风暴可能是最具破坏性的自然灾害之一。海岸风暴会扰乱人们在海岸城市的活动，影响大部分人的生活。海岸风暴还会造成重大的经济损失，并经常对人类生命构成威胁。认识风暴期间的物理过程并预测其影响是科学家的重要工作，具有重要的价值。本书我们主要关注海岸风暴的一些特定方面，如从淹没到沿着海岸线的地貌形态变化。由于持续的气候变化和沿海地区不断增加的人口压力，对这一点的认识变得越来越重要。我们试图提供一本能帮助海洋科学、地貌学、海岸工程和地球物理学等各个领域的高年级本科生和研究生的教科书。

　　每章的作者都是该领域最著名的科学家，他们为我们提供了关于海岸风暴的概述性知识，某种程度上是这些作者在欧洲、美国、澳大利亚和新西兰等研究机构的资助下，对他们的专业领域就其多年研究所得进行的经验总结。我们非常感谢这些作者能够分享他们对研究的热情和为促进科学所做的努力。在阅读这些章节时，我们明显地发现，仍然有许多问题有待研究与需要解决。由于对极端条件下的过程理论和自然系统行为之间的类比的认识有限，这一主题的研究受到限制。现场测量仍然很少，因为获得风暴前和风暴后的数据集需要快速地部署最先进、最昂贵的设备。我们希望这本书可以激励科学家增加关于海岸风暴的知识，并有助于更好地提出有关措施的规划，以提高沿海社区的韧性。

保罗·恰沃拉
乔瓦尼·可可

序

　　海岸风暴经常对海岸线造成经济损失，并对社会产生重要影响。在当前的气候危机背景下，沿海地区的风险将会增加，这不仅是因为灾害程度的变化，而且很可能是因为沿海地区的快速发展。因此，沿海地区的管理人员、工程师和学者面临着愈加大的挑战，需要获得符合他们需求的、以当地语言编写的知识，以克服文化障碍。

　　我们非常荣幸地获悉，我们合作编写的《海岸风暴：过程与作用》一书即将出版中文版。当我们构思这本书的时候，我们花了很长时间在思考和讨论，如何让这本书对本科生、研究生和管理者等广大读者有所影响。我们认为，最好的方法是详细描述海岸地貌动力学的关键过程，然后分析除砂质海滩以外广泛的海岸系统。我们很幸运，同仁对我们请求书写书中不同章节的反应良好，这本书的成功是我们所有同仁所做的伟大工作和他们分享知识的结果。

　　我们希望，你会发现这本书与你的研究相关，它将激励你接触海岸系统，并记住我们将在未来几十年面临的气候挑战。

保罗·恰沃拉
乔瓦尼·可可

目 录

1 海岸风暴概述 ·· 1
   1.1 简介 ·· 2
   1.2 天气系统和海岸风暴的关系 ·· 8
   1.3 识别海岸风暴的统计方法 ·· 11
   1.4 结论 ·· 17
   参考文献 ·· 17

2 风暴条件下的水动力过程 ·· 21
   2.1 简介 ·· 22
   2.2 风暴增水 ·· 22
   2.3 风暴期间破波带水动力过程 ··· 28
   2.4 结论 ·· 33
   参考文献 ·· 34

3 风暴条件下砂质海滩上的泥沙输移 ·· 41
   3.1 简介 ·· 42
   3.2 海岸风暴的地貌形态效应 ·· 42
   3.3 风暴期间的泥沙输移过程 ·· 44
   3.4 风暴期间上滨面的泥沙输移观测 ·· 49
   3.5 风暴期间下滨面的泥沙输移观测 ·· 53
   3.6 结论 ·· 54
   参考文献 ·· 54

4 风暴对障壁岛的作用 ··· 59
   4.1 简介 ·· 60
   4.2 障壁岛对风暴的响应 ·· 62
   4.3 量化特定风暴造成的变化 ·· 64
   4.4 弹性恢复力 ··· 69
   4.5 结论 ·· 70
   参考文献 ·· 71

5 风暴对开阔海岸潮滩形态和沉积的作用 ·· 75
   5.1 简介 ·· 76

5.2　沉积学特征 …………………………………………………………… 77
　　5.3　开阔海岸潮滩侵蚀：沉积和动力地貌过程 ………………………… 81
　　5.4　结论 …………………………………………………………………… 88
　　参考文献 ……………………………………………………………………… 89

6　风暴对海崖岸线的作用 ………………………………………………………… 93
　　6.1　简介 …………………………………………………………………… 94
　　6.2　方法和应用 …………………………………………………………… 98
　　6.3　风暴强度与悬崖记录 ………………………………………………… 100
　　6.4　软岩悬崖地质及其对风暴的响应 …………………………………… 103
　　6.5　海崖岸线蚀退模拟方法 ……………………………………………… 108
　　6.6　在海平面加速上升和风暴强度变化下未来风暴对海崖岸线的影响 … 110
　　6.7　结论 …………………………………………………………………… 111
　　参考文献 ……………………………………………………………………… 112

7　风暴对珊瑚礁的作用 ………………………………………………………… 121
　　7.1　简介 …………………………………………………………………… 122
　　7.2　珊瑚礁地貌单元 ……………………………………………………… 123
　　7.3　风暴对礁前的作用：脊槽地貌 ……………………………………… 128
　　7.4　风暴对礁坪的作用：碎砾坪和碎砾嘴 ……………………………… 130
　　7.5　风暴对礁后的作用：砂裙、岛礁 …………………………………… 132
　　7.6　结论 …………………………………………………………………… 137
　　参考文献 ……………………………………………………………………… 138

8　风暴群和海滩响应 …………………………………………………………… 145
　　8.1　简介 …………………………………………………………………… 146
　　8.2　风暴群：起源和定义 ………………………………………………… 148
　　8.3　风暴群对海岸作用的评估方法 ……………………………………… 151
　　8.4　海滩对风暴群的响应 ………………………………………………… 154
　　8.5　结论 …………………………………………………………………… 160
　　参考文献 ……………………………………………………………………… 160

9　越流过程 ……………………………………………………………………… 171
　　9.1　简介 …………………………………………………………………… 172
　　9.2　研究越流过程的方法 ………………………………………………… 176
　　9.3　越流期间的水动力过程 ……………………………………………… 178
　　9.4　越流导致的沉积地貌动力过程 ……………………………………… 180
　　9.5　结论 …………………………………………………………………… 184
　　参考文献 ……………………………………………………………………… 184

10 海岸风暴作用于地貌形态的建模 ··· 191
    10.1   简介 ·· 192
    10.2   结论 ·· 204
    参考文献 ·· 204

11 为应对海岸风暴冲击作准备：海岸带管理方法 ····················· 213
    11.1   简介 ·· 214
    11.2   海岸脆弱性评估框架 ··· 215
    11.3   海岸早期预警系统 ·· 222
    11.4   结论 ·· 227
    参考文献 ·· 228

12 风暴侵蚀灾害评估 ·· 235
    12.1   引言 ·· 236
    12.2   诊断难题 ·· 236
    12.3   量化风暴侵蚀量以服务海岸管理和规划 ················ 238
    12.4   风暴侵蚀量估算在海岸管理/规划中的应用 ··········· 244
    12.5   结论 ·· 246
    参考文献 ·· 248

结论与未来展望 ·· 251
编者后记 ·· 252
译者后记 ·· 253

1　海岸风暴概述

Mitchell Harley[1]

---

[1] 澳大利亚新南威尔士大学土木与环境工程学院水研究实验室。

1.1 简　介

　　风暴是自然界最充满能量和最激烈的状态之一。"风暴"一词是破坏的代名词——强风猛烈地袭击树木和建筑物，强降雨会淹没城镇或者累积堆出数米深的积水，大海会侵蚀海滩和破坏沿岸的房屋，海平面的快速上升会淹没整个岛屿和广大低洼地区。同时，风暴对人类生活至关重要，是全球气候和自然生态系统不可或缺的组成部分。风暴通过向受干旱影响的地区输送急需的水来为水库、河流和地下水提供补给，帮助当地度过旱季。许多生态系统在经过长期的平稳后，还依赖偶尔到来的大风暴来恢复活力，如飓风对高盐潟湖的冲洗（Tunnell，2002）。

　　在全球范围内，风暴是最致命的自然灾害之一（红十字会与红新月会国际联合会，2014）。2004—2013 年，风暴造成全世界范围内超过 18 万人死亡，仅次于地震和海啸（表 1.1）。洪水（包括海浪和风暴潮造成的海洋洪水）在全世界范围内造成 6 万多人死亡。在美国，风暴是过去半个世纪里造成绝大多数经济损失的自然灾害。其中，飓风和热带风暴造成的损失最大，在 1960—2014 年造成 2670 亿美元的经济损失（图 1.1）。恶劣天气、洪水、龙卷风和各种海岸灾害（粗略定义的灾害包括裂流、海岸洪水、海岸侵蚀、强风等）也造成共计 3640 亿美元的损失（美国灾害和脆弱性研究所，2015）。

表 1.1　2004—2013 年全球因自然灾害死亡的人数（按灾害类型）

排名	灾害类型	死亡人数
1	地震/海啸	650321
2	风暴	183457
3	极端气温	72088
4	洪水*	63207
5	块体运动：泥石流、滑坡	8739
6	森林/灌木林火灾	705
7	干旱/粮食短缺	384
8	火山爆发	363
9	块体运动：崩塌、蠕动	273
总计		979537

* 包括波浪和增水事件。

（来源：红十字会与红新月会国际联合会，2014 年）

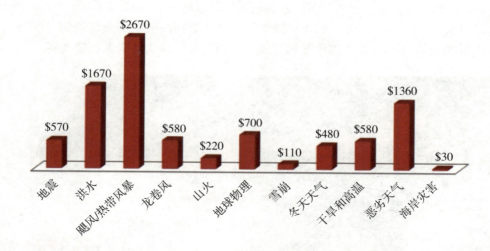

图 1.1　美国 1960—2014 年按灾害类型划分的总灾害损失（亿美元）
（来源：美国灾害与脆弱性研究所，2015）

与地球表面狭长的带状地带构成的海岸带相比，几乎没有哪个地区更容易受到风暴的袭击。海岸带位于陆地和海洋、湖泊等大型水体的交界处，是一个物质通量不断变化的区域。海岸带固结和松散沉积物在地球作用力下不断形成和重塑。这些作用力（风、浪和流）在与海岸沉积物相互作用的过程中消耗掉一定能量，在日常天气状况下这些作用力对邻近海岸腹地的短期影响是最小的。然而，在破坏性风暴状况下，抬升的能量和/或水位可能远远超出海岸带对其的消耗能力，使得海岸和沿海腹地有暴露在异常巨大的作用力和灾害状况中的潜在可能。

海岸地势低洼，且人口密度巨大，沿海人口估计占世界人口的 23%，人口密度超过全球平均水平的三倍（Small 和 Nichols，2003），风暴期间可能出现的水位抬升、波浪和激流会对暴露的海岸产生毁灭性的影响。有一些极端风暴袭击海岸的历史案例，包括 1900 年发生在德克萨斯州加尔维斯顿的飓风，它夺走了 8000～12000 人的生命，甚至在今天它依然被认为是美国历史上最致命的自然灾害（Blake 和 Gibney，2011）；1953 年，北海的一场大风暴潮淹没了荷兰、比利时和英国数万公顷的沿海腹地，夺走了超过 2500 人的生命；在孟加拉国，1970 年的 Bhola 气旋被认为是有史以来最严重的自然灾害之一，Bhola 引起 10 m 的风暴增水，造成 50 万人死亡，给该国人口和经济带来巨大的损失；这种破坏 21 年后在同一地区再次发生，当时另一个热带气旋造成了向内陆延伸 160 km 的风暴增水，致使 13.8 万人死亡（Haque，1997）。

近年来，海岸风暴得到相当大的关注。这是因为人们通过互联网获取新闻和信息的机会呈指数级增长，全世界愈发意识到与气候变化有关的灾害。2005 年的卡特里娜飓风袭击了路易斯安那州海岸线，是至今让人印象深刻的一个特别重大的事件。即使在科学认知、技术和计算机预报取得重大进展的时代，海岸风暴的发生仍然会使各国措手不及。卡特里娜飓风让人们认识到，受海岸风暴影响最大的往往是社会中最弱小的人群（Laska 和 Morrow，2006）。最近的例子有孟加拉国的西德气旋（2007 年），法国的辛西亚气旋（2010 年），加勒比海、新泽西和纽约的桑迪飓风（2012 年），菲律宾的海燕台风（2013 年），英国的 2013—2014 年冬季风暴和瓦努阿图的帕姆热带气旋（2015 年）。图 1.2 为 2015 年 3 月在南半球海域海岸线附近同时发生的 3 个罕见热带气旋。

图 1.2　美国宇航局 2015 年 3 月拍摄的在南半球同时发生的 3 个热带气旋的合成图像
图片右侧的热带气旋帕姆袭击了瓦努阿图岛，被认为是该岛历史上最严重的自然灾害之一。（来源：美国宇航局地球观测站：http://earthobservatory.nasa.gov/）

鉴于海岸风暴的破坏性及其与当今世界密切相关，却很少有书籍就这个主题进行专门论述，并且目前尚未有完整的定义来识别它们。"海岸风暴"一词的使用确实存在一定程度的混淆。例如，表 1.1 的数据表明，海岸风暴属于风暴和洪水两类，未被视为单独一类，但事实上海岸风暴形成和发展的作用过程与河流洪水等其他灾害的作用过程大不相同。同时，图 1.1 突出显示了海岸风暴被以各种方式分类进美国灾害统计常用的 SHELDUS 数据库中，飓风/热带风暴和海岸灾害均被分开处理。

正如本章所讨论的，海岸风暴不明确的界定来源于风暴能量产生、传播以及与海岸线相互作用的复杂方式。然而，如果我们想回答与人类社会有关的重要问题，一个强有力的海岸风暴定义是必要的，例如：

- 与海岸风暴相比，海边的社区和生态系统有多脆弱？
- 海岸风暴是否会愈发频繁或者严重？
- 气候变化对海岸风暴有何影响？
- 建造远离海岸风暴影响的安全基础设施的最近海岸距离是多少？
- 如何设计海岸建筑以抵御海岸风暴？

本章第 1.1 节概述了海岸风暴定义的难点，并基于对这些难点的考虑，形成一个定性的可适用于所有海岸线的海岸风暴定义。第 1.2 节描述了与海岸风暴有关的最常见气候条件。第 1.3 节介绍了如何从观测记录中识别海岸风暴事件的各种方法，并总结了量化海岸风暴严重程度的方法。

1.1.1 对海岸风暴进行定义

"风暴"一词的定义是："以风为特征的大气扰动，通常也以雨、雪、冰雹、雨夹雪或雷电为特征（Merriam-Webster, 2015）。"然而，对于海岸风暴，简单地应用这个定义于海岸地区是不足够的。如果没有某种大气扰动发生在某处，海岸风暴是不可能发生的，尽管风暴与海岸风暴是紧密相连的，但是海岸风暴有区别于其他风暴类型（如雷暴、暴雪）的几个重要特点，因此对其进行定义和分类尤为困难。这些特点包括作用区域与大气扰动位置的距离、海岸风暴发生区域的环境多样性、这些不同的区域环境对同样的环境压力做出响应的方式、风暴的发生时间和持续时间。

就其本身性质而言，海岸风暴必须包括海洋因素，如波浪、洋流和/或水位。基于海洋背景定义风暴的最早进展之一，可以追溯到19世纪初英国皇家海军军官弗朗西斯·蒲福爵士的工作。由于当时在航海日志中报告天气和海况的方法非常主观，蒲福提出了一个标准化的系统，使用一致的语言对这些观测结果进行13个等级的标准划分。这个系统后来被称为蒲福风级，它描述了公海上的风速和相关海况之间的关系。根据现代版本的蒲福风级，风暴等级（或蒲福数）为10级或以上，意味着风速至少为24.5 m/s（约88 km/h）。就海况而言，蒲福风级使用以下术语专门确定风暴状况，如波峰高耸、浪花白沫堆集、猛浪翻腾、能见度低（Wright等，1999）。

虽然蒲福风级可作为天气预报和航海的实用指南，但应用于识别海岸线上的风暴上仍稍微欠缺。这种等级的海况是基于"发育完全的海面状态"的理想概念，这是一种由若干条件限制的风浪的定常状态：恒定的风速、恒定的风向、在足够长的风区、足够长的风时。这些条件几乎从未能在现实中满足，而且靠近海岸线的风场和波浪场会逐渐受到海岸边界的影响，因而海岸波浪通常远比外海上的波浪小和陡。本书第2章将详细阐述风暴浪从深水向浅水移动时的变化。

蒲福风级的另一个局限是只专注于当地海况，未考虑涌浪的影响——波浪已移动到其生成区域之外，并在海面上自由传播。为了考虑涌浪的附加影响，珀西·道格拉斯爵士在20世纪20年代设计了一个用于描述海面完整状况的分级。现在称这种分级为道格拉斯浪级，它是基于两位数的编码系统。第一位数字描述了0～9的局部海况（其中，0是能量最小的海况，9是能量最大的海况），第二位数字描述了涌浪情况，也是从0～9。涌浪的性质意味着，在拥有晴朗蓝天的海岸线上也能观察到从远处风暴传播来的大浪（图1.3）。因此，海岸风暴意味着局部的大气条件不一定会影响风暴本身。

图1.3　在晴朗无云的天气里，巨大的海浪抵达海岸线
（图片来源：A. D. Short）

当海浪和涌浪接近海岸时，海岸环境的类型对海岸线如何响应起着主要作用。对于平时易受低能量波浪条件（如海湾和河口环境中的波浪）影响的海岸线，即使相对较小的波浪也会引起海岸环境的显著变化。例如，在美国东北海岸的特拉华湾，到达海岸的波浪平均高度仅为 0.1 m。在这样一个低能量环境中，仅 0.5 m 的波高也可被视为"风暴浪"，能在海滩剖面上留下持久的特征（Jackson 等，2002）。另一个极端情况如塔斯马尼亚西南部（澳大利亚大陆南部）的高能量海岸线，全年暴露在超过 2.5 m 的有效波高下（Hemer 等，2008）。在这种类型的海岸线上，前面例子中同样的 0.5 m 的波浪很容易被海岸环境吸收，对海岸线的影响可以忽略不计。因此，波浪相对于模态或平衡波浪条件的大小有助于确定海岸响应的幅度。

到目前为止，我们一直关注的是波况，而海岸风暴的另一个关键因素是海岸边界的水位。总水位（total water level，TWL）代表天文潮汐和非潮汐残差的总和，也称为潮汐异常。海岸线上非潮汐残差的出现是由于各种因素，如风暴增水（第 2 章将详细讨论）、波浪形成、盆地假潮、复杂的潮涌相互作用和淡水注入。可用时间的函数表示：

$$TWL(t) = Z_0(t) + T(t) + R(t) \qquad (式1.1)$$

式中，$Z_0(t)$ 是平均海平面（在较长时间尺度上变化）、$T(t)$ 是潮汐分量、$R(t)$ 代表非潮汐残差（Pugh，1987）。*TWL* 是沙坝岛侵蚀（第 4 章讨论）以及低洼海岸越流和淹没（第 9 章讨论）的关键因素。

最后，风暴事件发生的时机和持续时间也是确定海岸风暴的一个重要因素。它取决于风暴发生的潮汐周期阶段（即高潮与低潮、大潮与小潮），潮汐异常可导致异常高的总水位或典型的每日潮汐波动水位。同样，高潮发生的大浪比低潮发生的大浪更容易造成影响。风暴持续的时间也很重要,因为它决定了泥沙从其风暴前位置运移的时间尺度,也增加了风暴在较高潮位发生的概率。

1.1.2 海岸风暴的一般定义

基于对上述因素的考虑,我们给出海岸风暴的广义定义为:由气象引起的对当地海洋状况(如海浪和/或水位)的扰动,有可能显著改变海底的形态,并使后滨暴露于海浪、水流和/或洪水之下。它通常与热带或温带气旋(在本章第1.2节中讨论)等气旋系统的路径有关,这些气旋可以直接袭击海岸线或在离海岸线足够距离的地方前进,从而影响当地的海洋状况。海岸风暴也可能(但不一定)与强风和/或降水同时发生,这些强风和/或降水与异常的海洋条件一起,可能增加风暴的严重性。

海岸风暴对当地海洋条件的干扰必须足够大,以使海底形态(拦门沙、珊瑚礁等)相比其模式形态或日常形态发生显著改变。也就是说,在没有人为干预(如建造防波堤、临时保护屏障等)或异常的条件下,形态会发生变化,随后会出现一段恢复期。这种从风暴形态恢复到非风暴模式形态的恢复期,发生的时间尺度通常比风暴本身更大。在风暴群存在的情况下(见第8章),由于风暴对恢复过程的持续打断或逆转,恢复期可能会被异常地延长。在极端的海岸风暴下,海岸带可能永远不会恢复,并形成适应于更高能量条件下的新平衡状态。

另外,或者结合上述对海底形态的影响,海岸后滨在正常条件下免受波浪、海流和洪水淹没的影响,但在海岸风暴(且无人为干预)下可能会突然暴露于这些过程中。这种暴露可能在海岸风暴正在发生的短时间内,或在特别严重风暴结束后持续数周或几个月。鉴于当地地形和事件的严重程度等因素,这种暴露可能使海水足以侵蚀或高出海岸后滨沙丘,淹没邻近的海岸腹地。

1.1.3 评估海岸风暴强度的方法

特定海岸地区对海岸风暴暴露程度的一个关键问题是风暴到达的时间分布模式和趋势,或者叫海岸地区的风暴强度。海岸风暴评估包括以下研究:

- 一年中海岸风暴发生的频率;
- 风暴到达的时间(如定期/不定期间隔、风暴群、季节性模式);
- 与大尺度气候模式的远距离联系(如厄尔尼诺/南方涛动、北大西洋涛动);
- 海岸风暴的方向变化;
- 海岸极端风暴的变化趋势;
- 气候变化的影响。

评估海岸地区风暴强度的方法可主要归纳为两种:天气气候学方法、统计方法。

评估海岸风暴的天气气候学方法包括将区域天气信息(如风暴路径和海平面压力数据)与特定海岸地区的观测资料(仪器记录、后报数据、历史新闻报道等)配对。正如 Yarnal (1993) 所概述,根据首先分析的配对信息类别,这种方法可以被描述为环流 – 环境或环境 – 环流方法。

环流－环境方法首先对该区域进行独立于海岸响应的天气分类。将这些资料与海岸观测资料进行比较，以获得区域尺度风暴强度与局部海岸响应之间的关系。环境－环流方法首先分析海岸的观测结果，然后确定仅与极端局部海洋扰动有关的天气结构。评估海岸风暴的天气气候学方法案例，如 Mather 等（1964）对美国东海岸的评估、Short 和 Trenaman（1992）对澳大利亚东南海岸线的评估、Betts 等（2010）对法国北部大西洋海岸的评估、Lionello 等（2012）对意大利北部亚得里亚海海岸线的评估。

评估海岸风暴强度的统计方法纯粹侧重于基于海岸的观测数据，并使用统计方法将个别风暴事件从平静或非风暴时期分离出来。这些统计方法将在本章 1.3 节波浪和水位时间序列数据集分析中有详细阐述。虽然依据统计方法不能对与海岸风暴有关的气象过程有全面了解（如天气气候学方法），但它能客观地量化整个区域和盆地的海岸风暴变异性。如澳大利亚悉尼海岸线（Harley 等，2010）、西班牙/葡萄牙加的斯湾（Plomaritis 等，2015）和整个南欧地区（Cid 等，2015）的海岸风暴强度评估。

1.2　天气系统和海岸风暴的关系

海岸风暴最终是由水体上空的大气扰动产生的，这是它从根本上区别于其他极端事件（如海啸）的地方。尽管这些扰动可能以多种形式发生，但全球绝大多数海岸风暴都是由两个主要天气系统，即热带气旋和温带气旋所引发。海岸风暴的发生取决于与气旋系统和海岸环境有关的若干因素，此外这些天气系统还可能引发风暴潮。

1.2.1　热带气旋

几乎没有什么比热带气旋（tropical cyclone，TC）冲击沿岸地区更令人敬畏和具有破坏性的了。热带气旋是一种强烈的低压系统，由围绕热中心核旋转的强风组成，根据风力大小和所在区域的位置来命名。地面风速在 17～32 m/s 并持续 1 min 的热带气旋被称为热带风暴，持续风速超过 32 m/s 的热带气旋在北大西洋和东北太平洋被称为飓风，在西北太平洋被称为台风，而在其他地方则被称为热带气旋。热带气旋通常用来作为所有这些气旋系统类型的总称。

热带气旋的能量主要来自海面的水蒸发，因此在水温足够高（通常高于 26.5℃）的地区形成。其他有利于热带气旋增长的条件是足够强的科氏力（即在 5°以上的纬度）和对流层上下之间的弱垂直风切变（Wallace 和 Hobbs，2006）。从结构上讲，热带气旋由一个直径 30～50 km 的中间核组成，称为"眼"。在这个核心内，地表空气是平静的，云量最小。与风眼相邻的是眼墙，这是一个强雷暴的圆形边缘，整个风暴单体中最强的表面风都在这里。远离中心的外部结构由系列雨带组成（辐合和辐散空气的较小单元），表面风的强度逐渐减弱直到与周边环境条件接近。整个热带气旋单元的典型直径约 650 km。

图 1.4 展示了基于 Saffir-Simpson 分级（第 1.3.3 节中讨论的热带气旋严重性度量）的全球热带气旋轨迹的空间分布。全球平均每年有 80~90 个热带气旋（Marks，2003），其中，大多数集中在几个明显的热带气旋活动地区。热带气旋形成最活跃的地区是在日本、中国台湾和菲律宾海岸线沿岸的西北太平洋，平均每年有 27 个热带气旋。其他活跃地区包括东北太平洋（每年 17 个热带气旋）、西南印度地区（每年 12 个热带气旋）、西北太平洋和澳大利亚/东南印度地区（每年 10 个热带气旋）。

热带气旋所走的路径是由外部因素和本身内部动力共同决定的（Ahrens，2000）。这条路径很难预测，在缺乏环境导向情况下向极地或向西移动（Marks，2003）。当热带气旋的"眼"穿过海岸边界时，就可以说登陆了。在这种情况下，系统失去了主要的能量来源，再加上陆地摩擦的增加，系统迅速消亡。热带气旋向极地方向进入较冷的中纬度水域时也可能消失。如果一个海岸地区受到气旋最大径向风的直接影响（热带气旋不一定登陆），那么，这个地区就被称为受到了直接的冲击。

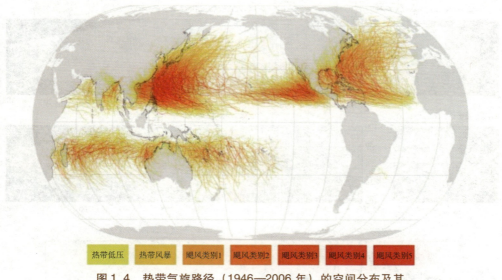

图 1.4　热带气旋路径（1946—2006 年）的空间分布及其
根据萨菲尔–辛普森飓风尺度的强度分布

（资料来源：www.radical cartography.net）

1.2.2　温带气旋

温带气旋或称中纬度气旋（extra-tropical cyclones，ETCs）是属于大类的冷性气旋。这类系统包括低气压和锋面系统，它们的能量来源于大气中的温度梯度（如发生在冷、暖气团之间的温度梯度）。它们主要形成于 30°~60° 的中纬度地区，如果不受其他天气系统的干扰，在全球范围内倾向于沿着纬度的东西路径移动。最强的温带气旋通常发生在冬季，此时大气温差最明显（May 等，2013）。与热带气旋相比，温带气旋通常大得多（长约 2000 km）且移动缓慢。温带气旋也比热带气旋出现更广泛更频繁，平均每年有 234 个温带气旋形成于冬季的北半球（Gulev 等，2001），每年 2500~2900 个温带气旋形成于南半球（Simmonds 和 Keay，1999）。

虽然温带气旋的表面风速通常比热带气旋低，但其缓慢移动的性质和大尺度意味着它们能够影响大片海岸线，并在近海停留较长时间。因此，温带气旋对海岸造成的影响与热带气旋相当，甚至会更严重（Zhang 等，2000）。由温带气旋引发海岸风暴的例子有美国东海岸的诺东风暴（如 Dolan 和 Davis，1992）、欧洲的冬季风暴（如 Kolen 等，2013）和澳大利亚东南部的东海岸低气压（如 Browning 和 Goodwin，2013）。图 1.5 为温带气旋于 2007 年 6 月袭击澳大利亚东南部海岸线引起的风暴侵蚀的例子。这一事件被称为"帕夏散货船风暴"，它导致 40000 t 散货船在风暴中搁浅。这个热带气旋是东海岸的一个低气压，陆上阵风速度 37 m/s，海浪有效波高 6.9 m。这场风暴对海岸的影响是显著的：Narrabeen-Collaroy 海滩的长期视频监控（图 1.5 左下面板）表明，在风暴期间，海滩泥沙迅速侵犯并沉积在近海，使得海滩的平均宽度缩小了 29 m，随后的海滩恢复期约为 10 个月（Phillips 等，2015）。

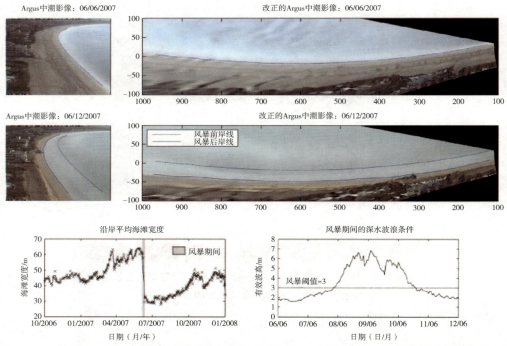

图 1.5　2007 年 6 月袭击澳大利亚东南部海岸线的温带气旋 Pasha Bulker 风暴前后岸线测量数据

在 Narrabeen-Collaroy 海滩永久安装的视频监测站（Harley 等，2011）测量数据显示该风暴引起海滩快速退蚀 29 m。

1.2.3　风暴增水

风暴增水（storm surge）是指与特定海岸风暴有关的水位突然上升，可能对低洼海岸线造成灾难性后果。这种迅速出现的高水位被认为是热带气旋和温带气旋（较小程度上）最具破坏性的组成部分。然而，由海岸风暴引起的风暴增水是一个复杂的过程，其程度取决于气象因素及其与所发生海岸环境之间的相互作用。气象因素包括气旋的径向风速、气旋的中心气压和气旋系统的前进速度。海岸环境的影响包括气旋接近海岸线的角度、近岸大陆架的宽度和坡度以及当地特征（美国国家气象局，2013）。风暴增水将在第 2 章中详细讨论。

1.3 识别海岸风暴的统计方法

识别海岸风暴的统计方法包括分析来自相关地点的适当海上位置的波浪或水位时间序列。对于以波浪作用为主的海岸线，这种分析通常是在有效波高的时间序列上进行的。在海岸地区，气象因素导致的水位上升超过通常的潮汐变化范围（即大于平均大潮高潮位）且更为显著，海岸风暴的识别可同时根据实测水位的时间序列进行。基于这两种统计数据识别风暴事件的各种方法概述如下。

1.3.1 波浪时间序列中的海岸风暴事件

由于有了越来越多可用的长期测量和后报波浪数据集，识别特定沿海地区海岸风暴事件的一种常用方法是对有效波高（H_{sig}）的时间序列进行统计分析。从 H_{sig} 的时间序列识别海岸风暴，通常是通过应用所谓的峰值超阈值（poaks-over thresholcl，POT）方法进行的。POT 方法起源于极值分析，是极值分析中提取数据子集的稳健方法，用于估计环境变量的返回值，如用于海岸结构设计中 50 年一遇的设计波浪。顾名思义，POT 方法从高于某个阈值级别数据中获得一组峰值。在极值分析中，这些数据集群和相关峰值通常用于拟合泊松 – 广义帕累托（poisson-generalized pareto）分布。同时，对海岸风暴的识别方法，这些数据集群代表了实际的风暴事件。

如图 1.6 所示，风暴事件可以通过 POT 方法中三个参数的说明来识别：①风暴阈值（H_{thresh}）；②最小风暴持续时间（D）；③气象独立性标准（I）。

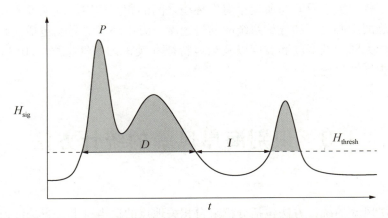

图 1.6　从有效波高时间序列定义单个风暴事件的峰值超阈值（POT）方法

P 表示风暴的峰值有效波高，D 表示风暴持续时间，I 表示气象独立性标准，H_{thresh} 表示有效波高阈值。用这种方法分类的个别风暴事件用灰色阴影表示。

风暴阈值是将某一特定海岸地点的风暴波与非风暴波分开的临界值。同时，风暴持续时间是由时间序列中从高于风暴阈值到低于它之间的时间长度来定义的。由于波高可以在高于（或低于）该阈值的短时间内波动，因此将最小风暴持续时间 D 设置为仅包括持续时间较长的风暴事件。最后一个参数是气象独立性标准，这是一个限制单独风暴事件之间时间间隔的值，确保它们由独立的天气系统（如特定的热带或温带气旋）生成。气象独立标准还保证了单独风暴事件期间低于风暴阈值的短暂时期包含在同一事件之内。

表 1.2 概述了上述 3 个参数在全球不同海岸环境下采用的不同的值。从该表可以清楚地看出，这 3 个参数的值在不同地点之间波动很大，目前没有标准的方法来帮助作出选择。尽管没有一个标准的方法，但可以确定出一些一般的指导方针。关于风暴阈值（3 个参数中最关键的一个），鉴于第 1.1.1 节中讨论的缘由，H_{thresh} 与实测的模态波条件密切相关（在表 1.2 中以平均有效波高表示）。虽然统计学家认为应根据广义帕累托分布的拟合优度来设置阈值（如 Mazas 和 Hamm，2011），但与海岸风暴分析相关的更实用的方法是简单地根据有效波高数据集的第 95 个百分位来设置阈值。这种方法从本质上考虑了模态波浪条件，并已应用于英国（Masselink 等，2014）和法国（Castelle 等，2015）的波控海岸线。关于最小风暴持续时间和气象独立性标准，对当地环境和区域气象条件的了解是有必要的。例如，热带气旋通常是移动较快的系统，因此较小的时间段（如 12 h）可用来区分独立的海岸风暴事件。另外，移动较慢的温带气旋可能需要更大的时间间隔（如 24～72 h）来区分事件。像热带气旋转换为温带气旋这样复杂的情况，可能需要仔细（即手动）地选择气象独立性标准。

表1.2　基于有效波高和峰值超阈值方法的不同风暴分类

地点	平均有效波高/m	波高阈值/m	最小风暴持续时间/h	气象独立性标准（I）	参考文献
加拿大休伦湖	0.4（夏季） 1.0（冬季）	2.0	未指定	未指定	Houser 和 Greenwool（2005）
美国东海岸		2.5	未指定	未指定	Dolan 和 Davis（1992）
澳大利亚新南威尔士州	1.6	3.0（主） 2.0（次）	6（主） 72（次）	24 h	Shand 等（2010）
澳大利亚珀斯	1.6（夏季） 2.7（冬季）	4.0（主） 2.0（次）	未指定	未指定	Lemm 等（1999）
南非德班	1.7	3.5	未指定	2 w	Corbella 和 Stretch（2012）
葡萄牙阿尔加夫	0.9	3.0	未指定	30 h	Almeida 等（2012）
英国佩兰波特	1.4	2.8（主） 1.7（次）	未指定	未指定	Masselink 等（2014）
西班牙加泰罗尼亚	0.8	2.0（主） 1.5（次）	6	72 h	Mendoza 等（2011）
法国吉隆德	1.4	3.9（主） 2.2（次）	未指定	未指定	Castelle 等（2015）
意大利埃米利娅、罗马尼亚	0.4	1.5	6	未指定	Armaroli 等（2012）
西班牙加的斯	1.0	1.5	未指定	未指定	Plomaritis 等（2015）

表1.2还列出了应用在几个地区的识别海岸风暴的双阈值方法。在大多数情况下，波高的高阈值主要用于图1.6的POT方法所示的风暴识别，较低阈值用来计算风暴的开始时间（即向上穿越较低阈值的时间）和结束时间（即向下穿越较低阈值的时间），从而获得风暴持续时间。Masselink 等（2014）将这个持续时间的开始时间的较低阈值定义为有效波高数据集的第75个百分位数。较低阈值也可用于进一步完善气象独立性标准（Mendoza 等，2011），或包括持续时间特别长但不一定具有高峰值波高的海岸风暴事件（Shand 等，2010）。

1.3.2 水位时间序列中的海岸风暴事件

从水位时间序列识别海岸风暴事件的方法与上文讨论的波浪时间序列相似。然而，这类风暴识别的一个关键问题是，根据总水位（TWL，公式 1.1）还是消除潮汐变化后的非潮汐残差（R，公式 1.1）进行分类？这个问题的答案在于执行海岸风暴评估的目的是什么。对于侧重于海岸风暴影响的研究，或向更广泛的社区传达海岸风暴的灾害（例如，基于海岸风暴预警系统的警报），TWL 是导致后滨和海岸腹地暴露于洪水淹没最根本的因素。因此，下面讲述根据 TWL 识别海岸风暴的案例。在地势低洼海岸线的情况下，如在意大利北部的威尼斯，通常发生的 acqua alta（意大利语中的"高水位"，是指一种沿亚得里亚海吹的强东南风引起的海岸风暴）被定义为超过当地阈值 TWL_{thresh} 的总水位。这些临界值与局地海岸风暴暴露措施直接相关——以威尼斯为例，临界值是使该城市大部分被淹没的 TWL（Massalin 等，2007）。通过同样的方法，Aagaard 等（2007）以丹麦当地基准面以上 2.4 m 作为 TWL_{thresh}，识别出了海岸线的风暴事件，这个水位与该地区沙丘坡脚的近似高程一致。

对于以了解海岸风暴随时间变化为主要目标的研究，更合适的海岸风暴指标是超过某个阈值 R_{thresh} 的 R。基于 R（与 TWL 相反）来定义海岸风暴事件，能消除潮汐信号对长期风暴趋势的影响（在考虑了复杂的潮涌相互作用后），将焦点集中在考虑气象影响上。表 1.3 列出了所采用的若干方法来定义识别全球各地海岸风暴的 R_{thresh}。对于美国东海岸，Zhang 等（2000）将 R_{thresh} 定义为 R 的两倍标准差。类似于基于波高数据的海岸风暴识别，采用 12 h 的气象独立标准来识别单个事件。这个周期的选择可消除风暴潮后水位自由振荡的影响，也是风暴潮的近似停留时间。Bromirski 和 Flick（2008）将 R_{thresh} 定义为对 R 时间序列低通滤波后的第 98 个百分位值，用于去除非潮汐残差中的高频变化。在这项分析中还采用了最小 6 h 的风暴持续时间，以确保该事件具有足够的持续性特征。

为了突出由于采用的水位阈值类型而导致的风暴发生差异，图 1.7 给出了一个假设的情景，从同一水位时间序列中同时使用 TWL 和 R 阈值法识别海岸风暴。如图 1.7 中上、下面板阴影区域所示，两种阈值类型确定的风暴发生时间和持续时间都有显著差异。在根据 R_{thresh}（上面板）定义事件的情况下，1 m 阈值以上的风暴持续了 11 h。然而，事实上该事件在相对低潮时便已开始。如果仅考虑 TWL 并根据该定义（TWL_{thresh} = 2 m）来识别风暴，该事件是在高潮开始后大约 6 h 才开始。风暴持续时间（图 1.7b）也是相当短的。

表 1.3　海岸风暴识别的区域性水位阈值分类

地点	大潮潮差/m	阈值	气象独立性标准（I）	参考文献
美国旧金山	3	R > 第 98 个百分位	未指定	Bromirski 和 Flick（2008）
美国北卡罗来纳州	1.2	R > 2 倍标准差	未指定	Zhang 等（2000）

续表 1.3

地点	大潮潮差/m	阈值	气象独立性标准（I）	参考文献
英国东海岸	3.6~6.2	$R > 0.25$ m	12 h	Horsburgh 和 Wilson（2007）
意大利威尼斯	1.1	$TWL > 1.1$ m（与威尼斯洪水有关）	未指定	Massalin 等（2007）
丹麦斯卡林根	1.8	$TWL > 2.4$ m（典型沙丘坡脚高程）	未指定	Aagaard 等（2007）

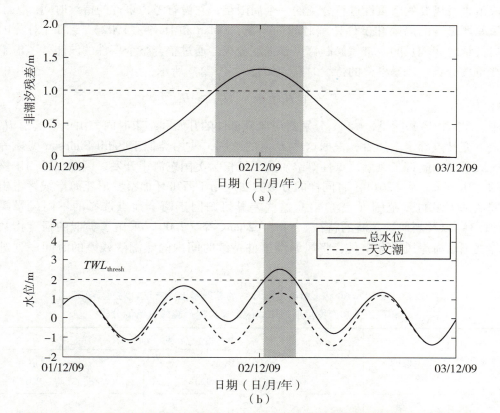

图 1.7 （a）基于非潮汐残差的阈值和（b）总水位阈值的海岸风暴定义之间的比较
阴影区域突出了根据这两个定义确定的不同海岸风暴的持续时间。

1.3.3 刻画海岸风暴严重程度的指标

根据上述方法初步识别了海岸风暴事件，下面了解风暴本身的潜在严重性。就热带气旋而言，通常以熟悉的 Saffir-Simpson 飓风风力等级来表示其严重性。根据最大的 1 min 持续风速，飓风风力等级将热带气旋的密度分为 5 级。因此，根据这一分级标准，1 级气旋的最大 1 min 持续风速为 33～42 m/s，而 5 级气旋的最大 1 min 持续风速超过 70 m/s。Fritz 等（2007）根据观察到的新奥尔良飓风影响时指出，这一分级在认识潜在的风暴潮上应用有限，事实上还可能让公众对飓风的潜在影响有虚假的安全感。例如，2005 年袭击新奥尔良的卡特里娜飓风在登陆时仅被划分为 3 级气旋，但其产生的风暴潮峰值超过 10 m，破坏力巨大。相比之下，1969 年袭击同一沿海地区的卡米尔飓风在登陆时被划分为 5 级气旋，但造成的风暴潮和冲击较为温和。Saffir-Simpson 分级的另一个局限性是它只与热带气旋有关，不能应用于其他天气系统。

作为建基于当地海洋条件的海岸风暴严重性初步评估，一个常见的指标是波浪或水位峰值的重现期（如图 1.6 中的 P 所示）。这一评估需要对历史数据进行极值分析，并意味着可以通过其平均的重现间隔或年超越概率来表示海岸风暴的严重性。然而，仅使用峰值来对风暴的严重性进行分类的一个局限是，它没有考虑事件的持续时间。为了解决风暴严重性的局限和事件持续时间的问题，Dolan 和 Davis（1992）专门针对美国东海岸持续时间较长的温带风暴制订风暴强度分级。通过整合整个事件的波能，考虑了在该严重性分级中风暴事件的持续时间，如公式（1.2）所示：

$$E = \int_{t_1}^{t_2} H_{sig}^2 \, dt, \quad H_{sig} \geq H_{thresh} \tag{式1.2}$$

其中，E 是指风暴能量，t_1 和 t_2 分别对应风暴事件的开始和结束时间，由风暴阈值 H_{thresh} 的上下交叉点确定。随后，根据这些 E 值的范围，使用类似于 Saffir-Simpson 飓风等级的 5 级系统，制订了风暴严重性等级。该系统仅为美国东海岸开发，因此仅适用于该区域的。Mendoza 等（2011）将同样的分级方法应用于西班牙加泰罗尼亚海岸线，得出了不同风暴等级的 E 范围（表 1.4）。这些差异可归因于两个地点选择的不同风暴阈值（表 1.3）以及当地风暴波的特征。同时，Zhang 等（2000）采用了类似的强度指数来计算美国东海岸风暴潮事件，将风暴潮事件持续时间内的非潮汐残差的时间序列进行积分。

表 1.4 根据 Dolan 和 Davis（1992）的总风暴能量方法，对美国东海岸和西班牙加泰罗尼亚海岸线的海岸风暴严重性进行的分类

风暴等级	说明	风暴能量范围（m²·h）	
		美国东海岸 （Dolan 和 Davis，1992）	西班牙加泰罗尼亚 （Mendoza 等，2011）
1	弱	<72	24～250
2	中等	72～164	251～500
3	强	164～929	501～700
4	严重	929～2323	701～1200
5	极端	>2323	>1200

通过综合海岸风暴事件期间波浪和水位的影响，进一步改进了海岸风暴严重性指标。Kreibel 等（1997）根据波高、风暴持续时间和风暴潮水位，为美国东海岸的 ETC 制订了风险指数 RI。该指数由下式给出：

$$RI = SP(D/12)^{0.3} \qquad (式1.3)$$

式中，S 为增水水位（单位：英尺），P 为波高峰值（单位：英尺），D 为持续时间（单位：h）。如公式（1.3）所示，该指数按 12 h 对事件持续时间进行尺度刻画，以获得风暴事件期间的潮汐周期次数。为了使指数范围在 0 ~ 5（即类似于上文讨论的 Saffir-Simpson 飓风等级、Dolan 和 Davis 风暴强度分级），将该指数除以有记录以来最严重风暴的指数（1962 年 3 月严重温带气旋的指数为 $RI=400$）并乘以系数 5 而得到标准化的指数。

1.4 结 论

对海岸风暴现象进行定义是特别有挑战性的，在文献和各种自然灾害评估研究中都有过错误的解释。本章概述了与海岸风暴定义有关的诸多问题，其中包括相对于被作用区域的大气扰动位置、海岸环境的多样性、对海洋作用力的响应方式，以及风暴发生的时间。基于这些考虑，确定了一个适用于所有海岸环境的海岸风暴定义，即海岸风暴是由气象引起的对当地海洋条件（即波浪和/或水位）的扰动，有可能显著改变海底形态并使后海岸、后滨地带暴露于波浪、海流和/或洪水中。

识别海岸风暴的统计方法需要建立一个局部地区的风暴阈值，将风暴与非风暴期区分开。对于基于波高信息识别的海岸风暴，该风暴阈值与局部地区的模态波浪条件密切相关。同时，对于基于水位数据识别的海岸风暴，需要考虑总水位或非潮汐残差哪个更适合用于定义风暴。一旦确定了海岸风暴事件，就可以通过考虑风暴的峰值波高、事件持续时间和水位变化来衡量潜在的风暴严重程度。

参考文献

[1] AAGAARD T, ORFORD J, MURRAY A S, 2007. Environmental controls on coastal dune formation: Skallingen Spit, Denmark [J]. Geomorphology, 83, 29 – 47.

[2] AHRENS C D, 2000. Meteorology today: an introduction to weather, climate, and the environment [M]. Brooks/Cole Publishing, Pacific Grove, USA, sixth edition.

[3] ALMEIDA L P, VOUSDOUKAS M V, FERREIRA O, et al., 2012. Thresholds for storm impacts on an exposed sandy coastal area in southern Portugal [J]. Geomorphology, 143 – 144, 3 – 12.

[4] ARMAROLI C, CIAVOLA P, PERINI L, et al., 2012. Critical storm thresholds for significant morphological changes and damage along the emilia-romagna coastline, Italy [J]. Geomorphology, 143 – 144, 34 – 51.

[5] BETTS N L, ORFORD J D, WHITE D, et al., 2004. Storminess and surges in the south-western approaches of the eastern north Atlantic: the synoptic climatology of recent ex-

treme coastal storms [J]. Marine Geology, 210, 227 – 246.

[6] BLAKE E S, GIBNEY E J, 2011. The deadliest, costliest and most intense united states tropical cyclones from 1851 to 2010 (and other frequently requested hurricane facts) [R]. NOAA technical memorandum NWS NHC, 6, 1 – 47.

[7] BROMIRSKI P D, FLICK P D, 2008. Storm surge in the San Francisco bay/delta and nearby coastal locations [J]. Shore and Beach, 76 (3), 29 – 37.

[8] BROWNING S A, GOODWIN I D, 2013. Large-scale influences on the evolution of winter sub-tropical maritime cyclones affecting Australia's east coast [J]. Monthly Weather Review, 141, 2416 – 2431.

[9] CASTELLE B, MARIEU V, BUJAN S, et al., 2015. Impact of the winter 2013 – 2014 series of severe western Europe storms on a double-barred sandy coast: beach and dune erosion and megacusp embayments [J]. Geomorphology, 238, 135 – 148.

[10] CID A, MENÉNDEZ M, CASTANEDO S, et al., 2016. Long-term changes in the frequency, intensity and duration of extreme storm surge events in southern Europe [J]. Climate Dynamics, 46 (5), 1503 – 1516.

[11] CORBELLA S, STRETCH D D, 2012. Multivariate return periods of sea storms for coastal erosion risk assessment [J]. Natural Hazards and Earth System Sciences, 12, 2699 – 2708.

[12] DOLAN R, DAVIS R E, 1992. An intensity scale for Atlantic coast northeast storms [J]. Journal of Coastal Research, 8 (4), 840 – 853.

[13] FRITZ H M, BLOUNT C, SOKOLOSKI J, et al., 2007. Hurricane Katrina storm surge distribution and field observations on the Mississippi barrier islands [J]. Estuarine, Coastal and Shelf Science, 74, 12 – 20.

[14] GULEV S K, ZOLINA O, GRIGORIEV S, 2001. Extratropical cyclone variability in the northern hemisphere winter from ncep/ncar reanalysis data [J]. Climate Dynamics, 17, 795 – 809.

[15] HAQUE C E, 1997. Atmospheric hazards preparedness in bangladesh: a study of warning, adjustments and recovery from the April 1991 cyclone [J]. Natural Hazards, 16, 181 – 202.

[16] HARLEY M D, TURNER I L, SHORT A D, et al., 2010. Interannual variability and controls of the Sydney wave climate [J]. International Journal of Climatology, 30, 1322 – 1335.

[17] HARLEY M D, TURNER I L, SHORT A D, et al., 2011. Assessment and integration of conventional, RTK-GPS and image-derived beach survey methods for daily to decadal coastal monitoring [J]. Coastal Engineering, 58, 194 – 205.

[18] HAZARDS AND VULNERABILITY RESEARCH INSTITUTE, 2015. 1960 – 2014 US hazards losses [R/OL]. University of South Carolina. Available from: http://hvri.geog.sc.edu/sheldus/docs/summary_1960_2014.pdf (6 October, 2015).

[19] HEMER M A, SIMMONDS I, KEAY K, 2008. A classification of wave generation char-

acteristics during large wave events on the southern Australian margin [J]. Continental Shelf Research, 634-652.

[20] HORSBURGH K J, WILSON C, 2007. Tide-surge interactions and its role in the distribution of surge residuals in the north sea [J/OL]. Journal of Geophysical Research-oceans, 112, C08003, doi: 10.1029/2006JC004033.

[21] HOUSER C, GREENWOOD B, 2005. Profile response of a lacustrine multiple barred nearshore to a sequence of storm events [J]. Geomorphology, 1-4, 118-137.

[22] INTERNATIONAL FEDERATION OF RED CROSS AND RED CRESCENT SOCIETIES, 2014. World disasters report 2014 [R/OL]. Available from: http://www.ifrc.org/world-disasters-report-2014 (6 October, 2015).

[23] JACKSON N L, NORDSTROM K F, ELIOT I, et al., 2002. "Low energy" sandy beaches in marine and estuarine environments: a review [J]. Geomorphology, 48 (1-3), 147-162.

[24] KOLEN B, SLOMP R, JONKMAN S, 2013. The impacts of storm xynthia february 27-28, 2010 in France: lessons for flood risk management [J]. Journal of Flood Risk Management, 6, 261-278.

[25] KRIEBEL D, DALRYMPLE R, PRATT A, et al., 1997. A shoreline risk index for northeasters [C]. Natural Disaster Reduction, ASCE, 251-252.

[26] LASKA S, MORROW B H, 2006. Social vulnerabilities and hurricane Katrina: an unnatural disaster in new orleans [J]. Marine Technology Society Journal, 40 (4), 16-26.

[27] LEMM A J, HEGGE B J, MASSELINK G, 1999. Offshore wave climate, Perth (western Australia), 1994-96 [J]. Marine and Freshwater Research, 50, 95-102.

[28] LIONELLO P, CAVALERI L, NISSEN K M, et al., 2012. Severe marine storms in the Northern Adriatic: Characteristics and trends [J]. Physics and Chemistry of the Earth, 40-41, 93-105.

[29] MARKS F D, 2003. Hurricanes [M]. In: HOLTON J R, CURRY J A, PYLE J A. (eds) Encyclopedia of Atmospheric Sciences. Elsevier, 942-966.

[30] MASSALIN A, ZAMPATO L, CANESTRELLI P, 2007. Data monitoring and sea level forecasting in the Venice lagoon: The ICPSM'S Activity [J]. Bolletino di Geofisica Teorica ed. Applicata, 48, 241-257.

[31] MASSELINK G, AUSTIN M, SCOTT T, et al., 2014. Role of wave forcing, storms and NAO in outer bar dynamics on a high-energy, macro-tidal beach [J]. Geomorphology, 226, 76-93.

[32] MATHER J R, ADAMS III H, YOSHIOKA G A, 1964. Coastal storms of the Eastern United States [J]. Journal of Applied Meteorology, 3, 693-706.

[33] MAY S M, ENGEL M, BRILL D, et al., 2013. Coastal hazards from tropical cyclones and extratropical winter storms based on holocene storm chronologies [M]. In: FINKL C W (ed.) Coastal Hazards: Springer, 557-585.

[34] MAZAS F, HAMM L, 2011. A multi-distribution approach to pot methods for determining extreme wave heights [J]. Coastal Engineering, 58 (5), 385–394.

[35] MENDOZA E T, JIMENEZ J A, MATEO J, 2011. A coastal storm intensity scale for the Catalan sea (nw mediterranean) [J]. Nature Hazards and Earth System Sciences, 11, 2453–2462.

[36] MERRIAM-WEBSTER, 2015. Storm [R/OL]. Accessed from: www.merriam-webster.com (6 October, 2015).

[37] NATIONAL WEATHER SERVICE, 2015. What is storm surge? [R/OL] National oceanic and atmospheric administration, http://www.nws.noaa.gov/om/hurricane/resources/surge_intro.pdf> (6 October, 2015).

[38] PHILLIPS M S, TURNER I L, COX R J, et al., 2015. Will the sand come back? Observations and characteristics of beach recovery [C]. 22nd Australasian Conference on Coastal and Ocean Engineering, Engineers Australia, Auckland NZ, 15–18 September.

[39] PLOMARITIS T A, BENAVENTE J, LAIZ I, et al., 2015. Variability in storm climate along the gulf of cadiz: the role of large scale atmospheric forcing and implications to coastal hazards [J]. Climate Dynamics, 445 (9), 2499–2514.

[40] PUGH D T, 1987. Tides, surges and mean sea-level: a handbook for engineers and scientists [M]. John Wiley & Sons Ltd, Chichester, UK.

[41] SHAND T D, GOODWIN I D, MOLE M A, et al., 2010. NSW coastal inundation hazard study: coastal storms and extreme waves [R]. Water Research Laboratory Technical Report, UNSW, Australia.

[42] SHORT A D, TRENAMEN N L, 1992. Wave climate of the sydney region, an energetic and highly variable ocean wave regime [J]. Marine and Freshwater Research, 43, 765–791.

[43] SIMMONDS I, KEAY K, 2000. Mean southern hemisphere extratropical cyclone behavior in the 40-year NCEP-NCAR reanalysis [J]. Journal of climate, 13 (5), 873–885.

[44] SMALL C, NICHOLLS R J, 2003. A global analysis of human settlement in coastal zones [J]. Journal of Coastal Research, 19 (3), 584–599.

[45] TUNNEL J W, 2002. Geography, climate and hydrography [M]. In: TUNNEL J W, JUDD F W (eds) The Laguna Madre of Texas and Tamaulipas. Texas: Texas A&M University Press, 7–27.

[46] WALLACE J M, HOBBS P V, 2006. Atmospheric science: An introductory survey [M]. 2nd edition. Amsterdam: Elsevier.

[47] WRIGHT J D, COLLING A, PARK D, 1999. Waves, tides and shallow-water processes [M]. 2nd edition. Oxford: Butterworth-Heinemann.

[48] YARNAL B, 1993. Synoptic climatology in environmental analysis: A primer [M]. London: Belhaven Press.

[49] ZHANG K, DOUGLAS B, LEATHERMAN S, 2000. Do storms cause long-term erosion along the US east barrier coast? [J]. Journal of Geology, 110 (4), 493–502.

2 风暴条件下的水动力过程

Xavier Bertin[1], Maitane Olabarrieta[2] 和 Robert McCall[3]

---

1 法国波尔多大学/法国国家科学研究中心;
2 美国佛罗里达大学盖恩斯维尔土木与海岸工程系;
3 荷兰代尔伏特三角洲研究院。

2.1 简 介

风暴通常会引起风暴增水，使海水达到比平常更高的位置。此外，在风暴条件下，波浪能量通常高于正常值，因此水流和随后的泥沙输移可引起巨大的形态变化，包括严重的侵蚀。本章将介绍在风暴条件下控制水位变化和水动力环流的主要过程。先介绍控制风暴增水的主要机制，接着介绍驱动沿岸水动力环流的机制。

2.2 风暴增水

2.2.1 风暴增水简介

风暴增水（storm surge）对应由海气作用驱动的海洋自由表面的非天文变化。2005年卡特里娜飓风期间，墨西哥湾和孟加拉湾出现大于 9 m 的风暴增水（Blake，2007；Dietrich 等，2010）。这些地区长期以来被称为世界上最容易遭受风暴增水和海岸洪水袭击的地区。纽约地区的超级风暴"桑迪"（2012）和菲律宾的台风"海燕"（2013）引发 3～6 m 的风暴增水，这表明世界上其他地区也面临遭受极端风暴增水和海岸洪水的情况。这些易受影响的地区除了位于大风暴的路径上外，还系统性地表现为低洼的海岸地带，与浅水和/或广阔的大陆架接壤（即大陆架宽度在 150～500 km）。风暴增水高度与水深的关系可通过浅水控制方程解释，其中，风的影响与水深成反比。因此，在浅水区风效通常比大气压力梯度引起的众所周知的"逆气压效应"（Doodson，1924）更为显著（Rego 和 Li，2010）。在近岸，波浪消散会引起辐射应力梯度（Longuet-Higgins 和 Stewart，1964），风暴期间辐射应力梯度引起的水位上升很容易达到几十厘米，从而导致风暴增水。在几乎没有大陆架的火山岛上，风的贡献通常非常微弱，波浪引起的水位上升可能会占主导作用（如 Kennedy 等，2012）。

2.2.2 控制方程

在没有密度梯度和/或水体分层的情况下，深度积分浅水方程（Saint-Venant，圣维南方程）通常能很好地描述海岸环流。对于淡水没有被很好地混合的河口，这种简化更容易被质疑，较大的水深中快速移动的海洋上层也很难用深度积分速度来表示，或者碎波区存在近底离岸回流时也容易被质疑。包括与风暴增水和波浪相关的源项的控制方程为

$$\frac{\partial \zeta}{\partial t} + \frac{\partial (h+\zeta)u}{\partial x} + \frac{\partial (h+\zeta)u}{\partial y} = 0$$

$$\frac{Du}{Dt} = fv - g\frac{\partial \zeta}{\partial x} - \frac{1}{\rho_w}\frac{\partial P_{atm}}{\partial x} + \frac{\tau_{sx} - \tau_{bx}}{\rho_w \cdot (\zeta + h)} - \frac{1}{\rho_w \cdot (\zeta + h)}\left(\frac{\partial S_{xx}}{\partial x} + \frac{\partial S_{yx}}{\partial y}\right)$$

$$\frac{Dv}{Dt} = -fu - g\frac{\partial \zeta}{\partial y} - \frac{1}{\rho_w}\frac{\partial P_{atm}}{\partial y} + \frac{\tau_{sy} - \tau_{by}}{\rho_w \cdot (\zeta + h)} - \frac{1}{\rho_w \cdot (\zeta + h)}\left(\frac{\partial S_{yy}}{\partial y} + \frac{\partial S_{yx}}{\partial x}\right)$$

(式 2.1)

式中，ζ 为自由表面高程，u 和 v 为深度积分速度的水平分量，h 为平均水位以下的水深，ρ 为水密度，g 为重力加速度，f 为科氏参数，P_{atm} 为海平面气压，τ_b 和 τ_s 分别为底部和表面剪切应力，S_{xx}，S_{xy}，S_{yx} 和 S_{yy} 是波浪辐射应力，对应与波相关的动量通量。考虑到在稳定状态下垂直于均匀海岸线的坐标轴，将深度积分速度 u 的跨岸分量设为零，则引起风暴增水的源项与正压力梯度的平衡方程为

$$g \cdot \frac{\partial \zeta}{\partial x} = -\frac{1}{\rho_w}\frac{\partial P_{atm}}{\partial x} + \frac{\tau_{sx}}{\rho_w \cdot (\zeta + h)} - \frac{1}{\rho_w \cdot (\zeta + h)}\left(\frac{\partial S_{xx}}{\partial x}\right)$$

(式 2.2)

式中，右侧的三项分别对应大气压力梯度、风致表面应力和波浪辐射应力的垂直岸线分量。风暴增水的这些主要驱动过程将在以下章节中描述。

2.2.2.1 大气压

大气压力梯度对海平面变化的影响很早就被认识，它被称为"逆气压效应"（如 Doodson，1924）。相关的经验法则表明，相对于平均海平面大气压力（1013 mBar），1 mBar 的变化会导致海平面 1 cm 的变化。尽管非常简单，但只要大气压力的变化足够缓慢这个经验法则就成立，因此与海平面调整有关的动力过程可以忽略不计。极端热带飓风的最低海平面气压可达到 900 mBar 或更低，因此该效应对风暴增水的影响能超过 1.0 m。由于与大气压力梯度相对应的项与水深无关，它对风暴增水总量的贡献在深水区或火山岛（大陆架受限或不存在）上占主导地位。

与锋面（如狂风）和大气重力波相关联的移动大气压力扰动也可以触发海平面振荡，振荡周期从几分钟到几个小时不等。这些被称为气象海啸的波是由多重共振过程（Proudman，1929；Greenspan，1956）和大陆架（Monserrat 等，2006）引起的，而港湾共振及其影响可能与海啸一样严重，在某些地区会变成灾难性的事件（Rabinovich，2009）。

2.2.2.2 表面应力

长期以来，根据体积公式计算风面应力 τ_s 是一种常见的做法：

$$\tau_s = \rho_a \cdot C_d \cdot V_{10}^2$$

(式 2.3)

式中，ρ_a 是空气密度；V_{10} 是 10 m 处的风速；C_d 是与海面粗糙度相对应的阻力系数，该系数随中低风的风速线性增加（Pond 和 Pickard，1998）。这些公式的简单性可以使它们在风暴增水模拟中直接实现，具有一定的吸引力，但它有两个主要缺点。一是一些基于现场和实验室测量的研究表明，大于 35 m/s 的极端风引起的波浪泡沫条纹和喷雾，使海洋粗糙度和阻力系数可能达到最大值或降低（图 2.1）（Powell 等，2003；Takagaki

等，2012）；二是给定的风速对应明显分散的 C_d 值，它可能在30%甚至更大的范围内变化（图2.1）。这种分散分布的部分原因是海面粗糙度不仅取决于风速，还可能受到海况的影响。

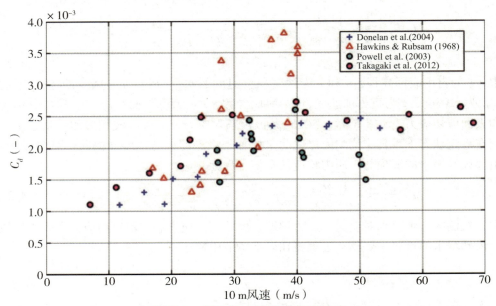

图2.1　海面阻力系数与风速的函数

数据集来源于 Donelan 等（2004）、Hawkins 和 Rubsam（1968）、Powell 等（2003）和 Takagaki 等（2012）。

Stewart（1974）在 Charnock（1955）开创性工作的基础上提出，在给定风速下海面粗糙度取决于波龄，即波相速度与摩擦速度之比。表面应力对海况的依赖性在之后的许多研究中得到证实（Mastenbroek 等，1993；Moon，2005；Brown 和 Wolf，2009；Bertin 等，2012；Olabarrieta 等，2012）。Bertin 等（2015）通过比较最近袭击比斯开湾中部的两次风暴证明了这一现象的重要性。尽管有相似的风场，这两次风暴引起的风暴增水和海况却迥然不同。第一次风暴 Xynthia（2010年2月27日至28日）引起了大的（有效波高 H_s 达7 m）和短周期的波浪，并导致该区域出现异常高的风暴增水，局部水位高达1.6 m 以上。第二次风暴 Joachim（2011年12月15日至16日）引起了非常大的（$H_s > 10$ m）和长周期的海浪，却仅引起几乎低了一半的风暴增水。模拟结果分析表明，这两次风暴引起的涌浪的巨大差异源自海况的重大差异（图2.2）。

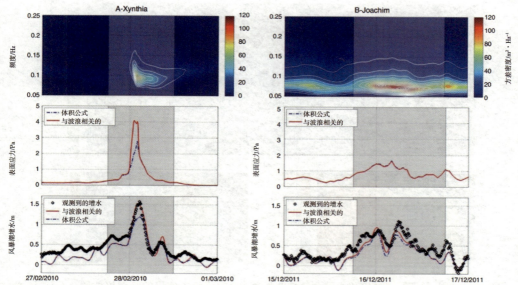

图2.2 Xynthia（左）和 Joachim（右）期间在 La Rochelle（法国比斯开湾）的波浪能谱（上排）、表面应力（中排）和风暴潮水位（下排）的时间序列（Bertin 等，2015）

在 Xynthia 期间，波谱时间序列（图 2.2 左上角）显示，风暴开始时大部分能量在 0.10～0.15 Hz 范围内，能量水平达到 70 m²/Hz。Joachim 与 Xynthia 有很大的不同，尽管其总能量要大得多，但这个阶段的最大能量仅达到 30 m²/Hz。Xynthia 期间的这种波能情况代表了一种非常年轻的海况，其特征是陡峭的波浪，并使表面应力增加了两倍（图 2.2 中间一排）。这些结果表明，体积公式可能只有在海况成熟时才适用。

2.2.2.3 Ekman 输送

由于地球自转，风生气流在北半球相对于风向向右偏移，在南半球相对于风向向左偏移。理论上这种偏差在稳定状态下为 45°，但有几项研究显示为 20°～30°（Holmedal 和 Myrhaug，2013）。在水柱里往下时，流速减小，直至 Ekman 层，同时水流方向也向右或向左移动。在稳定状态下和在深水中，水净输送方向为风向向右或向左，偏转 90°，但是由于底部切应力的增加，该角度在浅水中趋于减小。当风暴接近海岸时，风应力的沿岸分量在风的右手侧（南半球是左手侧）引起海岸的 Ekman 水位上升（Kennedy 等，2011）。请注意，这一过程不同于飓风中风速不对称的影响，这也会导致风暴潮水位的增加（Xie 等，2011）。

Ekman 上升的一个重要后果是，位于风暴路径右侧的海岸地区通常比位于左侧的地区遭受更大的风暴增水和破坏。这一现象被 Kennedy 等（2011）指出。在飓风 Ike（2008）登陆前 12～24 h，路易斯安那州和得克萨斯州沿海异常地出现了一个大的水位，Kennedy 等（2011）将这些先兆性的异常起源归因于 Ekman 上升。与飓风 Ike 相关的风暴增水是用模拟系统 SELFE（Zhang 和 Baptista，2008）模拟后报出来的，该模型采用覆盖墨西哥湾的非结构化网格（图 2.3a），并采用来自 CFSR 再分析的风速场和海平面压力场作为驱动边界（Saha 等，2010）。

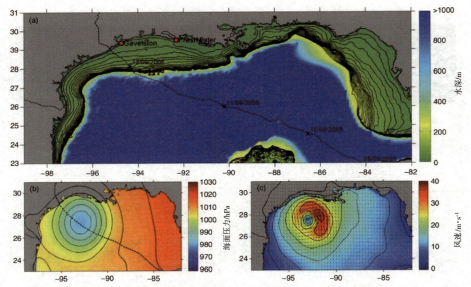

图2.3 （a）墨西哥湾的简化水深测量与Ike轨迹和本研究中使用的验潮仪位置；（b）海面压力；（c）登陆前15 h的10 m风速，显示平行于海岸的风速范围为20～30 m/s

风速数据显示，在登陆前15 h生成了一个平行于海岸线的近500 km长风速达20～30 m/s的强风带（图2.3c）。根据Ekman理论，这条平行于海岸线的强风带推动海水向海岸的输送，引导飓风登陆前风暴增水的发展。这一现象在有/无科氏力项的模型模拟结果以及在Gavelston和Freshwater的验潮仪中都得到证实，在登陆前15 h，先兆性的水位上升到1.5～2.0 m（图2.4a、c和d）。

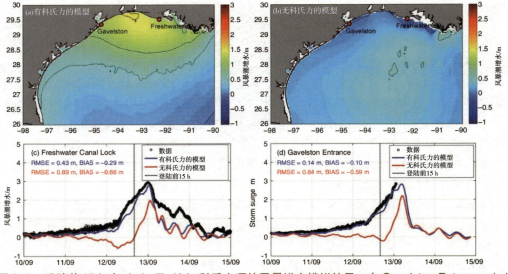

图2.4 登陆前15 h有（a）无（b）科氏力项的风暴增水模拟结果。在Gavelston Entrance（c）和Freshwater Canal Lock（d）的观测（黑色）和有（蓝色）无（红色）科氏力项模拟的风暴增水对比

为了量化 Ekman 输运的重要性，模型在没有考虑科氏力和 Ekman 驱动力下运行模拟。在无科氏力的模拟中，先兆性的水位上升不再发展，登陆前水位比实测低 2 m。风暴潮的峰值也被低估了近 1.0 m。这些结果表明，仅部分受风暴轨迹控制的风向对模拟结果的影响是非常重要的。

2.2.2.4 短波耗散

在近岸，与有限深度破碎相关的波浪耗散会引起辐射应力梯度，从而驱动沿岸的海流和增水。在大浪下，这种水位上升很容易达到几十厘米，极大地贡献了风暴增水。这一贡献在火山岛和狭窄大陆架海岸带甚至超过其他强迫项（Kennedy 等，2012）。最近的研究还表明，波浪增水可以在破波带外传播，从而贡献于波浪破碎屏蔽区域的风暴增水，如海岸潟湖（Bertin 等，2009；Dodet 等，2013）、河口（Ohbarrieta 等，2011；Arnaud 和 Bertin，2014；Bertin 等，2015）和与珊瑚礁接壤的热带潟湖（Aucan 等，2012）。Arnaud 和 Bertin（2014）对克劳斯风暴（2009 年 1 月）期间比斯开湾南部的波浪增水进行了数值模拟研究，发现克劳斯风暴近海有效波高超过 13 m。结果表明，在暴露于这些巨浪（而不是海浪）的海岸沿线，波浪增水达到 1.0 m。这与目前的理论是一致的。更令人惊讶的是，这些作者还指出，一个 0.4～0.5 m 量级的波浪增水向阿卡松潟湖和阿杜尔河口内传播。将观测到的风暴增水与有、无波浪的模拟结果进行比较，结果表明，只有在考虑波浪的情况下才有可能重现风暴增水。更具体地说，考虑波浪模拟的均方根误差（以下简称 RMSE）减少了 1/3，几乎抵消了偏差（图 2.5）。在巴约讷，这种远程生成的波浪增水最多可达到总风暴增水的 50%。

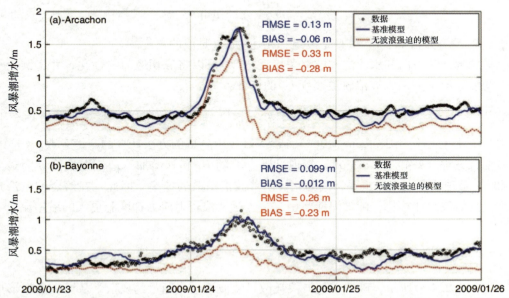

图 2.5　在 Arcachon（上图）和 Bayonne（下图）的实测（黑圈）和有（蓝色）无（红色）波浪模拟的风暴增水对比（Arnaud 和 Bertin，2014）

研究表明，这些地区的验潮仪观测到的风暴增水不仅有由气压梯度和风的作用引起的，而且还有由远距离的波浪破碎引起的。

2.3 风暴期间破波带水动力过程

在风暴期间，波浪能量通常高于平均值，这会引起水动力环流相比于正常情况的变化。本节将阐述驱动破波带环流的主要过程：沿岸流、近底回流、次重力波和冲流带动力过程。

2.3.1 沿岸流

当波浪以一定角度临近海岸时，水深浅变化引起的破波会驱动超过 1 m/s 的沿岸流。在稳定状态、沿岸一致的海滩地形下，忽略水平混合和地球自转，方程（2.1）简化为

$$\frac{\partial S_{xy}}{\partial x} = \tau_{by} \tag{式2.4}$$

在这个方程中，沿岸流由底部切应力和波浪动量通量 S_{xy} 沿岸分量的横向梯度之间的平衡控制，S_{xy} 由下式给出

$$S_{xy} = \rho g \frac{H_s^2}{16} \frac{C_g}{C} \cos\theta \sin\theta \tag{式2.5}$$

其中，H_s 是有效波高，C_g 和 C 是波组和相速度，θ 是波的角度。

考虑到波浪方向和水流之间的夹角接近90°，可以将底切应力线性化，并将其表示为平均沿岸流 V 和最大波浪轨道速度 U_0 的函数：

$$\tau_{by} = \rho C_d \frac{2}{\pi} V U_0 \tag{式2.6}$$

式中，C_d 是可以使用 Jonsson（1966）或 Swart（1974）的方法计算的摩擦系数。

结合方程（2.4）至（2.6），发现沿岸流 V 随 H_s 和 θ 增加，理论上直到 θ 为最大值45°。海滩坡度也相当重要，因为它控制着波浪消散的速率。因此，在给定的波浪条件下，与缓坡海滩相比，陡坡海滩将引起更大的波浪辐射应力梯度和更大的沿岸流。

2.3.2 近底回流

如2.2.2.4节所示，破波带的波浪耗散导致波浪动量通量的发散，从而在沿岸形成最大的增水。由此产生的自由表面倾斜会导致向海方向的正压力梯度，以平衡深度积分的波浪作用力：

$$g \frac{\partial \zeta}{\partial x} = \frac{1}{\rho(h+\zeta)} \frac{\partial S_{xx}}{\partial x} \tag{式2.7}$$

然而，这种平衡是局部失衡的，因为波浪力在水柱上部更强，而正压力梯度是深度均匀的（Garcez-Faria 等，2000）。这种失衡驱动了水柱下部的离岸流，称为底流（undertow）。除了第一种机制，波浪轨道不闭合导致波浪中水质点的净向前运动，这一点被 Stokes（1847）首先证明了。这种所谓的斯托克斯漂移在表面较大，它驱动回流（return flow）以确保质量守恒。这种回流也有助于底流。风暴期间的回流通常达到 0.5 m/s，峰值超过 1 m/s（Bertin 等，2008），但是文献中关于风暴条件下的现场测量很少。这一过程导致的一个后果是底流可将大量沉积物输送至近海，并导致海滩侵蚀（详见第 3 章）；另一个后果是，底流可以通过相关的向岸底切应力改变水位和加强波浪增水。Apotsos 等（2007）利用 Sandy Duck 实验（1997 年 11 月）的水位测量结果发现，如果不考虑这一过程，高能波下的波浪增水预测被极大地低估了。

2.3.3 次重力波

在破波带内观测到部分波能频率是低于入射峰值周期的。这些被称为次重力波（以下简称"IG 波"）的长波，频率 1/300～1/30 Hz，它取决于入射重力波场的群体性。Munk（1949）和 Tucker（1950）首次独立报道了破波带外的低频波浪运动，并将其与波群性联系起来。观测到的长波最初被称为"碎波拍打（surf beat）"，被认为是在破波区产生并反射回大海。图 2.6 给出了显示波群特征的自由表面高程的信号示例。这些波群通过辐射应力梯度，促使低频束缚波形成（红线）。该信号是在 Duck85 试验中的破波区外水深 5 m 处测量的（图 2.7a 中的 H5 站）。图 2.7b 所示为破波区内从重力波到 IG 波的能量转移。在这个具体例子中，破波区外（H4 站）重力带占主导地位，以涌浪条件为特征（Hrms = 0.42 m，Tp = 12 s）。该能带在破波区内（如 R3 站）被抑制，同时入射的 IG 波获得能量。R3 站反射的 IG 波能量低于入射能量，而 H4 站没有检测到 IG 波，这表明 IG 波能量在破波区内耗散的相关性。

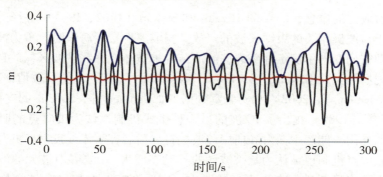

图 2.6　9 月 9 日（美国东部时间 15 点）破波区外 H5 站（图 2.7a）的海面高程、波群包络线和相关束缚波（采用 Guza 等 1985 年的方法计算）

黑线表示测得的自由面高程，蓝线表示波浪包络线，红线表示束缚波（List，1992）。

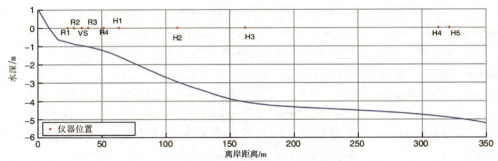

(a) 海滩剖面和仪器位置（Duck85 现场试验）

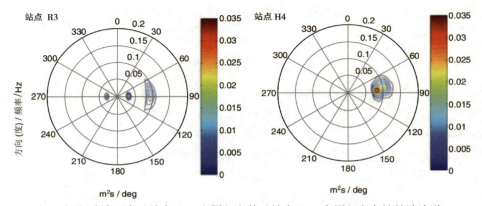

(b) 破波区内（站点R3，左图）和外（站点H4，右图）方向性的波浪谱

图2.7　(a) 在 Duck85 现场试验期间，海滩剖面以及压力和速度传感器的位置。(b) 破波区内方向性的波能量转换的例子。位于破波带附近的 R3 传感器（左）和位于破波带以外的 H4 传感器（右）处的方向波能谱。9 月 9 日（美国东部时间 15 点）在 Duck85 现场试验期间完成了速度和压力测量，由此计算了方向波谱。

根据辐射应力的概念，Longuet-Higgins 和 Stewart（1962、1964）解释了海浪破碎拍击可能是由于与波群相关的束缚长波的释放。当波浪群接近海岸时，重力波会一直向浅滩移动，直到它们变得不稳定并破裂，波浪结构被破坏，并在破波区释放自由长波。这一解释得到现场测量（如 Guza 等，1984；Masselink，1995）、若干数值研究（如 List，1992；van Dongeren 等，2002）和实验室数据（如 Janssen 等，2003）的支持。

Symonds 等（1982）提出了 IG 波的另一种生成机制，认为破碎点的时间变化几乎起到造波器的作用，能产生向海和向岸碎波拍打。后者在海岸线反射，并与其他长波相结合。移动破碎点机制也被认为是破波区的"动态增水"。波群中最大的波在破波区产生更强的重力波能量耗散，产生更高的增水。实验证实，在相对陡峭的均匀斜坡海滩（Kostense，1984；Baldock 等，2000；Baldock 和 Huntley，2002）和有沙坝的海滩（Baldock 等，2004；Pomeroy 等，2012），移动破碎点产生的长波支配了低频波场。Schäffer（1993）在解析模型中结合这两种机制，并模拟了 Kostense（1984）的实验，结果具有良好的一致性。

关于这两种机制的相对重要性，Battjes 等（2004）提出，碎波拍打取决于标准化的坡度参数，即在陡坡区破碎点生成更有效，而在缓坡区束缚长波的释放更有可能成为主导。Dong 等（2009）的实验得出相同的结论，证实 Battjes 等（2004）提出的标准化坡度是破碎点机制有效性的前瞻性指标。

与产生机制无关，波群在破波区内产生入射的次重力波。根据其周期，这些波可以在海岸耗散和/或反射，并且根据其方向、频率和海滩坡度，可作为漏波（leaky waves）被传回海洋，或者通过折射被困在海岸（Herbers 等，1995）。根据海岸地貌的不同，后者可以成为前进或驻立的边缘波（edge waves）。

IG 波通常可以控制浅水中的水流速度和海面位移场（Huntley 等，1977；Guza 和 Thorton，1982；Holman 和 Bowen，1984；Guza 等，1985；Henderson 和 Bowen，2002）。造成潜在的砂质海滩和沙丘侵蚀、越流（overwash）和溃决（breach）最关键的因素是总爬高（run-up）。其大小受多种因素共同作用，最重要的是天文潮、风暴增水、入射波和 IG 波。在风暴中的耗散海滩上，入射波引起的爬高分量达到饱和，IG 波分量占主导地位（Guza 和 Thornton，1982；Holman 和 Sallenger，1985；Ruessink 等，1998；Ruggiero 等，2004；Stockdon 等，2006；Senechal 等，2011）。对泥沙输移的作用在第 3 章会讨论。IG 波可能支配重力波的其他海岸地区包括珊瑚礁（如 Sheremet 等，2011；Pomorey 等，2012；van Dongeren 等，2013。见第 10 章）和波浪主导的潮汐通道（Bertin 和 Olabarrieta，2016）。

与规则涌浪群相关的 IG 波也会在港口产生假潮（seiches）（Bowers，1977），从而影响系泊缆绳的可操作性和停泊船舶的稳定性，导致停泊作业中断和港口停工（McComb 等，2005；van der Mollen 等，2006）。现场观测（Okihiro 和 Guza，1996；Lopez 等，2012；Thotagamuwage 和 Pattiaratchi，2014）进一步证实港口内次重力波与港口外涌浪能量之间的强相关性。

2.3.4　冲流带动力过程

冲流带通常被定义为波浪爬低和爬高极限间的海滩区域，该区域干湿间歇出现（Masselink 和 Puleo，2006），构成了海陆边界。随着潮水的涨落，冲流带的区域将横穿并延伸超出整个潮间带海滩。冲流带代表了一个高度复杂和动态的区域，在这里强大的、不稳定的水流导致高速率的形态变化。

如上文所述，进入海岸浅滩的波浪折射并最终在破波带破碎。然而，根据破波带的饱和程度，一定量的波浪能量将传播到冲流带，这些能量导致波浪在前滨爬升。风暴期间波浪爬升可导致海岸结构物漫顶和海岸基础设施被淹没，还会导致沙丘侵蚀和越流（Sallenger，2000；Ruggiero 等，2001）。因此，从海岸风暴影响和海岸安全评估的角度看，能够正确估计风暴期间的波浪爬高是至关重要的。

基于 Hunt（1959）和 Battjes（1974）的工作，20 世纪开发的大多数预测波浪爬高的公式是 $\frac{R}{H} = a\xi_0^b + c$ 形式的 Iribarren 型参数化，其中 R 是静止水位以上的波浪爬高高度，H 是入射波高，a、b [$O(1)$] 和 c [$O(0.1)$] 是在不同现场和实验室数据中的不同拟合系数值。虽然发现这类爬高方程估算与海岸防护结构上波浪爬高和陡峭海滩上的现场观测相当吻合，但平坦和耗散海滩上的波浪爬高似乎对 Iribarren 参数的依赖性较小，并与深水有效波高 $H_{s,0}$（Ruessink 等，1998；Ruggiero 等，2001）或 $\sqrt{H_{s,0}/L_0}$（Nielsen 和 Hanslow，1991）成比例。

为了以实用的方式解决这一差异，Stockdon 等（2006）根据入射波段和次重力波段对海岸波浪爬高的单独贡献，建立了一个经验性的爬高方程。并根据美国和荷兰耗散和反射砂质海滩的数据，验证了这个爬高方程。虽然可以为陡坡和缓坡海滩找到不同的最佳方程，但 Stockdon 等还开发了适用于所有海滩的通用表达式：

$$R_{2\%} = 1.1\left(0.35\beta_f\sqrt{H_{s,0}L_{p,0}} + \frac{\sqrt{H_{s,0}L_{p,0}(0.563\beta_f^2 + 0.004)}}{2}\right) \quad (式2.8)$$

式中，$R_{2\%}$ 为被 2% 概率的冲流事件所超越的波浪爬高，β_f 为测量的发生冲流的海滩坡度，$H_{s,0}$ 为深水有效波高，$L_{p,0}$ 为波峰周期的深水波长。

以上讨论的波浪爬升方程都表达了入射波高与静水面以上总爬升高程之间的关系。然而，与破波区类似，当入射波涌高与先前波浪的爬高或爬低相互作用时，冲流带可能出现饱和。冲流之间相互作用的估算，以及由此产生的冲流饱和，用入射波周期 T 和自然冲流周期 T_s 之间的比率来表述。通过 Baldock 和 Holmes（1999）的理论爬升势方程和 Hunt（1959）的经验爬升方程，Brocchini 和 Baldock（2008）将入射波周期和自然冲流周期之间的比率估计为近海波高 H_0 的函数：

$$\frac{T_s}{T} = 2\left(\frac{2}{\pi}\right)^{\frac{1}{4}}\left(\frac{K^2 H_0}{gT^2\beta^2}\right)^{\frac{1}{4}} \quad (式2.9)$$

式中，K 是 0.6~0.8 范围内的常数，冲流饱和出现在 $T_s > T$ 时。该方程表明，冲流区在大多数天然海滩上是饱和的，但在有长周期涌浪的陡峭海滩上除外（Guza 和 Thornton，1982；Brocchini 和 Baldock，2008）。

风暴期间的冲流饱和的重要性在于，一旦冲流饱和，入射波高的增加会导致冲流区的额外的平均水位增高，但不会贡献入射波频率处增加的爬高变化。这一观点如图 2.8 所示，在一系列的数值模拟中，由于近海有效波高的增加，冲流周期随着入射波周期的增加而增加（式 2.9）。模拟结果表明，尽管超越 2% 概率的波浪爬高 $R_{2\%}$ 确实随着近海波高 $H_{m,0}$ 的增加而增加，但当 $T_s/T_p > 0.9$ 时，峰值频率 S_a 附近的显著冲流幅度不会增加。

一定程度上由于冲流区饱和，冲流运动通常由低频分量控制（Brocchini 和 Baldock，2008）。在耗散性海滩上，冲流运动的主要产生机制是冲流区外产生的低频（次重力）波（Guza 和 Thornton，1982）。在反射海滩上，高频波能量将进入冲流区，产生高频冲流运动。然而，反射海滩上波浪群的持续性，以及通过冲流饱和对高频运动的阻尼，通常导致在冲流区内低频运动相对于入射高频波段运动占主导作用（Mase，1995；Baldock 等，1997）。

虽然冲流区以外的低频分量主导了冲流运动，但冲流区本身通常不是低频波能量的来源。Watson 等（1994）表明，对于产生低频波能量的冲流区，波群周期 T_g 和自然冲流周期 T_s 之间的比率应接近统一。由于 T_s 在大多数天然海滩上的数量级为 1~3，因此，这种低频波只会在非常短周期的波浪群中产生（每个群组 1~3 个波；Brocchini 和 Baldock，2008）。

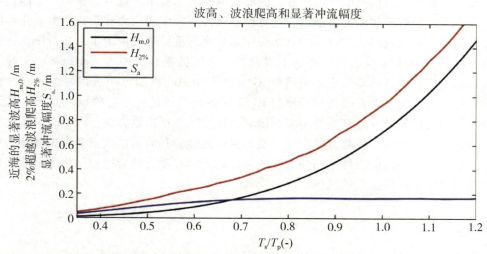

图 2.8　作为冲流周期和峰值周期之间比率的函数，具有恒定峰值周期的 JONSWAP 谱的入射波高、波浪爬高和显著冲流振幅示例

结果是由波浪解析模型 XBECH – G 在 1/20 坡度上进行计算得到的（McCall 等，2014）。

冲流区位于海陆交界处，因此也是海水与海滩地下水相互作用的区域。人们早就知道，渗透到可渗透海滩会通过减弱相对于上冲的回流来影响冲流区的水动力（Bagnold，1940；Grant，1948），从而导致所谓的冲流不对称。虽然这种不对称性在一定程度上发生在所有可渗透海滩上，Masselink 和 Li（2001）通过数值模拟证明，在值粒径 D_{50} 超过 1.5 mm（非常粗的砂）的海滩上，通过渗透损失的冲流不对称性对海滩形态很重要。海滩上部和沙坝顶部的渗透也通过显著降低漫顶和越流率，提高了风暴期间沿海地区粗砂和砾石沙坝在抵御洪水方面的安全性（McCall 等，2012）。

渗入和渗出通过在渗入过程中将流线拉近底床进一步影响冲流水流，以增加有效底床切应力，并在渗出过程中将流线推离底床更远，从而降低有效底床剪切应力（Nielsen，1992；Conley 和 Inman，1994）。这种砂质海滩的通风边界层的净效应是在上冲阶段增加底床切应力，在回流阶段减少大约 5% 的底床切应力（Butt 等，2001），在透水砾石海滩上减少 20%～40% 的底床剪切应力（Masselink 和 Turner，2012）。

2.4　结　　论

在本章的开头，我们看到风暴增水主要由大气压力梯度、风生表面应力和波浪作用力控制，但是共振等其他现象也可能在局部起主要作用。虽然大气压力梯度在风暴增水模型中的作用现在已经得到充分的认识和考虑，但表面应力的参数化及它在多模态谱或极端风下对海况的依赖性仍然是一个有争议和需要进一步研究的问题。此外，我们还指出，波浪增水可以传播到破波区以外，因此对风暴增水有重大贡献。在中、低能量条件下，通常可以很好地预测波浪增水，而在风暴条件下，海底应力和湍流的参数化可能变得非常关键，因为忽略这些过程的基本模型通常会严重低估波浪增水。在近岸，我们还看到，IG 波是在束缚波的释放驱动下发育的，束缚波是在滨面（shoreface）发育或由与波群相关的破碎点移动形成。虽然与 IG 波产生相关的机制已经被很好地建立并得到了观测的支持，但是曾在破波带释放的 IG 波的命运仍然是一个有争议的问题。认识前缘波折射引起的耗散或俘获需要更多的研究。最后，包括次重力波在内的破波带动力过程和滩面形态对冲流区风暴波爬高的影响，目前的经验和数值模式只能做出部分解释和捕捉。进一步研究高能事件期间冲流区的流体动力学和动力地貌过程，将为更准确地预测海岸防洪安全提供深刻的见解。

参考文献

[1] APOTSOS A, RAUBENHEIMER B, ELGAR S, et al., 2007. Effects of wave rollers and bottom stress on wave setup [J]. Journal of Geophysical Research Oceans, 2007, 112 (2), C02003.

[2] ARNAUD G, BERTIN X, 2014. Contribution du setup induit par les vagues dans la surcote associéeàla tempête klaus [C]. XIII èmes Journées Nationales Génie CÔtier_Génie Civil, 859 – 867.

[3] AUCAN J, HOEKE R, MERRIFIELD M A, 2012. Wave-driven sea level anomalies at the midway tide gauge as an index of North Pacific storminess over the past 60 years [J]. Geophysical Research Letters, 39 (17), L17603.

[4] BAGNOLD R, 1940. Beach formation by waves: some model-experiments in a wave tank [J]. Journal of the ICE, 15, 27 – 52.

[5] BALDOCK T, HOLMES P, 1999. Simulation and prediction of swash oscillations on a steep beach [J]. Coastal Engineering, 36 (3), 219 – 242.

[6] BALDOCK T E, HUNTLEY D A, 2002. Long-wave forcing by the breaking of random gravity waves on a beach [J]. Proc. R. Soc. London, Ser. A, 458 (2025), 2177 – 2201.

[7] BALDOCK T E, HOLMES P, HORN D, 1997. Low frequency swash motion induced by wave grouping [J]. Coastal Engineering, 32, 197 – 222.

[8] BALDOCK T E, HUNTLEY D A, BIRD P A D, et al., 2000. Breakpoint generated surf beat induced by bichromatic wave groups [J]. Coastal Eng., 39 (2), 213 – 242.

[9] BALDOCK T E, O'HARE T J, HUNTLEY D A, 2004. Long wave forcing on a barred beach [J]. J. Fluid Mech., 503, 321 – 343.

[10] BATTJES J A, 1974. Surf similarity [C] //14th International Conference on Coastal Engineering. Copenhagen, ASCE, 467 – 479.

[11] BATTJES J A, BAKKENES H J, JANSSEN T T, et al., 2004. Shoaling of subharmonic gravity waves [J]. Journal of Geophysical Research Oceans, 109 (2), C02009.

[12] BERTIN X, BRUNEAU N, BREILH J F, et al., 2012. Importance of wave age and res-

onance in storm surges: The case Xynthia, Bay of Biscay [J]. Ocean Modelling, 42 (2012), 16 – 30.

[13] BERTIN X, CASTELLE B, CHAUMILLON E, et al., 2008. Estimation and inter-annual variability of the longshore transport at a high-energy dissipative beach: The St Trojan beach, SW Oléron Island, France [J]. Continental Shelf Research, 28, 1316 – 1332.

[14] BERTIN X, FORTUNATO, A B OLIVEIRA A, 2009. A modeling-based analysis of processes driving wave-dominated inlets [J]. Continental Shelf Research, 29, 819 – 834.

[15] BERTIN X, LI K, ROLAND A, et al., 2015. The contributions of short-waves in storm surges: Two case studies in the Bay of Biscay [J]. Continental Shelf Research, 96, 1 – 15.

[16] BERTIN X, OLABARRIETA M, 2016. Relevance of infragravity waves in a wave-dominated inlet [J]. Journal of Geophysical Research: Oceans, 121 (8), 5418 – 5435.

[17] BLAKE E S, 2007. The deadliest, costliest and most intense United States tropical cyclones from 1851 to 2006 (and other frequently requested hurricane facts) [R]. NOAA Technical Memorandum NWS TPC 5.

[18] BOWERS E C, 1977. Harbour resonance due to set-down beneath wave groups [J]. J. Fluid Mech., 79, 71 – 92.

[19] BROCCHINI M, BALDOCK T E, 2008. Recent advances in modeling swash zone dynamics: Influence of surf-swash interaction on nearshore hydrodynamics and morphodynamics [J]. Reviews of Geophysics, 46 (3).

[20] BROWN J M, WOLF J, 2009. Coupled wave and surge modelling for the eastern Irish sea and implications for model wind-stress [J]. Continental Shelf Research, 29 (10), 1329 – 1342.

[21] BUTT T, RUSSELL P, TURNER I, 2001. The influence of swash infiltration-exfiltration on beach face sediment transport: Onshore or offshore? [J] Coastal Engineering, 42 (1), 35 – 52.

[22] CHARNOCK H, 1955. Wind stress on a water surface [J]. Quarterly Journal of the Royal Meteorological Society, 81, 639 – 640.

[23] CONLEY D C, INMAN D L, 1994. Ventilated oscillatory boundary layers [J]. Journal of Fluid Mechanics, 273, 261 – 284.

[24] DIETRICH J C, BUNYA S, WESTERINK J J J H, et al., 2010. A high-resolution coupled riverine flow, tide, wind, wind wave, and storm surge model for southern Louisiana and Mississippi. Part II: Synoptic description and analysis of hurricanes Katrina and Rita [J]. Monthly Weather Review, 138 (2), 378 – 404.

[25] DODET G, BERTIN X, BRUNEAU N, et al., 2013. Wave-current interactions in a wave-dominated tidal inlet [J]. Journal of Geophysical Research: Oceans, 118 (C3), 1587 – 1605.

[26] DONELAN M A, HAUS B K, REUL N, et al., 2004. On the limiting aerodynamic

roughness of the ocean in very strong winds [J/OL]. Geophysical Research Letter, 31 (18), 355-366.

[27] DONG G, MA X, XU J, et al., 2009. Experimental study of the transformation of bound long waves over a mild slope with ambient currents [J]. Coastal Engineering, 56, 1035-1042.

[28] VAN DONGEREN A R, BAKKENES H J, JANSSEN T, 2002. Generation of long waves by short wave groups [C] //28th International Conference on Coastal Engineering. Cardiff, 1093-1105.

[29] VAN DONGEREN A R, LOWE R, POMEROY A, et al., 2013. Numerical modeling of low-frequency wave dynamics over a fringing coral reef [J]. Coastal Engineering, 73 (MAR.), 178-190.

[30] DOODSON A T, 1924. Meteorological perturbations of sea-level and tides [J]. Geophysical Journal International, 1, 124-147.

[31] ELFRINK B, BALDOCK T, 2002. Hydrodynamics and sediment transport in the swash zone: A review and perspectives [J]. Coastal Engineering, 45, 149-167.

[32] GARCEZ-FARIA A F, THORNTON E B, LIPPMANN T C, et al., 2000. Undertows over a barred beach [J]. Journal of Geophysical Research, 105 (C7), 16999-17010.

[33] GRANT U, 1948. Influence of the water table on beach aggradation and degradation [J]. Journal of Marine Research, 7, 655-660.

[34] GREENSPAN H P, 1956. The generation of edge waves by moving pressure distributions [J]. Fluid Mech, 1 (6), 574-592.

[35] GUZA R T, THORNTON E B, 1982. Swash oscillations on a natural beach [J]. Journal of Geophysical Research, 87 (C1), 483-491.

[36] GUZA R T, THORNTON E B, 1985. Velocity moments in nearshore [J]. Journal of Waterway Port Coastal and Ocean Engineering-asce, 111, 235-256.

[37] GUZA R T, THORNTON E B, HOLMAN R A, 1984. Swash on steep and shallow beaches [C]. In: Proceedings of the Coastal Engineering Conference, 1984, edited by B. L. Edge, 708-723, American Society of Civil Engineers. Reston, Va.

[38] GUZA R T, THORNTON E B, HOLMAN R A, 1985. Swash on steep and shallow beaches [C]. In: Proceedings of the 19th Conference on Coastal Engineering, 708-723, American Society of Civil Engineers. New York.

[39] HAWKINS H F, RUBSAM D T, 1968. Hurricane Hilda, 1964. II. Structure and budgets of the hurricane on October 1, 1964 [J]. Monthly Weather Review, 96 (9), 617-636.

[40] HENDERSON S M, BOWEN A J, 2002. Observations of surf beat forcing and dissipation [J]. Journal of Geophysioal Research: Oceans, 107 (C11), 3193.

[41] HERBERS T H C, ELGAR S, GUZA R, et al., 1995. Infragravity-frequency (0.005 0.05Hz) motions on the shelf. Part II: Free waves [J]. Journal of Physical Oceanography. 25 (6), 1063-1079.

[42] HOLMAN R A, BOWEN A, 1984. Longshore structure of infragravity wave motions [J]. JOURNAL OF GEOPHYSICAL RESEARCH, 89 (C4), 6446–6452.

[43] HOLMAN R A, SALLENGER A H, 1985. Setup and swash on a natural beach [J]. JOURNAL OF GEOPHYSICAL RESEARCH, 90 (C1), 945–953.

[44] HOLMEDAL L E, MYRHAUG D, 2013. Combined tidal and wind driven flows and bed-load transport over a flat bottom [J]. Ocean Modelling, 68, 37–56.

[45] HUNT I, 1959. Design of seawalls and breakwaters [J]. Proc. Am. Soc. Civ. Eng., J. Waterw. Harbors Div., 85, 123–152.

[46] HUNTLEY D A, GUZA R T, BOWEN A J, 1977. A universal form for shoreline run-up spectra [J]. J. Geophys. Res., 82 (C18), 2577–2581.

[47] JANSSEN T T, BATTJES J A, VAN DONGEREN A R, 2003. Long waves induced by short-wave groups over a sloping bottom [J]. Journal of Geophys Research Oceans, 108 (C8), 1–14.

[48] JONSSON I G, 1966. Wave boundary layers and friction factors [C] //Proceedings of the 10th Conference on Coastal Engineering, 1, 127–148.

[49] KENNEDY A B, GRAVOIS U, ZACHRY B C, et al., 2011. Origin of the hurricane ike forerunner surge [J]. Geophysical Research Letter, 28 (8), L08608.

[50] KENNEDY A B, WESTERINK J J, SMITH J M, et al., 2012. Tropical cyclone inundation potential on the Hawaiian islands of Oahu and Kauai [J]. Ocean Modelling, 52–53, 54–68.

[51] KOSTENSE J K, 1984. Measurements of surf beat and set-down beneath wave groups [C] //Proc. 19th Int. Conf. Coastal Eng. ASCE, Houston, 724–740.

[52] LIST J H, 1992. A model for the generation of two-dimensional surfbeat [J]. Journal, 97, 5623–5635.

[53] LONGUET-HIGGINS M S, STEWART R W, 1962. Radiation stress and mass transport in gravity waves, with application to 'surf beats' [J]. J. Fluid Mech., 13, 481–504.

[54] Longuet-Higgins M S, Stewart R W, 1964. Radiation stresses in water waves: A Physical discussion, with applications [J]. Deep-Sea Research, 11, 529–562.

[55] LÓPEZ M, IGLESIAS G, KOBAYASHI N, 2012. Long period oscillations and tidal level in the Porto Ferrol [J]. Appl. Ocean Res., 38, 126–134.

[56] MASE H, 1995. Frequency down-shift of swash oscillations compared to incident waves [J]. Journal of Hydraulic Research, 33 (3), 397–411.

[57] MASSELINK G, 1995. Group bound long waves as a source of infragravity energy in the surf zone [J]. Cont. Shelf Res., 15, 1525–1547.

[58] MASSELINK G, LI L, 2001. The role of swash infiltration in determining the beachface gradient: a numerical study [J]. Marine Geology, 176, 139–156.

[59] MASSELINK G, PULEO J A, 2006. Swash-zone morphodynamics [J]. Continental Shelf Research, 26, 661–680.

[60] MASSELINK G, TURNER I L, 2012. Large-scale laboratory investigation into the effect

of varying back-barrier lagoon water levels on gravel beach morphology and swash zone sediment transport [J]. Coastal Engineering, 63, 23 - 38.

[61] MASTENBROEK C, BURGERS G, JANSSEN P A E M, 1993. The dynamical coupling of a wave model and a storm surge model through the atmospheric boundary layer [J]. Journal of Physical Oceanography, 23, 1856 - 1866.

[62] MCCALL R, MASSELINK G, POATE T, et al., 2014. Modelling storm hydrodynamics on gravel beaches with XBeach-G [J]. Coastal Engineering, 91, 231 - 250.

[63] MCCALL R, MASSELINK G, ROELVINK J, et al. , 2012. Modeling overwash and infiltration on gravel barriers [C] //Proceedings of the 33rd International Conference on Coastal Engineering. Santander, Spain.

[64] MCCOMB P, GORMAN R, GORING D, 2005. Forecasting infragravity wave energy within a harbour [C] //Proceedings of the Fifth International Symposium on Ocean Wave Measurement and Analysis (WAVES). IAHR Secretariat, Madrid, Spain.

[65] VAN DER MOLEN W, MONÁRDEZ-SANTANDER P, VAN DONGEREN A R, 2006. Numerical simulation of long-period waves and ship motions in Tomakomai Port, Japan [J]. Coast. Eng. J., 48 (1), 59 - 79.

[66] MONSERRAT S, VILIBIC I, RABINOVICH A B, 2006. Meteotsunamis: atmospherically induced destructive ocean waves in the tsunami frequency band [J]. Nat Hazards Earth Syst Sci, 6 (6), 1035 - 1051.

[67] MOON I J, 2005. Impact of a coupled ocean wave-tide-circulation system on coastal modelling [J]. Ocean Modelling, 8, 203 - 236.

[68] MUNK W H, 1949. Surf beats [J]. Eos Trans AGU, 30, 849 - 854.

[69] NIELSEN P, 1992. Coastal bottom boundary layers and sediment transport. vol. 4 of advanced series on ocean engineering [M]. World Scientific, Singapore.

[70] NIELSEN P, HANSLOW D J, 1991. Wave run-up distributions on natural beaches [J]. Journal of Coastal Research, 1139 - 1152.

[71] OKIHIRO M, GUZA R T, 1996. Observations of seiche forcing and amplification in three small harbours [J]. J. Waterw. Port Coast. Ocean Eng., 122 (5), 232 - 238.

[72] OLABARRIETA M, WARNER J C, ARMSTRONG B, et al., 2012. Ocean-atmosphere dynamics during hurricane ida and nor'ida: an application of the coupled ocean-atmosphere wave sediment transport (COAWST) modeling system [J]. Ocean Modelling, 43 - 44, 112 - 137.

[73] POMEROY A, LOWE R, SYMONDS G, et al., 2012. The dynamics of infragravity wave transformation over a fringing reef [J]. J. Geophys. Res., 117, C11022.

[74] POND S, PICKARD G L, 1998. Introductory dynamical oceanography [M]. Butterworth-Heinmann, UK.

[75] POWELL K A, 1990. Predicting short term profile response for shingle beaches [J]. Tech. rep., HR Wallingford SR report 219.

[76] POWELL M D, VICKERY P J, REINHOLD T A, 2003. Reduced drag coefficient for

high wind speeds in tropical cyclones [J]. Nature, 422, 279 – 283.

[77] PROUDMAN J, 1929. The effects on the sea of changes in atmospheric pressure [J]. Geophys Suppl Mon Not R Astron Soc, 2, 197 – 209.

[78] RABINOVICH A B, 2009. Seiches and harbour oscillations [M]. In: Y. C. Kim (Ed.) Handbook of Coastal and Ocean Engineering. World Scientific, Singapore, 193 – 236.

[79] REGO J L, LI C, 2010. Nonlinear terms in storm surge predictions: effect of tide and shelf geometry with case study from Hurricane Rita [J]. Journal of Geophysical Research, 115, C06020.

[80] ROLAND A, ZHANG Y, WANG H V, et al., 2012. A fully coupled 3D wave-current interaction model on unstructured grids [J]. Journal of Geophysical Research, 117.

[81] RUESSINK B G, KLEINHANS M G, VAN DEN BEUKEL P G L, 1998. Observations of swash under highly dissipative conditions [J]. Journal of Geophysical Research: oceans, 103 (C2), 3111 – 3118.

[82] RUGGIERO P, HOLMAN R A, BEACH R A, 2004. Wave run-up on a high-energy dissipative beach [J]. J. Geophys. Res., 109, C06025.

[83] RUGGIERO P, KOMAR P D, MCDOUGAL W G, et al., 2001. Wave run-up, extreme water levels and the erosion of properties backing beaches [J]. Journal of Coastal Research, 407 – 419.

[84] SAHA S, MOORTHI S, PAN H L, et al., 2010. The NCEP climate forecast system reanalysis [J]. Bull. Am. Meteorol. Soc., 91, 1015 – 1057.

[85] SALLENGER A, 2000. Storm impact scale for barrier islands [J]. Journal of Coastal Research, 16 (3), 890 – 895.

[86] SCHÄFFER H A, SVENDSEN I A, 1988. Surf beat generation on a mild slope [C]. In: Coastal Engineering, 1058 – 1072. Am. Soc. of Civ. Eng., Reston, Va.

[87] SCHÄFFER H A, MADSEN P A, DEIGAARD R, 1993. A Boussinesq model for waves breaking in shallow water [J]. Coastal Engineering, 20 (3 – 4), 185 – 202.

[88] SENECHAL N, COCO G, BRYAN K R, et al., 2011. Wave run-up during extreme storm conditions [J]. J. Geophys. Res., 116, C07032.

[89] SHEREMET A, KAIHATU J M, SU S F, et al., 2011. Modeling of nonlinear wave propagation over fringing reefs [J]. Coastal Engineering, 58 (12), 1125 – 1137.

[90] STEWART R W, 1974. The air-sea momentum exchange [J]. Boundary Layer Meteorology, 6, 151 – 167.

[91] STOCKDON H, HOLMAN R, HOWD P, et al., 2006. Empirical parameterization of setup, swash, and run-up [J]. Coastal Engineering, 53, 573 – 588.

[92] STOKES G G, 1847. On the theory of oscillatory waves [J]. Trans. Camb. Philos. Soc., 8, 441 – 473.

[93] SYMONDS G, HUNTLEY D A, BOWEN A J, 1982. Two dimensional surfbeat: long wave generation by a time varying breakpoint [J]. J. Geophys. Res., 87, 492 – 498.

[94] SWART D H, 1974. Offshore sediment transport and equilibrium beach profiles [M].

Delft Hydraulics Lab Publication 131. Delft, the Netherlands.
[95] TAKAGAKI N, KOMORI S, SUZUKI N, et al., 2012. Strong correlation between the drag coefficient and the shape of the wind sea spectrum over a broad range of wind [J]. Geophysical Research Letters, 39, L23604.
[96] TANAKA S, WESTERINK H, CHEUNG K F, et al., 2012. Tropical cyclone inundation potential on the Hawaiian islands of Oahu and Kauai [J]. Ocean Modelling, 52 – 53, 54 – 68.
[97] THOTAGAMUWAGE D T, PATTIARATCHI C B, 2014. Observations of infragravity period oscillations in a small marina [J]. Ocean Eng., 88 (2014), 435 – 445.
[98] TUCKER M J, 1950. Surf beats: sea waves of 1 to 5 min. period [J]. Proc. R. Soc. London, Ser. A, 202, 565 – 573.
[99] WATSON G, BARNES T, PEREGRINE D, 1994. The generation of low-frequency waves by a single wave group incident on a beach [C] //Proceedings of 24th Conference on Coastal Engineering, Kobe, Japan.
[100] XIE L, KIU H, LIU B, et al., 2011. A numerical study of the effect of hurricane wind asymmetry on storm surge and inundation [J]. Ocean Model, 36, 71 – 79.
[101] ZHANG Y, BAPTISTA A M, 2008. Selfe: a semi-implicit eulerian-lagrangian finite-element model for cross-scale ocean circulation [J]. Ocean Modelling, 21 (3 – 4), 71 – 96.

3 风暴条件下砂质海滩上的泥沙输移

Troels Aagaard 和 **Aart Kroon**[1]

---

[1] 丹麦哥本哈根大学地球科学与自然资源系。

3.1 简　　介

海岸侵蚀是指松散沉积物或岩石碎片从海岸的陆上移动到水里，导致陆上海滩、沙丘和悬崖物质减少。海岸侵蚀涉及物质的运动，与海平面上升导致的海岸被动淹没不同。在砂质海滩上，海岸侵蚀主要受波浪和水流的作用驱动，通常发生在风暴条件下。

波浪和水流作用引起的地貌变化（包括海岸侵蚀）是泥沙输移变化的结果，可根据泥沙体积连续性方程计算：

$$\frac{dh}{dt} = -\left(\frac{dq_x}{dx} + \frac{dq_y}{dy}\right) \qquad (式3.1)$$

式中，h 为海床高程，q_x，q_y 为跨岸 x 和沿岸 y 方向的泥沙输移率，t 为时间。为了了解导致砂质海滩海岸侵蚀的泥沙输移过程，可将其分为慢性侵蚀和间断侵蚀。当海岸段在每年或 10 年经历持续的侵蚀损失时，就会发生慢性侵蚀。它通常与沿海沉积物沿海岸输移的系统性长时期的梯度有关，而不一定与风暴波活动有关。沿岸输沙由斜入射到海岸线的波浪驱动，如果向下漂移方向的年净输沙率增加（这导致沿岸输沙出现正梯度），则海滩会受到侵蚀。正输移梯度与增加波浪入射角和/或增加下漂移方向的波高有关。

间断侵蚀与慢性侵蚀的区别在于，它是在短时间内实现的，如在一次（或一系列）风暴事件中实现。与慢性侵蚀相反，它主要由跨岸泥沙输移过程驱动。在大多数情况下，跨岸输沙的梯度比沿岸输沙的梯度大得多；在不同的波浪条件下跨岸输沙的方向和量级变化很大，这是由于如下所述的多种输沙机制的相互作用。本章主要关注导致间断侵蚀的风暴事件驱动的泥沙运移。

3.2 海岸风暴的地貌形态效应

在讨论与风暴有关的海岸泥沙搬运过程之前，有必要考虑风暴期间发生的典型海滩形态变化。非潮汐海滩的海岸剖面如图 3.1 所示。不同的波浪和水流的动力环境主导整个剖面；较低的滨面受到浅水波浪变形过程的影响，浅水波浪变形过程往往会将泥沙带到岸上，而风和潮汐产生的水流是泥沙输移的另一个重要贡献者，特别是在沿海岸维度，但在强风期间也作为上升/下降流对泥沙输移产生贡献。

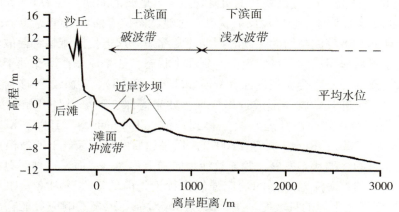

图 3.1 显示本章提及的形态和水动力带（斜体）的非潮汐海岸跨岸剖面示例
海滩包括滩面和后滩。

在形态活跃的上滨面，通常包括一个或多个近岸沙坝，这些沙坝受控于破波带的破波过程。除了海浪和涌浪，长周期次重力波和波浪产生的平均流对这里的泥沙运动也很重要。悬移质泥沙中与波浪破波带有关的较大水平梯度和上滨面波浪改造相互作用，以及几种非线性相互作用的波浪和水流过程引起泥沙输移方向和速率的变化，这可能导致形态的迅速变化。图 3.1 显示，破波带覆盖整个上滨面，这种情况仅在高能条件下才会出现。在天气好的条件下，破波带收缩，仅覆盖上滨面的内部。滩面受到冲流区的高速上冲和回流，在大多数情况下后滩是干燥的，泥沙输移在大多数条件下是由风成过程完成的。然而，在风暴期间，由于风暴增水、较大的波浪增水和次重力运动（见第 2 章），后滩经常被淹没，因此没有冲流区，破波区可能延伸到沙丘底部，在那里海浪可能直接冲击沙丘墙。

对于受显著潮差影响的海滩，潮间带位于滩面与上滨面之间。潮间带可能包括许多潮间带沙坝；根据波浪能量水平和潮汐范围，它可能在一个潮汐周期中受到包括冲刷、破波和变浅波浪等全部过程的作用。

砂质海滩可划分为一系列地貌动力状态，从耗散海滩到反射海滩，并包含有限数量的过渡状态（Wright 和 Short，1984；Scott 等，2011）。耗散终端状态表现为一个宽的破波带，包括十多个涌高的破波（surf bores）。上滨面倾斜平缓，有一个或多个平缓的近岸水下沙坝，波浪通常为溢波破碎，形态沿岸变化很小。在这种状态下，水下沉积储层最大。作为这个序列另一个相反的晴天的极端状态，反射海滩的特点是有最大的陆上沉积储层。在这种状态下，如果它们不是处于静止和非活动状态，近岸沙坝是不存在的，沉积物主要储存在海滩和滩肩上。破波带不存在，波浪以卷波或崩波形式在滩面破碎。在这两个终端状态之间有许多过渡状态，这些过渡状态具有更明显的沙坝地形，沙坝具有不同程度的沿岸三维性，新月形或横向沙坝角和湾地形交替出现。

当形态是活跃的（因为发生了显著的泥沙输移）且与水动力平衡时，这些状态可通过无量纲沉积物沉降速度参数来区分（Gourlay，1968）：

$$\Omega = \frac{H_b}{w_s T} \tag{式 3.2}$$

式中，H_b 是破碎波高，w_s 是沉积物的沉降速度，T 是波浪周期。当 $\Omega > 5.5$ 时，海滩将是耗散的；当 $\Omega < 1.5$ 时，会出现反射状态，过渡状态位于两者之间（Short，1999）。

在风暴期间，破碎波高增大，同时周期通常缩短。这迫使海滩朝着耗散的终端状态发展，但由于滞后作用，它不一定完全达到那个状态。如果风暴在海滩处于堆积的反射状态时到来，滩面和滩肩会受到侵蚀（Masselink 等，2008），泥沙会转移到上滨面，如果风暴持续时间足够长，就会形成近岸沙坝。如果海滩在风暴条件开始时处于过渡状态，并且沙坝已经存在，沙坝通常会迁移到近海（Thornton 等，1996；Komar，1998；Marino-Tapia 等，2007；Ruessink 等，2009）。风暴过后的晴朗天气下的波浪条件将再次驱动海滩向反射的终端状态发展，并导致沙坝向岸上移动。然而，这种经典的剖面演化模型是非常简单的，海滩对风暴的响应强烈依赖于先前的形态等因素。如果陆上海滩（和潮间带）已经是平坦的且坡度平缓，那么海滩对强烈风暴的响应可能会出人意料地受到抑制（Aagaard 等，2005；Kroon 等，2007）。此外，在耗散风暴条件下，沙坝迁移并不总是朝着近海方向。在一些海滩上，通常具有缓倾斜的上滨面，并且由于潮汐和/或风暴潮活动暴露在平均水位的显著变化中，风暴驱动的沙坝迁移通常是向岸的（Aagaard 等，2004；Lindhorst 等，2008；Bruneau 等，2009；Anthony，2013）。

3.3　风暴期间的泥沙输移过程

近 30 年来，在上滨面进行的大量海岸泥沙输移现场测量表明，在海岸剖面上的某一特定位置的净跨岸输移是复杂的，它是由一系列水动力过程驱动和现有形态调整的几个单独泥沙输移造成的。现在人们已经相当清楚地了解跨岸泥沙输移过程。泥沙输移既可以悬移质形式发生，也可以推移质形式发生，但由于风暴期间底床剪切应力较大，悬移质输移很可能在滨面占主导地位，这与有限的现场实验证据一致（Masselink 等，2007；Aagaard 和 Hughes，2013）。

沉积物被主要在振荡波边界层内的底床剪切应力从海床上悬浮起来，但是最近的研究关注到，在强烈破碎波（特别是卷波）下，表面注入的湍流有时可能是底床剪切应力（Grasso 等，2012）和泥沙悬浮（Scott 等，2009）一个非常重要的附加源。然后，移动的泥沙可被一系列水动力过程输移，并且上（下）滨面上的净跨岸（悬浮）泥沙输移由不同频率的振荡波运动驱动的输移分量与波浪产生的稳定流驱动的输移分量的平衡控制（图 3.2）。

传入的浅滩波（风浪和涌浪）在其表面形状和相关速度场中都发展出不对称性（Freilich 和 Guza，1984）。这种不对称性最初是围绕水平轴发展的（称为波浪偏度，它会导致轨道速度的偏斜），因此，波峰下的向陆轨道速度在量级上增加，但在持续时间上减少。另一方面，长而平坦的波浪，会导致较弱但持续较长的离岸轨道速度。最大偏度通常出现在波浪破碎点附近（Ruessink 等，2012），由于泥沙输移是流体速度的非线性函数，速度偏度会导致在波浪周期内积分下的净向陆、波浪驱动的泥沙输移。然而，

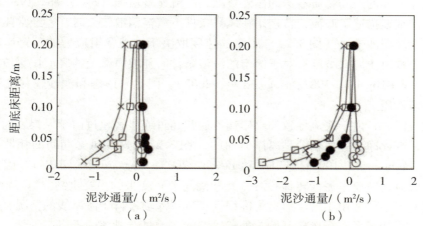

图3.2　风暴期间跨岸悬移质输移组分的垂直分布示例

正向的输移是向陆的。圆表示入射波频率的振荡输移，点表示次重力波频率的振荡输移，×表示欧拉平均输移。这三个分量之和代表净输移量，用正方形表示。在一场近海有效波高约 4 m 的风暴期间，在 Egmond Beach（荷兰）的内破波区使用光学和光学后向散射传感器收集数据。IG 输移分量方向在这两种情况下相反，这极大地影响了净输移量。

这个简单概念至少有两个例外。一是海床上陡峭的波纹会导致轨道速度和含沙量之间的相位转换，并最终导致波浪驱动的悬浮泥沙输移分量发生逆转（O'Hara Murray 等，2011），但由于底床剪切应力较大，在风暴期间浅水波纹不太可能发生。二是如果向海方向的平均流产生的底床剪切应力足够大，导致离岸波浪拍打的泥沙量显著高于向岸，则波浪驱动的输移可能是离岸的。

在波浪破碎点向陆方向，波浪偏度减小，并逐渐被与锯齿形破碎波涌高（surf bores）相关的波浪不对称性所取代。波浪不对称导致轨道加速度的偏斜，这再次导致两个结果：①波浪底边界层变薄，因此与波浪的后斜坡相比，在波浪前面下的底床剪切应力更大；②水平压力梯度-更大的梯度在波前下有强加速流时会发生，这些过程既增加了相对于近海相位的向陆波浪相位的泥沙搅拌和移动（Drake 和 Calantoni，2001；Hsu 和 Hanes，2004），又推动了泥沙的向陆运输。当模型中包含流体加速时，使用 Meyer-Peter/Müller 模型（Austin 等，2009）进行的泥沙通量预测与观测到的通量更为一致，并且大型泥沙悬浮事件往往与大型流体加速密切相关（Puleo 等，2003；Houser 和 Greenwood，2007）。

由于（准）稳定拉格朗日流和欧拉流的输移，进入的风浪和涌浪的偏度和/或不对称引起的泥沙净振荡跨岸输移或增强或减弱。前者与波浪运动直接相关。由于波浪轨道的直径取决于其距海床的距离，因此波峰下的直径大于波谷下的直径，从而导致整个波浪周期内向陆的流体质量净输移。质量输移（斯托克斯漂移；Xu 和 Bowen，1994）在自由面处最大，向海床方向减小，它不能用固定仪器测量。斯托克斯漂移为近海床、向海的（欧拉）回流（即底流）提供动力；底流则确保了跨岸质量的连续性，并在海床附近达到最大值。波浪在破碎点的向海方向、斯托克斯漂移和底流在垂直方向上基本平衡（Lentz 和 Fewings，2012）。然而，在破波区内，由于涌高的碎浪（surf bores）/卷浪携带的水柱上部的向陆物质输送的额外贡献，底流显著增强（Svendsen，1984）。在第2章中已更详细地描述了底流，特别是在风暴条件下波浪消散较大时，它经常驱动着破波区大型的离岸泥沙输送（图3.2）。底流的速度取决于波浪辐射应力的负跨岸梯度，该梯度又部分取决于海滩坡度；对于给定的波浪条件，陡坡海滩上的底流比缓坡海滩上的更强（Longuet-Higgins，1983；Aagaard等，2002）。因此，形态和泥沙输移之间存在着强烈的反馈作用。

在破波区内，由于底流导致的离岸输沙通常超过或显著超过由于风浪和涌浪导致的向岸输沙，因此净悬移质输沙是离岸方向的（图3.2），这在风暴期间的耗散海滩上尤为如此（Thornton等，1996；Conley和Beach，2003；Aagaard等，2013）。因此，在风暴期间，底流是净离岸泥沙转移和海滩（和潮间带）变平的主要机制。

这些模式主要适用于沿岸形态为准线性且近岸沙坝平行于海岸线的情况，如在耗散海滩上。如果沙坝形态在风暴开始时处于过渡状态，具有显著的沿岸三维性，则底流通常被离岸（或裂）流所取代，其中，裂流在缺口或沙坝之间的通道中离岸流动；此类裂流通道的间距通常在100～500 m，裂流速度可能超过1 m/s（Brander和Short，2000）。裂流可将大量悬移质泥沙带向海洋（Aagaard等，1997；Greenwood等，2009；Thorpe等，2013），这些泥沙从裂流通道背面的海湾中侵蚀出来，与近岸沙坝背风面的波高相比，海湾中波高更大，并可移动更多泥沙（Komar，1983；Thornton等，2007）。沿岸不均匀性包括交替的海岸线凸角和与近岸沙坝地形相耦合的海湾，可能在风暴开始时产生沿岸极不同的侵蚀率（Castelle等，2015）。海湾海滩上的侵蚀率可能非常大，这是由于地形限制导致的波高和水位的沿岸变化，这种变化有利于强烈的裂流形成。一个或几个大裂流可能会排干整个海湾，极端风暴可能会通过大裂流的作用导致严重侵蚀和大量泥沙流失（Loureiro等，2012），但很明显，大裂流的水流和泥沙输移的现场测量并不存在。

除了与入射风浪/涌浪和平均流相关的泥沙输移成分，一些研究表明，特别是在风暴和/或耗散波浪条件下，第三个重要成分与由振荡次重力波（infragravity，IG）运动引起的振荡流相关（图3.2）（见第2章）。在某些情况下，IG驱动的输移实际上可能在内破波区占主导地位（Beach和Sternberg，1988、1991；Russell，1993）。在离岸更远的破波区中部和外部，IG驱动的输移率可从忽略不计（Conley和Beach，2003）到较大（Aagaard和Greenwood，1995）之间变化；在剖面上的给定点，IG输移可以是向岸输移，也可以是离岸输移（Houser和Greenwood，2007；Aagaard等，2013）。因此，对IG驱动的上滨面泥沙输移的大小和方向没有很好的认识。事实上，次重力波在破波区内可能产生净跨岸输移的原因尚不清楚。对于给定位置的净IG驱动泥沙输移存在4个假设（图3.3）。①大IG波可以悬浮沙，这是由于较大的轨道速度及其相关的底床剪切应力（Beach和Sternberg，1988），使得任何IG波偏斜都将对净输移方向施加影响（图3.3a）。类似地，当底流很强时，更多的泥沙可能悬浮在近海的IG相，导致离岸方向的IG输移。这一机制在水深较浅的内破波区可能特别相关，且IG速度可能较大，超过风浪和涌浪的速度（Russell，1993）。②当进入的风浪/涌浪在破波区是不饱和时，IG波谷下较小的水深将导致风浪/涌浪引起的泥沙搅拌增加，因为近底速度随着深度的减小而增加；由于表面水位和跨岸速度会有90°的转变，如果次重力波不是跨岸驻立的话，

IG 频率下的输送是离岸方向的（Smith 和 Mocke，2002）。这一机制类似于破波区向海方向的束缚长波情况（图 3.3b），这里 IG 波谷与大型波群有关（Shi 和 Larsen，1984；Ruessink 等，1998），但在束缚长波情况下，是长波波谷处波高的增加而不是水深的减少导致增加的泥沙搅拌和向海输移。③当进入的风浪/涌浪在破波区深度饱和时，波浪更大，因此可能会在 IG 波峰下悬浮更多的泥沙（图 3.3c），从而导致向岸的 IG 输移（Houser 和 Greenwood，2007），在这种情况下，次重力波不是跨岸驻立的。④如果由风浪/涌浪搅动的泥沙量存在跨岸梯度，这个梯度是由在沙坝上的波浪破碎和波谷处的波浪改造引起（图 3.3d）；因为泥沙沉降以及由此产生的由向岸和离岸长波冲击所捕集的泥沙不等量，跨岸驻立的次重力波可能会通过平流过程从搅拌最大值的向陆位置向岸输送泥沙，并从搅拌最大值的向海位置离岸输送泥沙（Aagaard 和 Greenwood，2008）。除了列在这里的第一个假设，IG 被认为是被（破碎的）风浪/涌浪悬浮的沉积物的被动载体，这类似于平均流的作用。

图 3.2 显示了风暴期间内破波带的典型垂直泥沙输移剖面，任何给定破波带位置的净跨岸悬浮泥沙输移由上述 3 个输移分量的总和组成。①由入射的风浪和涌浪偏斜（和/或不对称）引起的净振荡输移。输送方向为向岸的，但如果海床上存在陡峭的波纹（在破波带条件下通常不是这种情况），或者如果平均流足够强到可悬浮更多的泥沙在离岸波浪冲击（wave stroke）上，则向岸输移可能会减小甚至会反转。②由底流或裂流引起的离岸输移。③因 IG 波引起的净振荡输移，可能在破波区内导向任何方向（图 3.2），但通常在滩面附近是指向海的，在这里侵蚀的沉积物是在输移中的。在风暴条件的破波区，平均流驱动分量往往在大多数情况下占主导地位，因此，这 3 个分量的总和，即净输移，是向近海方向的（图 3.2）。

当风暴减弱，波高降低，破波区收缩，底流减弱，通常会导致向岸泥沙输移和海滩恢复。海滩恢复阶段通常明显长于侵蚀阶段，因为波浪能量水平和泥沙输移速率较小（Quartel 等，2007）。虽然个别风暴往往会在数小时内侵蚀和夷平海滩，但海滩恢复的特点是高潮线附近的向岸迁移和潮间带沙坝的合并，这种情况在数天到数周内发生。海滩恢复过程中的向岸输移通常由两种原因造成。①当底流减弱时，由于风浪和涌浪引起的净振荡输移占主导地位，从而向岸驱动泥沙。②风暴过后当平均水位下降时，沙坝处水深可能很浅，从而抑制了底流。破波区被从海滩侵蚀来的泥沙"阻塞"，水循环变成三维的。裂流在缺口或坝之间的低点发育，向岸平均流在沙坝上发育（Aagaard 等，1998；MacMahan 等，2005）；平均水流携带的泥沙驱动着沙坝向陆迁移，直到裂流水道被填充。这种沉积物的净向岸运动通常因潮汐周期内水位的转移而进一步增强：在潮汐较低阶段，取决于剖面上潮间带沙坝的垂直位置，在波浪周期的一部分时段沙坝可能会暴露出来，涌高的浅水碎浪几乎单向地将水向岸输送（Aagaard 等，2006）。冲流过程最终使沉积物回到被侵蚀过的海滩上（Masselink 等，2006）。

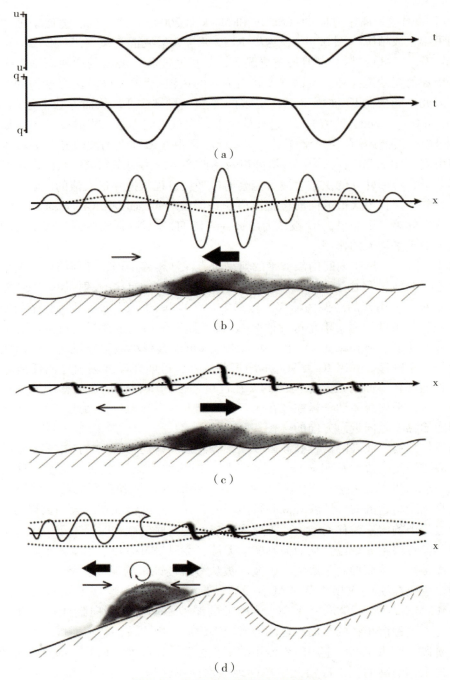

图 3.3 IG 驱动的净泥沙输移模型

(a) 显示了向海偏斜的 IG 速度信号以及与之相关的泥沙输移速率的时间序列；(b)、(c) 和 (d) 阐明了在空间域内（右侧为海岸线）的 IG 输移与 (b) 较小的水深和/或 IG 波谷处较大的入射波高导致的泥沙悬浮和离岸净输移增加；(c) IG 波峰处较大的入射波高导致的悬浮和向岸净输移增加；(d) 当 IG 波跨岸驻立时，局部泥沙悬浮出现最大值，如在波浪破碎点处，可能导致 IG 净输移远离悬浮最大值。箭头表示 IG 输移速率和方向。在面板 (b)、(c) 和 (d) 中，实线表示入射波的形式，虚线表示次重力波的形状（包络线），水平线表示平均水位。更多解释见正文。

3.4 风暴期间上滨面的泥沙输移观测

许多研究描述了风暴期间海滩剖面和海岸线形态的变化，但与海岸侵蚀相关的极端事件中，对破波区泥沙输移的测量却很少。首先，在极端事件中部署仪器有一种运气成分；其次，在不利条件下维护传感器有很大的困难。然而，根据现有的证据，滨面上的跨岸泥沙输移模式与能量较为适中条件下的输移模式没有太大区别，因为入射波在破波区通常是饱和的。次重力波的能量可能更大，因此在极端事件期间可能会输送更多的泥沙，但即使如此，情况也未必有很大不同，因为更高 IG 频率的能量也可能通过波浪破碎而消散（De Bakker 等，2014）。然而，在极端事件期间，海滩和潮间带通常会因风暴增水而被淹没，并且当海滩处于堆积状态且局部坡度比上滨面坡度陡时，辐射应力和能量耗散梯度可能会加剧，从而导致较大的湍流水平和强的底流。因此，离岸方向的悬移质输沙率可能会在淹没的海滩/潮间带变大，然后海滩/潮间带被裸露出来。

图 3.4 丹麦斯凯灵恩（Skallingen）半岛的正射影像
Graadyb 入口位于图片底部，而 Blaavands Huk 的三角岬位于左上角。

丹麦斯凯灵恩（Skallingen）半岛是一个长约 11km、面向北海的障壁沙嘴（图 3.4），是从丹麦 Blaavands Huk 到荷兰 Texel 的障壁岛链和沙嘴中最北的屏障。在这里，跨岸和沿岸泥沙输移一直是现场试验的对象。尽管 20 世纪上半叶出现沙嘴堆积和快速的前丘加积，但自 20 世纪 70 年代中期以来，这个障壁岛遭受了慢性侵蚀，1981—2012 年，障壁岛以每年 4.2 ± 1.1 m 的平均速率蚀退。出现慢性侵蚀的原因是每年净沿岸输沙量增加，这是由于风/浪、气候的变化和 Graadyb 潮汐通道的疏浚活动，这些活动多年来使退潮三角洲防护退化，并导致沙嘴末端的逆时针旋转（Aagaard 和 Sørensen，2013）。由于没有来自上漂移源 Blaavands Huk 三角岬周围的泥沙供应，泥沙的下漂移

处的损失增加到约 6×10^5 m³/a，并全部由斯凯灵恩障壁的侵蚀提供。图 3.5 显示了 1981—2012 年 P6420 处的一系列跨岸剖面。在 30 年的时间里，沙丘蚀退了大约 150 m，现在几乎消失了，尽管在 2008—2012 年有一个轻微的恢复阶段。

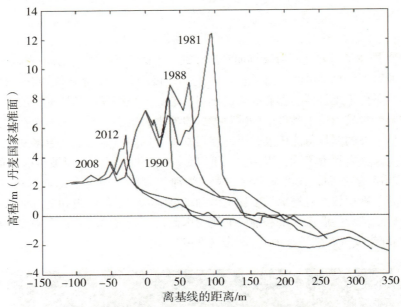

图 3.5　1981—2012 年 P6420 的跨岸剖面
这些沙丘在 1981—2008 年不断受到侵蚀，但此后有所恢复。

虽然沿岸漂移的辐散导致沙嘴的慢性侵蚀，但实际上沙丘衰退是由与重大风暴增水相关的低频强风暴期间发生的间断侵蚀造成的。图 3.6 显示了丹麦埃斯比约港 10 年时间序列的平均水位（1999—2008 年）。每年发生一次或两次平均水位超过丹麦国家基准面（O.D.）+3 m 的事件则被当地定义为风暴增水；在某些年份（如 1999 年），水位可能高达 +4 m O.D.；而在其他年份，没有风暴增水发生。1990 年 1 月两次大的群集风暴增水（达到 +4.13 m O.D.）造成沙丘高达 44 m 的蚀退。

2000 年 10 月的一次风暴增水期间，人们收集了波浪、水流和泥沙输移的现场测量数据，并在图 3.6 标明了发生时间。风暴持续约 36 h；在布拉文德灯塔测得的风速超过 25 m/s，近海波高达 $H_s = 4.1$ m，峰值谱周期 $T = 9.5 \sim 12.8$ s。风暴期间埃斯比约港的增水水平为 +3.03 m，在图 3.6 所示的 10 年记录中仅超过 0.12%。与埃斯比约的瓦登海的平均水位相比，在开阔海岸达到的水位稍小，仅达到 +2.60 m O.D.，但仍然高到足以令波浪袭击和侵蚀沙丘的前部；在高潮附近观察到沙丘壁的坍塌，沙丘脚在风暴后后退了 5 m（图 3.7）。风暴前距基线约 50 m 高的潮间带沙坝被完全侵蚀，泥沙沉积在离岸约 75 m 处，在较低水平形成新的潮间带沙坝。风暴前存在的低潮间带沙坝（$x = 150$ m）也受到侵蚀，而距基线 250 m 的潮下带沙坝向陆上迁移，这是斯凯灵恩风暴增水期间的典型现象（Aagaard 等，2002、2004）。总的来说，调查部分内的剖面每米海岸线流失 22 m³ 泥沙，大部分泥沙很可能是由沿岸水流驱动下移输送（向南）；记录的最大沿岸水流速度为 0.73 m/s。

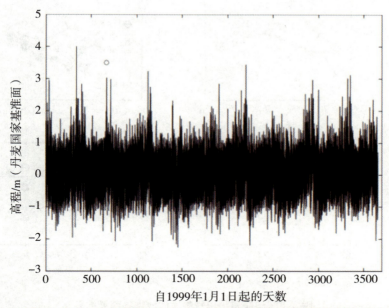

图 3.6　1999 年 1 月 1 日至 2008 年 12 月 31 日期间丹麦埃斯比约港记录的平均水位
圆圈表示 2000 年 10 月的风暴事件下进行的泥沙输移测量。

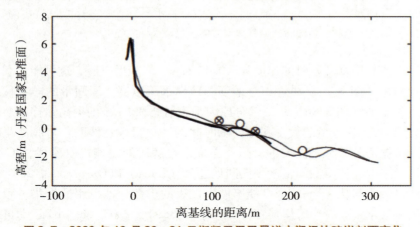

图 3.7　2000 年 10 月 30—31 日斯凯灵恩风暴增水期间的跨岸剖面变化
灰色虚线是风暴前的数据，粗实线是 11 月 1 日风暴后的调查数据，细实线是 11 月 6 日的数据。圆圈表示记录波浪和水流的位置，十字表示泥沙输移测量的位置。水平线表示数据采集期间达到的最高水位。

10 月 30 日风暴峰值期间，内破波带的 4 个位置收集了一个潮汐周期的数据（图 3.7），数据显示了波浪和跨岸悬移质泥沙输移测量的结果（图 3.8）。四个仪器站都配备了压力传感器和电磁流速计，其中两个站（第一个和第三个站从队列的近陆端开始，都位于晴朗的潮间带内）还配备了会在风暴期间发挥作用的光学后向散射传感器。近海潮下站（风暴期间，该站位于宽阔的破波区内）的峰值波高 1.64 m（图 3.8a）。任何站点的平均跨岸流（底流）速度为 $-0.2 \sim 0.3$ m/s（图 3.8b），但临海的潮下站点

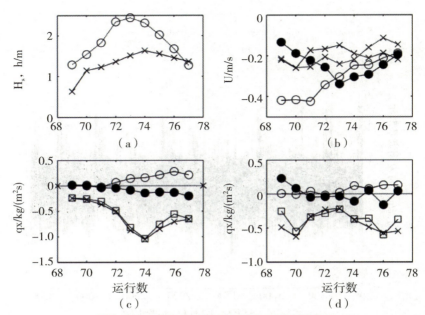

图 3.8 波浪和跨岸悬移质泥沙输移测量结果

(a) 近海潮下站点上的平均水位（圆圈）和有效波高（交叉点）；(b) 四个测量站的平均底流速度；潮下站用圆圈表示，最靠近陆地的站点用黑点表示；(c) 近陆输沙站的跨岸悬浮泥沙通量由入射的风浪和涌浪（圆圈）、IG 波（黑点）、底流（交叉）产生的和净通量（正方形）；(d) 临海输沙站的类似数据。负的流速和泥沙通量指的是离岸方向。仪器采样间隔 1 h。

除外，在这里风暴增水开始时的速度为 −0.42 m/s，但随后下降，这可能是潮下带沙坝向岸移动的结果（图 3.7）。尽管相对适度的跨岸水流速度，潮间带的净悬移质泥沙输移主要由底流驱动（图 3.8c、d），部分原因是入射波和 IG 波的振荡输移或多或少相互平衡，部分原因是 IG 分量的大小和方向随时间的变化很大。然而，与底流驱动的输移相比，这两个振荡分量都是次要的。另一方面，在随后的海滩恢复阶段，IG 波有助于将泥沙输送到岸上，使得潮间带沙坝向陆地迁移（Houser 和 Greenwood，2007）。

这些测量大致与从风暴和/或高能事件中发表的少数其他可用数据集一致。在高能破波区，底流通常主导着净跨岸输移（Conley 和 Beach，2003），但 IG 运动可能有助于建立导致沙坝侵蚀和迁移的重要的跨岸输移梯度（Aagaard 和 Greenwood，1995）。有时，IG 输移可能会超过底流驱动的输移；在悬移质泥沙输移的一个开创性现场试验期间，Beach 和 Sternberg（1991）在美国俄勒冈州海岸的一个极端耗散的海滩开展了监测，在这里近海波高 H_s 为 3～5 m，破波区宽为 500 m。在其测量位置（$h = 1.1～1.3$ m），底流速度相对适中（$V = -0.26$ m/s），净输移是指向岸的并由 IG 波驱动。另一方面，Russell（1993）的早期工作记录了同样大的底流和 IG 驱动的离岸输移分量，这种情况发生在强潮耗散海滩潮间带的风暴期间。因为这些不一致的 IG 输移模式，风暴期间导致海滩侵蚀的部分跨岸泥沙输移是很难定量预测的。

3.5 风暴期间下滨面的泥沙输移观测

在短暂的风暴期间,虽然对海滩侵蚀/堆积不起直接作用,但下滨面上的泥沙输移仍然是一个重要问题,因为它影响来自或到达上滨面的泥沙供应/流失,从而在长时间上对海岸的演变产生强烈影响。然而,除了 Wright 等(1991)的早期观察外,文献中很少报道下滨面的泥沙输移测量。最近,从 Fanø 障壁岛(Skallingen 以南的障壁岛)的多坝上滨面的向海一侧收集了一组在平均水深 3.9 m 处的数据。使用脉冲相干声学多普勒测速仪测量水柱底部 30 cm 的悬移质泥沙输移(Aagaard,2014),图 3.9 显示了 4 个星期测量期间的有效波高和悬移质泥沙输移分量,其中波能条件从低到高不等。局地波高 H_s = 2.5 m(当 h = 16 m 时 H_s = 4.1 m),在峰值波浪条件下,波浪在传感器位置发生破碎。

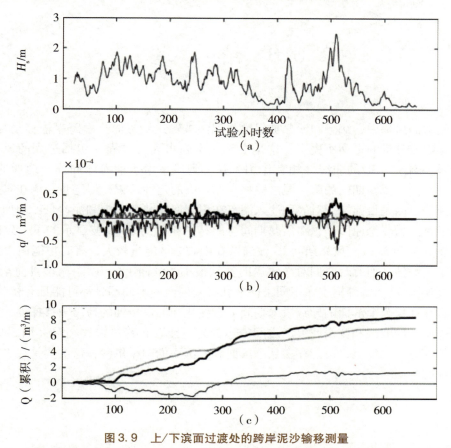

图 3.9 上/下滨面过渡处的跨岸泥沙输移测量

(a)显示了测量期间的局地有效波高;(b)显示了振荡波运动引起的跨岸悬移质泥沙输移率(灰色虚线)、欧拉流(细实线)和拉格朗日流(粗实线);(c)累积波浪(灰色虚线)、流(欧拉加拉格朗日;细实线)和由此产生的净输移(粗实线)。

悬移质泥沙的跨岸输移被分为多个分量：波浪振荡运动分量和欧拉（底流；上升流/下降流）和拉格朗日（斯托克斯漂移）平均流。欧拉流可通过测量获得，斯托克斯漂移可用二阶波理论计算得出。图 3.9c 显示，在 4 个星期的测量期间，累积净输移是向岸的，主要由振荡波浪运动（在入射波频率下）引起。欧拉和拉格朗日平均输移几乎是平衡的，但有一个小的向岸偏差。输移分量在图 3.9b 中被进一步分解，图中显示了波浪、欧拉流和拉格朗日流引起的泥沙输移率的 4 个星期时间序列。正如预期的那样，欧拉平均输移量主要是向海的，这可能主要是由于底流的作用。然而，偶尔由于上升流或底部应力引起的向岸平均流的作用，欧拉平均输移量是向岸的（Ozkan-Haller，2014）。斯托克斯漂移导致的输移必然是一直向岸的。由此产生的平均泥沙输移矢量在风暴期间是离岸方向，在中低能量条件下为向岸方向（图 3.9c）。

根据这些观察结果我们可以推断，在缓倾斜的海滩/滨面上，如在 Fanø，泥沙输移辐聚处位于破波区和变浅波浪区之间的边界处，泥沙可能储存在这里，当破波区在低能量和中等能量条件下萎缩时，泥沙被变浅波浪携带向岸。此外，由于跨岸泥沙收支在试验期间为正值，因此从下滨面到上滨面存在向岸泥沙净供应。

3.6 结　　论

在间歇的风暴中，海滩和沙丘被侵蚀，泥沙被输送到近海。净跨岸输移是复杂的，并由输移组成分量的平衡所决定，这是由于一系列水动力过程（包括进入的风/涌浪、IG 波和平均流）可能的非线性相互作用，并受到风暴增水前海滩和滨面地形的影响。虽然我们对极端风暴期间的跨岸泥沙输移有相当好的定性认识，但定量预测在未来仍需时日。部分原因是目前缺乏对表面注入湍流在引起底床剪切应力和泥沙悬浮增加方面的作用的了解。另一个原因是，在风暴期间可能特别相关的是 IG 波显示的不一致的输移模式（图 3.2 和 3.8）。风暴期间 IG 波通常在内破波区能量较大，有时可能向海或向陆输送大量的泥沙，但有时它们对净输送的贡献很小。滨面上的 IG 净输移目前至少有 4 种模型（图 3.3），每种模型在不同条件下和海岸剖面的不同部分都可能具有相关性。

尽管存在横跨上滨面的导致风暴期间形态变化和海岸侵蚀的跨岸输移梯度，但现场测量也表明在破波区和变浅波浪区之间的边界处可能存在跨岸输移辐聚（图 3.9），并且在较长的时间尺度上，可能存在从下滨面到上滨面的向岸供沙，这主要是在中低浪条件下实现的。

参考文献

[1] AAGAARD, T roels, 2014. Sediment supply to beaches: cross-shore sand transport on the lower shoreface [J]. Journal of Geophysical Research-earth Surface, 2014, 119(4): 913-926.

[2] AAGAARD T, GREENWOOD B, 1995. Suspended sediment transport and morphological response on a dissipative beach [J]. Continental Shelf Research, 15, 1061-1086.

[3] AAGAARD T, GREENWOOD B, 2008. Oscillatory infragravity wave contribution to surf zone sediment transport-the role of advection [J]. Marine Geology, 251, 1-14.

[4] AAGAARD T, HUGHES M, 2013. Sediment transport [M]. In: J. Treatise on Geomorphology, 74-105. Academic Press, San Diego.

[5] AAGAARD T, SØRENSEN P, 2013. Sea level rise and the sediment budget of an eroding barrier on the Danish North Sea coast [J]. Journal of Coastal Research, SI65, 434-439.

[6] AAGAARD T, BLACK K P, GREENWOOD B, 2002. Cross-shore suspended sediment transport in the surf zone: a field-based parameterization [J]. Marine Geology, 185, 283-302.

[7] AAGAARD T, DAVIDSON-ARNOTT R G D, GREENWOOD B, et al., 2004. Sediment supply from shoreface to dunes: linking sediment transport measurements and long term morphological evolution [J]. Geomorphology, 60, 205-224.

[8] AAGAARD T, GREENWOOD B, HUGHES M G, 2013. Sediment transport on dissipative, intermediate and reflective beaches [J]. Earth Science Reviews, 124, 32-50.

[9] AAGAARD T, GREENWOOD B, NIELSEN J, 1997. Mean currents and sediment transport in a rip channel [J]. Marine Geology, 140, 25-45.

[10] AAGAARD T, HUGHES M G, SØRENSEN R M, et al., 2006. Hydrodynamics and sediment fluxes across an onshore migrating intertidal bar [J]. Journal of Coastal Research, 22, 247-259.

[11] AAGAARD T, KROON A, ANDERSEN S, et al., 2005. Intertidal beach change during storm conditions; egmond, the netherlands [J]. Marine Geology, 218, 65-80.

[12] AAGAARD T, NIELSEN J, GREENWOOD B, 1998. Suspended sediment transport and nearshore bar formation on a shallow intermediate-state beach [J]. Marine Geology, 148, 203-225.

[13] ANTHONY E J, 2013. Storms, shoreface morphodynamics, sand supply and the accretion and erosion of coastal dune barriers in the southern north sea [J]. Geomorphology, 199, 8-21.

[14] AUSTIN M J, MASSELINK G, O'HARE T J, et al., 2009. Onshore sediment transport on a sandy beach under varied wave conditions: flow velocity skewness, wave asymmetry or bed ventilation? [J] Marine Geology, 259, 86-101.

[15] BEACH R A, STERNBERG R W, 1988. Suspended sediment transport in the surf zone: response to cross-shore infragravity motion [J]. Marine Geology, 80, 61-79.

[16] BEACH R A, STERNBERG R W, 1991. Infragravity-driven suspended sediment transport in the swash, inner and outer surf zone [J]. Proceedings Coastal Sediments 1991, ASCE, 114-128.

[17] BRANDER R W, SHORT A D, 2000. Morphodynamics of a large-scale rip current system at muriwai beach, New Zealand [J]. Marine Geology, 165, 27-39.

[18] BRUNEAU N, CASTELLE B, BONNETON P, et al., 2009. Field observations of an evolving rip current on a meso-macrotidal well-developed inner bar and rip morphology [J]. Continental Shelf Research, 29, 1650 – 1662.

[19] CASTELLE B, MARIEU V, BUJAN S, et al., 2015. Impact of the winter 2013 – 2014 series of severe western Europe storms on a double-barred sandy coast: beach and dune erosion and megacusp embayments [J]. Geomorphology, 238, 135 – 148.

[20] CONLEY D C, BEACH R A, 2003. Cross-shore sediment transport partitioning in the nearshore during a storm event [J]. Journal of Geophysical Research, 108, C3, 3065.

[21] DE BAKKER A T M, TISSIER M F S, RUESSINK B G, 2014. Shoreline dissipation of infragravity waves [J]. Continental Shelf Research, 72, 73 – 82.

[22] DRAKE T G, CALANTONI J, 2001. Discrete particle model for sheet flow transport in the nearshore [J]. Journal of Geophysical Research, 106, 19859 – 19868.

[23] FREILICH M H, GUZA R T, 1984. Nonlinear effects on shoaling surface gravity waves [J]. Philosophical Transactions Royal Society London, A311, 1 – 41.

[24] GOURLAY M R, 1968. Beach and dune erosion tests [C]. Delft Hydraulics Lab., Rep. No M935/936.

[25] GRASSO F, CASTELLE B, RUESSINK B G, 2012. Turbulence dissipation under breaking waves and bores in a natural surf zone [J]. Continental Shelf Research, 43, 133 – 141.

[26] GREENWOOD B, BRANDER R W, JOSEPH E, et al., 2009. Sediment flux in a rip channel on a barred intermediate beach under low wave energy [C]. In: C A Brebbia, G Benassai, G R Rodrigue (eds), Coastal Processes 2009, WIT Press, 197 – 209.

[27] HOUSER C, GREENWOOD B, 2005. Hydrodynamics and sediment transport within the inner surf zone of a lacustrine multiple-barred nearshore [J]. Marine Geology, 218, 37 – 63.

[28] RUESSINK B G, PAPE L, TURNER I L, 2009. Daily to interannual cross-shore sandbar migration: observations from a multiple sandbar system [J]. Continental Shelf Research, 29, 1663 – 1677.

[29] RUESSINK B G, RAMAEKERS G, VAN RIJN L C, 2012. On the parameterization of the free-stream non-linear wave orbital motion in nearshore morphodynamic models [J]. Coastal Engineering, 65, 56 – 63.

[30] RUSSELL P E, 1993. Mechanisms for beach erosion during storms [J]. Continental Shelf Research, 13, 1243 – 1265.

[31] SCOTT N V, HSU T J, COX D, 2009. Steep wave, turbulence, and sediment concentration statistics beneath a breaking wave field and their implications for sediment transport [J]. Continental Shelf Research, 29, 2303 – 2317.

[32] SCOTT T, MASSELINK G, RUSSELL P, 2011. Morphodynamic characteristics and classification of beaches in England and Wales [J]. Marine Geology, 286, 1 – 20.

[33] SHI N C, LARSEN L H, 1984. Reverse sediment transport induced by amplitude-modu-

lated waves [J]. Marine Geology, 54, 181-200.

[34] SHORT A D, 1999. Wave-dominated beaches [M]. In: A. D. Short (Ed.) Handbook of Beach and Shoreface Morphodynamics. Wiley Science, 173-203.

[35] SMITH G G, MOCKE G P, 2002. Interaction between breaking/broken waves and infra-gravity-scale phenomena to control sediment suspension transport in the surf zone [J]. Marine Geology, 187, 329-345.

[36] SVENDSEN I A, 1984. Mass flux and undertow in a surf zone [J]. Coastal Engineering, 8, 347-365.

[37] THORNTON E B, HUMISTON R T, BIRKEMEIER W, 1996. Bar/trough generation on a natural beach [J]. Journal of Geophysical Research, 101, 12097-12110.

[38] THORNTON E B, MACMAHAN J H, SALLENGER A H, 2007. Rip currents, megacusps and eroding dunes [J]. Marine Geology, 240, 151-168.

[39] THORPE A, MILES J R, MASSELINK G, et al., 2013. Suspended sediment transport in rip currents on a macrotidal beach [J]. Journal of Coastal Research, SI65, 1880-1885.

[40] WRIGHT L D, SHORT A D, 1984. Morphodynamic variability of surf zones and beaches: A synthesis [J]. Marine Geology, 56, 93-118.

[41] WRIGHT L D, BOON J D, KIM S C, et al., 1991. Modes of cross-shore sediment transport on the shoreface of the Middle Atlantic Bight [J]. Marine Geology, 96, 19-51.

[42] XU Z, BOWEN A J, 1984. Wave-and wind-driven flow in water of finite depth [J]. Journal of Physical Oceanography, 24, 1850-1866.

4　风暴对障壁岛的作用

Nathaniel Plant，Kara Doran 和 Hilary Stockdon[1]

1　美国地质调查局。

4.1 简　介

障壁岛是许多沿海地区常见的地貌特征。最近，Otvos（2012）描述了障壁岛形成的原理和地质环境，包括由沿岸沉积物运输驱动的进积沙嘴（图 4.1），以及被波浪改造的三角洲岸线残余（图 4.2）。障壁岛沙嘴的演变会导致复杂的行为和模式（Ashton 等，2001）。同样，三角洲的改造也可受复杂地质过程的控制（Penland 等，1988）。这两种障壁类型混合，能增加障壁岛演化的复杂性，因为它们对风暴、海平面变化和沉积物的重新分布产生了响应。人类开发、海岸保护和恢复是可以改变障壁岛的物理形态甚至是障壁岛演变的重要物理过程的其他活动（Hapke 等，2013；Plant 等，2014）。

顾名思义，障壁岛通过形成一个能部分或完全阻挡风暴和风暴驱动水位传播的地形屏障，来保护海岸和河口免受风暴的影响。考虑到障壁岛的地貌形态可能存在巨大的差异性（Otvos，2012），并且可能存在各种各样的风暴特征，障壁岛对风暴的响应也可能多种多样（Sallenger，2000；Stockdon 等，2007；Long 等，2014）。

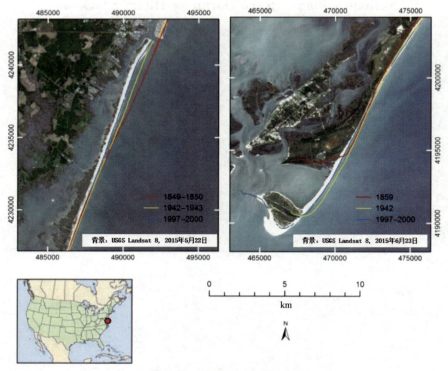

图 4.1　阿萨提格岛的演变

此图显示了阿萨提格岛（Assateague Island）（美国弗吉尼亚州/马里兰州）1 km 远的海岸线退缩（左）和 5 km 长的沙嘴延伸（右）。叠加在图像上的 19 世纪 80 年代（红色）、20 世纪 40 年代（黄色）和 21 世纪初（蓝色）的历史岸线（Himmelstoss 等，2010），显示了长期的演变。

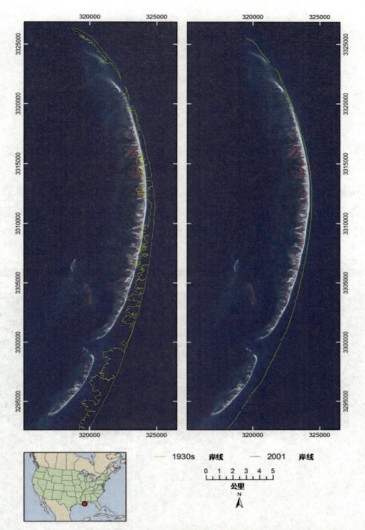

图4.2 北钱德勒群岛（美国路易斯安那州）的障壁岛迁移

背景图像为2015年的岛屿，并叠加了1930年（左）和2001年（右）的海岸线。(Miller 等，2004）

在这里，我们关注的是障壁岛的形态变化和在风暴响应方面的差异。我们描述了不同类型的障壁岛对单个风暴的响应，以及障壁岛对多个风暴的综合响应。我们的案例研究地点是钱德勒岛链（Chandeleur Island）（图4.2），测量的10年时间序列的岛屿高程记录了各种障壁岛对风暴的响应和长期过程，这些过程对于障壁岛在许多其他地点的行为具有代表性。这些岛屿高程较低，极易受到风暴的影响（Stockdon 等，2012），并表现出对风暴的多种响应。此外，该地区的海平面上升速率相对较高，更容易受到风暴和长期侵蚀过程的综合影响（Gutierrez 等，2014）（图4.3）。最后，这一地点受到了海滩恢复活动的影响，这些活动对岛屿演变有短期影响，也可能会有长期的改变（Lavoie 等，2010）。了解自然过程（包括风暴影响期和中间恢复期）与人为恢复过程的相互作用，对于理解自然和人类对未来风暴的响应也具有广泛的意义。

4.2 障壁岛对风暴的响应

从长期来看，钱德勒（障壁）群岛由于向海一侧海岸线的侵蚀（Fearnley 等，2009）、越流（Sallenger 等，2009；越流在第 9 章中有更详细的描述）、溃决（Sherwood 等，2014）以及最近的修复工作（Plant 等，2014）而改变了位置和形态。所有这些过程都是在不同类型泥沙的源、输移和沉积的背景下发生的，这些泥沙的初始特征都归因于地质尺度的过程（Twichell 等，2009）。这些过程在大多数障壁岛上都很常见（图 4.3）。

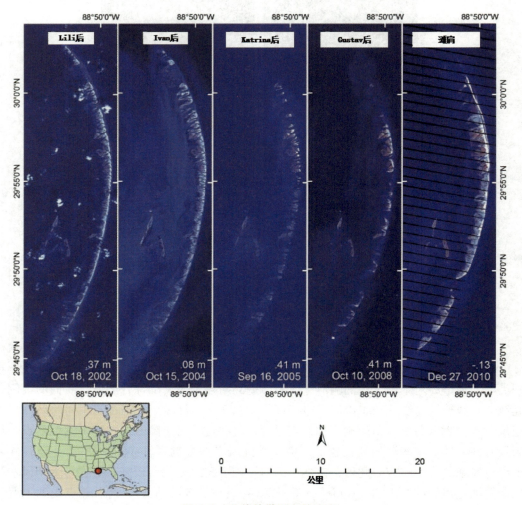

图 4.3　北钱德勒群岛的演变

在长达 10 年的时间里，多次飓风和其他风暴造成了巨大的陆地损失。2010 年在岛的北端建造了一条滩肩，看起来像一条细沙带。陆地卫星图像采集时的水位和每幅图像的日期标记在底部，最近的形态学事件标记在顶部。

高程变化特别值得关注，因为相对于风暴驱动的水位，岛屿高程（以沙丘高度为代表性特征）控制着岛屿响应的机制（Sallenger，2000）。风暴驱动的水位包括风暴增水、波浪增水和波浪爬高的影响。障壁岛响应的类型和强度可划分为 4 种状态（图4.4）：当波浪上升未达到沙丘底部高度时发生海滩侵蚀（冲流状态）；当升高的水位允许波浪爬高到沙丘底部时沙丘被侵蚀（碰撞状态）；当波浪爬高超过沙丘顶高度时，就会发生越流和越流沉积（越流状态、越流过程的详细描述见第 9 章）；当风暴驱动的平均水位（受风暴增水和波浪增水影响）超过沙丘顶峰高度时，就会发生沙丘溃决和被完全夷平（淹没状态）（Sallenger，2000）。

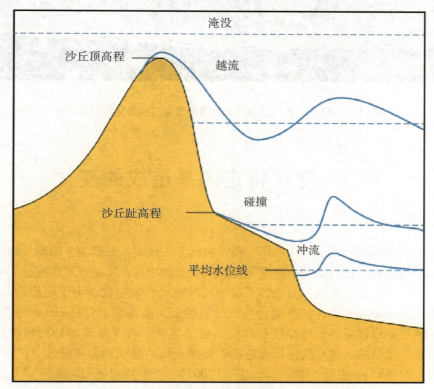

图 4.4　风暴响应模型

本图显示对应于风暴引起的冲流、碰撞、越流和淹没状态的水位。虚线表示风暴引起的平均水位，实线表示每种情况下的波浪爬高水位。

Sallenger（2000）风暴响应状态描述了在每种状态下预计会发生何种形态变化，这些风暴响应状态的评估已被证明可以预测风暴期间海滩和沙丘的实际变化（Stockdon等，2007；Plant 和 Stockdon，2012）。例如，如果越流较小，可能会有一个障壁型滩肩或沙丘简单地向陆地移动（图 4.5），它们的高程变化很小。如果越流是极端的，岛屿可能会发生剧烈的变化，最终会在发生淹没的地方形成缺口（图 4.2 和图 4.3）（Long等，2014）。沿岛屿的地貌变化，包括沙丘高度的变化，也导致了障壁岛响应的变化。在风暴过程中，障壁岛响应的演变性质可为风暴增水和海浪首先侵蚀海滩，然后导致越流甚至淹没（Long 等，2014；Sherwood 等，2014）。障壁岛的演变速度还取决于其他因素，如海滩或沙丘的宽度、植被和沉积物特征。这些其他因素可以控制沙丘顶部降低的速度，从而触发从沙丘侵蚀到越流的变化（Plant 和 Stockdon，2012；Long 等，2014）。

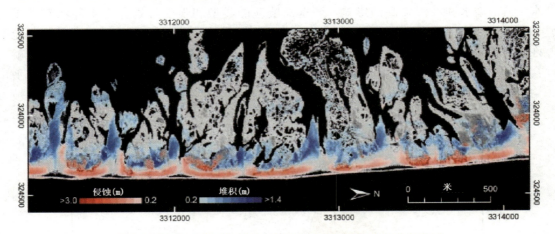

图 4.5　飓风"莉莉"发生后钱德勒群岛高程变化的沿岸差异

4.3　量化特定风暴造成的变化

在这里，我们使用风暴响应的两个衡量指标来关注飓风的影响。海岸线位置的变化描述了海岸侵蚀或与越流相关的障壁岛迁移所引起的响应。障壁高程的变化表征了沙丘对侵蚀、越流和淹没的响应，并描述了未来风暴脆弱性的变化。由于钱德勒岛非常低，通常用来代表障壁岛脆弱性的典型沙丘或滩肩特征无法被识别（Stockdon 等，2009a），因此最大障壁高程被采用。海岸线和高程（以及其他）都是从海岸地形的机载激光雷达测量数据中提取的，这是量化风暴造成的海岸变化的最精确和详细的方法（Stockdon 等，2007、2009b）。飓风"莉莉（Lily）"（2002）、"卡特丽娜（Katrina）"（2005）和"古斯塔夫（Gustav）"（2008）的具体影响由美国地质调查局（Doran 等，2009；Sallenger 等，2009）记录。我们通过这些风暴事件来说明障壁岛的高度和海岸线位置是如何受到不同风暴状态的影响的。

对飓风"莉莉（Lily）"的响应主要体现在越流，因为在许多地方，估算的风暴水位都超过了岛屿的高程（图 4.6）。对于这次风暴，风暴潮的高度是根据附近验潮仪测量到的最大水位估算的，$R_{2\%}$（波浪增水和爬升导致的 2% 的超越概率值）是使用参数化模型估算的（Stockdon 等，2006）。模型输入包括地形测量的海滩坡度、在附近浮标测量的波高和周期。在这种情况下，主导的越流过程导致海岸线平均后退 50 m，沙丘平均高程变化几厘米。风暴导致的平均水位（图 4.6 中标示为"风暴增水（surge）+ 波浪增水（wave setup）"）只在最低高程的地方超过了岛屿，导致一些地方被淹没。高程变化的可变性范围从 1.5 m 的高程损失到略小于 1 m 的高程增加。

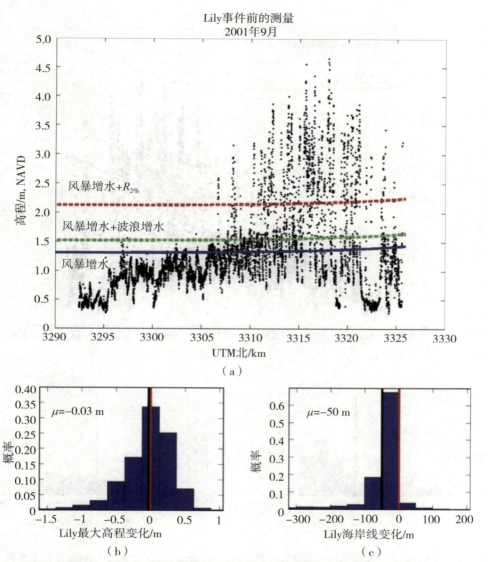

图4.6 （a）风暴前岛屿高程与飓风"莉莉（Lily）"的风暴增水（surge）、波浪增水（setup）以及估计的 $R_{2\%}$（包括波浪爬升）的比较；（b）用激光雷达测量的岛屿高程变化；（c）海岸线变化 平均值 μ 在每个直方图上用黑色垂直线标记。红色垂直线表示零线变化。

2005年，飓风"卡特丽娜（Katrina）"淹没了钱德勒岛的大部分（图4.7）。风暴增水水平超过3 m（Lindemer 等，2010）。由于风暴增水和 $R_{2\%}$ 的贡献[如飓风"莉莉（Lily）"的例子所述]，水位超过了岛屿所有地方的高程。由此产生的岛屿响应与飓风"莉莉（Lily）"期间不同。高程均呈下降趋势，平均下降 1.4 m，部分地区下降幅度大于 2.5 m。海岸线的损失平均为 250 m，有些地方超过 500 m，有些地方甚至没有被侵蚀过后的岛屿残余留下（图4.3）。

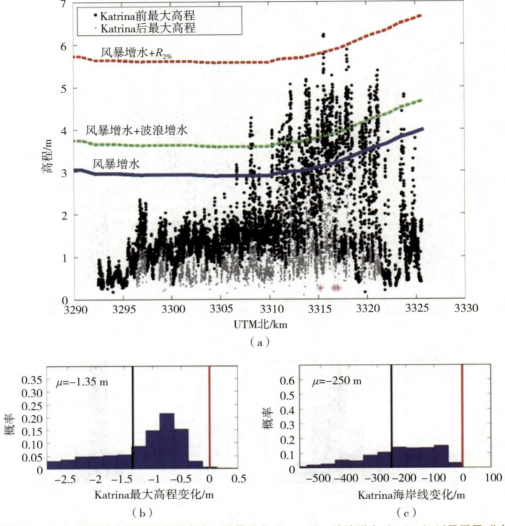

图 4.7 （a）风暴前和风暴后岛屿高度、风暴增水（surge）、波浪增水（setup）以及飓风"卡特丽娜（Katrina）"下估计的 $R_{2\%}$（包括了波浪增水）的比较（图 4.8 所示剖面沿岸位置的星号标记）；（b）直方图显示了岛屿高程变化；（c）海岸线变化的变异性

基于地形剖面对比，障壁岛对"莉莉（Lily）"和"卡特丽娜（Katrina）"响应的差异是显著的（图 4.8）。在几乎所有的情况下，飓风"莉莉（Lily）"导致岸边和沙丘顶之间的区域被侵蚀，在风暴前的沙丘顶后沉积，增加了障壁坝的高程。如果这额外的高程有助于新的沙丘的产生，那么即使障壁岛后退，越流也能增强抵御未来风暴的恢复力。另一方面，飓风"卡特丽娜（Katrina）"夷平了沙丘，沉积物和高程的净损失明显，使得该岛在随后的风暴面前更加脆弱。

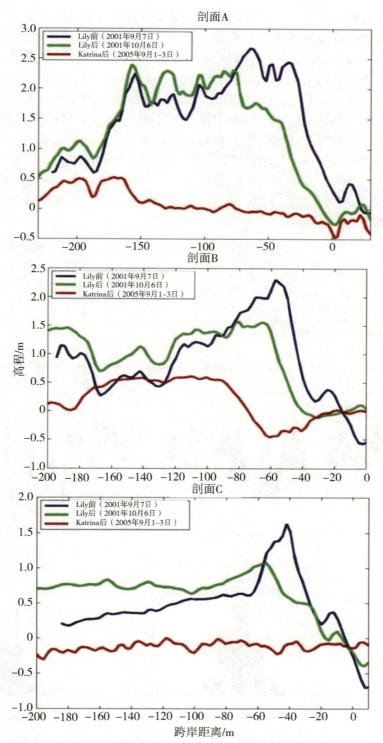

图4.8 横跨钱德勒群岛宽度的3个位置的剖面图,显示了与飓风"莉莉(Lily)"有关的典型的越流演变过程,以及与飓风"卡特丽娜(Katrina)"有关的洪水淹没造成的岛屿夷平

剖面位置在图4.7中以星号标示,剖面A位于最北位置,剖面C位于最南位置。

飓风"卡特丽娜（Katrina）"后，由于滩肩和沙丘的自然建造过程，包括小风暴时的冲流、风沙输移以及沙丘植被的发育，岛屿高程有所上升。平均最大高程变化为0.26 m，但部分地区高程变化超过1 m。2008年，该岛再次受到飓风"古斯塔夫（Gustav）"的袭击（图4.9）。风暴潮水位约为2 m，介于"莉莉（Lily）"（约1.5 m）和"卡特丽娜（Katrina）"（3 m）之间。由此产生的高程响应是观察到的之前两种风暴响应的混合。与"莉莉（Lily）"风暴时期的响应相似，岛屿高程变化范围是从1.5 m的损失到0.75 m的增加，符合越流过程的作用结果。然而，在飓风"卡特丽娜（Katrina）"期间，海岸线经历了极端的侵蚀，有些地方甚至超过200 m，导致了额外的岛屿损失（图4.3）。比较三场风暴["莉莉（Lily）""卡特丽娜（Katrina）"和"古斯塔夫（Gustav）"]的海岸线变化直方图，可以看出风暴差异在分布的尾部最为明显，这表明了极端的蚀退率（图4.10）。

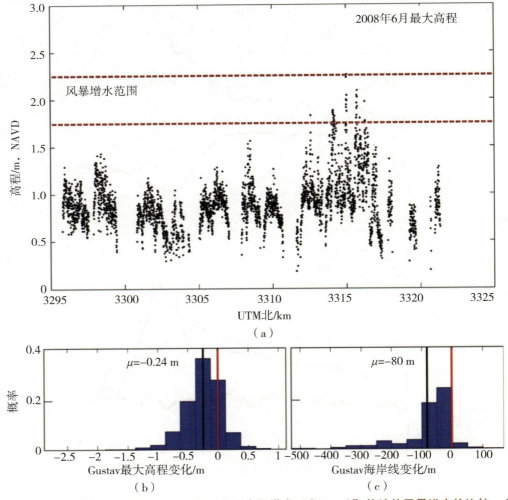

图4.9 （a）风暴前岛屿高度与2008年飓风"古斯塔夫（Gustav）"估计的风暴增水的比较；（b）岛屿高程变化；（c）海岸线变化

　　风暴增水的幅度是不确定的，所以用两条虚线表示一个范围。黑线为平均值，红线代表零变化。NAVD指的是美国垂直基准面。

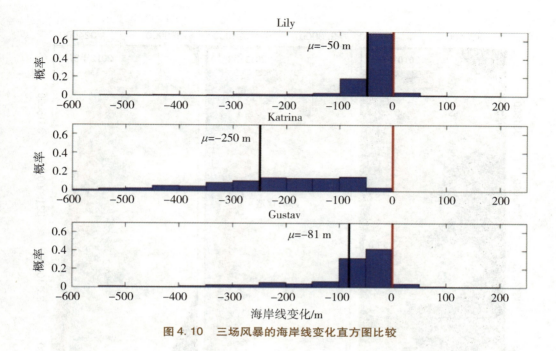

图 4.10 三场风暴的海岸线变化直方图比较

4.4 弹性恢复力

在我们所展示的例子中,风暴作用造成这样的结果:几乎持续下降的高程,向陆方向的迁移,以及大多数风暴都会造成土地损失。事实上,墨西哥湾大部分地区由于岛屿高程较低,预计都会出现这种脆弱程度(Stockdon 等,2012)。然而,从飓风"古斯塔夫(Gustav)"后的恢复中可以看出,障壁岛的长期演变表明它们能够在风暴之间缓慢恢复。这种恢复可能是与越流和浅水中内陆物质沉积有关的向陆迁移有关,从而使岛屿跟上海平面上升的速度(即障壁岛翻滚)。因此,从长期来看,可迁移的障壁岛对大风暴的作用是可恢复的。

回到障壁岛的大尺度视图(图 4.3,图 4.9),"卡特丽娜(Katrina)"和"古斯塔夫(Gustav)"的作用明显地降低了岛屿的高程,使它仍然容易受到风暴的影响。然而,到 2010 年时,该岛似乎已大幅恢复。通过持续的越流和海岸线的后退,这座岛屿得到了自我修复,提高了高程,填补了在"卡特里娜(Katrina)""古斯塔夫(Gustav)"和其他风暴期间形成的许多缺口。这次恢复要早于与"深水地平线(Deepwater Horizon)"石油溢出事件有关的人造滩肩的布局(溢油始于 2010 年 4 月,几个月后才被封堵)。由于飓风和冬季风暴,人造滩肩被较快地摧毁(图 4.11)(Plant 等,2014;Plant 和 Guy,2014)。然而,据估计,该滩肩所增加的泥沙至少相当于 4 年的沿岸泥沙输送。由于该岛已经在自然恢复中,这些额外的沉积物很可能改变该岛的整体弹性恢复力,可能会减少未来风暴造成的不利的高程损失。

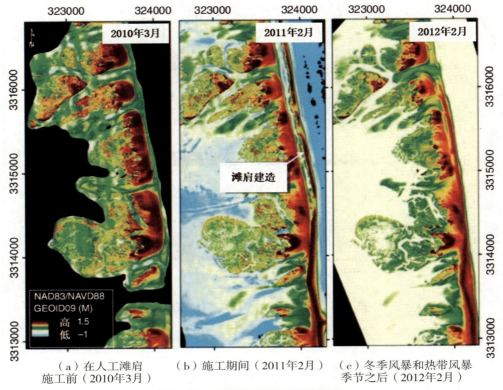

图 4.11　高程的时间序列数据收集

4.5　结　　论

通过对岛屿高程和风暴驱动水位的估计，可以预测障壁岛对风暴响应的一般性质甚至细节（Roelvink 等，2009；Stockdon 等，2009b；Lindemer 等，2010；Mccall 等，2010；Plant 和 Stockdon，2012；Stockdon 等，2012；Long 等，2014；Sherwood 等，2014）。更新的障壁岛高程测量数据可为海浪和风暴增水进行数值模拟提供高分辨率地形（Mccall 等，2010）。障壁岛对不同风暴的响应性质导致了对未来风暴的长期脆弱性的变化。例如，飓风"莉莉（Lily）"造成的沙丘高度和海岸线位置变化范围相对狭窄，这对未来风暴的平均脆弱性影响很小。然而，飓风"卡特丽娜（Katrina）"造成了高程的严重下降，这与海岸线的极端蚀退有关。脆弱性的增加使得未来的风暴能继续造成严重的影响，特别是海岸线的后退和障壁丧失，例如风暴"古斯塔夫（Gustav）"。但是，同样明显的是，岛屿高程和海岸线位置的恢复程度可能是巨大的，这是目前的模型无法预测的。自然过程和人为过程对障壁岛恢复力的相对贡献尚不清楚，这是仍在进行的、需要通过改进观测和模型的研究（Donnelly等，2006）。最近的风暴事件，如飓风"桑迪（Sandy）"在2012年影响了美国大西洋海岸（Sopkin，2014），这表明需要持续了解障壁岛对风暴的响应。

参考文献

[1] ASHTON A, MURAY A B, ARNAULT O, 2001. Formation of coastline features by large-scale instabilities induced by high-angle waves［J］. Nature, 414, 296-300.

[2] DONNELLY C, KRAUS N, LARSON M, 2006. State of knowledge on measurement and modeling of coastal overwash［J］. J. Coast. Res., 22（4）, 965-991.

[3] DORAN K S, STOCKDON H F, PLANT N G, et al., 2009. Hurricane gustav: observations and analysis of coastal change［R］. US Geological Survey Open-File Report OFR-2009-1279, 28.

[4] FEARNLEY S, MINER M, KULP M, et al., 2009. Hurricane impact and recovery shoreline change analysis and historical island configuration-1700s to 2005. In: D. Lavoie（ed.）Sand resources, regional geology, and coastal processes of the chandeleur islands coastal system-An evaluation of the Breton national wildlife refuge［R］. US Geological Survey Scientific Investigations Report 2009, 5252.

[5] GUTIERREZ B T, PLANT N G, PENDLETON E A, et al., 2014. Using a Bayesian network to predict shore-line change vulnerability to sea-level rise for the coasts of the United States［R］. US Geological Survey Open-File Report 2014, 1083, 26.

[6] HAPKE C J, KRATZMANN M G, HIMMELSTOSS E A, 2013. Geomorphic and human influence on large-scale coastal change［J］. Geomorphology, 199, 160-170.

[7] HIMMELSTOSS E A, KRATZMANN M, HAPKE C, et al., 2010. The national assessment of shoreline change: A GIS compilation of vector shorelines and associated shoreline change data for the New England and Mid-Atlantic coasts［R］. US Geological Survey Open-File Report 2010, 1119.

[8] INTERAGENCY PERFORMANCE EVALUATION TASK FORCE（IPET）, 2007. Performance evaluation of the New Orleans and southeast Louisiana hurricane protection system［R］. In: Final report of the inter-agency performance evaluation task force, edited, US Army Corps of Engineers, Washington, DC.

[9] LAVOIE D, FLOCKS J G, KINDINGER J L, et al., 2010. Effects of building a sand barrier berm to mitigate the effects of the deepwater horizon oil spill on Louisiana Marshes［R］. US Geological Survey, Open-File Report 2010, 1108, 7.

[10] LINDEMER C A, PLANT N G, PULEO J A, et al., 2010. Numeri-Cal simulation of a low-lying barrier island's morphological response to Hurricane Katrina［J］. Coastal Engineering, 57（11-12）, 985-995.

[11] LONG J W, D. BAKKER A T M, PLANT N G, 2014. Scaling coastal dune elevation changes across storm-impact regimes［J］. Geophys. Res. Lett., 41（8）, 2899-2906.

[12] MCCALL R T, VAN THIEL DE VRIES J S M, PLANT N G, et al., 2010. Two-dimensional time dependent hurricane overwash and erosion modeling at Santa Rosa Island [J]. Coastal Engineering, 57 (7), 668–683.

[13] MILLER T L, MORTON R A, SALLENGER A H, et al., 2004. The national assessment of shoreline change: A GIS compilation of vector shorelines and associated shoreline change data for the US Gulf of Mexico [R]. USGS Open File Report 2004, 1089.

[14] OTVOS E G, 2012. Coastal barriers-nomenclature, processes, and classification issues [J]. Geomorphology, 139–140, 39–52.

[15] PENLAND S, BOYD R, SUTER J, 1988. Transgressive depositional systems of the Mississippi delta plan: Model for barrier shoreline and shelf sand development [J]. Journal of Sedimentary Petrology, 58, 932–949.

[16] PLANT N G, GUY K K, 2014. Change in the length of the southern Section of the Chandeleur Islands oil berm, January 13, 2011, through September 3, 2012 [R]. US Geological Survey Open-File Report 2013, 1303, 8.

[17] PLANT N G, STOCKDON H F, 2012. Probabilistic prediction of barrier-island response to hurricanes [J]. Journal of geophysical research. Earth Surface: JGR, 117 (F3), F03015.

[18] PLANT N G, FLOCKS J, STOCKDON H F, et al., 2014. Predictions of barrier island berm evolution in a time-varying storm climatology [J]. Journal of Geophysical Research Earth Surface, 119, 300–316.

[19] ROELVINK J A, RENIERS A, DOGEREN A V, et al., 2009. Modeling storm impacts on beaches, dunes and barrier islands [J]. Coastal Engineering, 56, 1133–1152.

[20] SALLENGER A H JR, 2000. Storm impact scale for barrier islands [J]. J. Coast. Res., 16 (3), 890–895.

[21] SALLENGER A H, JR WRIGHT C W, HOWD P, et al., 2009. Extreme coastal changes on the Chandeleur Islands, Louisiana, during and after hurricane Katrina [R]. In: D avoie (ed.) Sand resources, regional geology, and coastal processes of the Chandeleur Islands coastal system: An evaluation of the Breton national wildlife refuge, 27–36, US Geological Survey Scientific Investigations Report 2009, 5252.

[22] SHERWOOD C R, LONG J W, DICKHUDT P J, et al., 2014. Inundation of a barrier island (Chandeleur Islands, Louisiana, USA) during a hurricane: observed water-level gradients and modeled seaward sand transport [J]. J. Geophys. Res. Earth Surf., 119 (7), 1441–1650.

[23] SOPKIN K L, STOCKDON H F, DORAN K S, et al., 2014. Hurricane Sandy: observations and analysis of coastal change [R]. US Geological Survey Open-File Report, 2014, 1088, 54.

[24] STOCKDON H F, HOLMAN R A, HOWD P, et al., 2006. Empirical parameterization of setup, swash, and runup [J]. Coastal Engineering, 53, 573–588.

[25] STOCKDON H F, SALLENGER A H, JR HOLMAN R A, et al., 2007. A simple model for the spatially-variable coastal response to hurricanes [J]. Mar. Geol., 238, 1–20.

[26] STOCKDON H F, DORAN K S, SALLENGER A H J R, 2009a. Extraction of lidar-based dune-crest elevations for use in examining the vulnerability of beaches to inundation during hurricanes [J]. Coast. Res., Special Issue (53), 59 – 65.

[27] STOCKDON H F, PLANT N G, SALLENGER A H, JR, 2009b. National assessment of hurricane-induced coastal change vulnerability [J]. Shore, Beach, 77 (93).

[28] STOCKDON H F, DORAN K J, THOMPSON D M, et al., 2012. National assessment of hurricane-induced coastal erosion hazards: Gulf of Mexico [R]. US Geological Survey Open-File Report 2012, 1084, 51.

[29] TWICHELL D, PENDLETON E, BALDWIN W, et al., 2009. Subsurface control on seafloor ero-sional processes offshore of the Chandeleur Islands, Louisiana [J]. Geo-Marine Letters, 29 (6), 349 – 358.

5　风暴对开阔海岸潮滩形态和沉积的作用

Ping Wang 和 Jun Cheng[1]

---

[1] 美国坦帕南佛罗里达大学地球科学学院。

5.1 简　介

潮滩通常被定义为广阔的、近乎水平的、沼泽的或荒芜的大片土地，由于潮汐而交替被水面覆盖和暴露，由松散沉积物组成，主要是泥和砂（Bates 和 Jackson，1980）。潮滩也常被称为潮间带，但在一些一般性讨论中，它可能包括潮下带和潮上带。在本章中，正如《地质学术语表》中所定义的，潮滩严格意义上是指位于大潮低潮水位和大潮高潮水位之间的潮间带（Bates 和 Jackson，1980）。潮滩的分带一般是根据被淹没的持续时间来划分的，这与沉积特征的差异直接相关。根据沉积物、沉积构造和沉积薄层厚度大体趋势的显著特征，潮滩通常分为上、中、下潮间带（Klein，1976；Reineck 和 Singh，1980），且这些带之间的过渡是渐进的。

大量的海岸沼泽通常分布在潮间带上部和更远的陆地上。在正常气候和风暴条件下，海岸湿地起着稳定海岸线和保护海岸社区的作用（Gedan 等，2011）。然而，在极端风暴条件下湿地能减少海岸线侵蚀这个作用受到了质疑（Feagin，2008；Feagin 等，2009）。本章主要聚焦在基本荒芜的潮间带的沉积学和形态学特征，植被在上潮间带及更向陆地区域的地貌动力学中的作用不在本章的讨论范围内。

一般认为，潮滩上的泥沙输移和沉积受潮流的规律性波动控制，而相对不规则的波浪强迫力（包括风暴作用）往往被认为是极小的而被忽视。据 Eisma（1998）估计，超过70%的潮滩出现在不受波浪影响的区域，如在海湾、河口、潟湖和沙嘴或沙坝后面，其余的出现在开阔海岸，其中大多数是低波浪条件的。Fan（2012）坚决认为 Eisma（1998）的估计可能受到以下事实的影响，即2000年前关于开阔海岸潮滩的论文相当有限。Fan（2012）认为，由于与长江三角洲（Chen，1998）和中国黄河三角洲（图5.1）等大型河流三角洲的密切联系，开阔海岸潮滩比半封闭潮滩分布更广。

与不受波浪影响的潮滩相比，开阔海岸潮滩的特点是：①面向开阔的大洋或海，没有任何形态上的阻碍物阻挡传入的海浪；②涨、落潮流没有大范围地受潮汐通道限制和约束；③附近有大量河流的泥沙（尤其是泥）输入。在开阔的海岸潮滩上，主要的潮汐通道一般不存在，因此对涨、落潮流没有明显的调节作用且与潮汐通道有关的大型波痕和沙丘等沉积特征很少见。波浪直接从开阔的海面传播到潮滩上，但在低波条件下波能在宽而平缓的滩涂上明显耗散。波浪条件通常受潮位波动的调整。潮间带和潮下带的浮泥对入射波也有明显的阻尼作用。然而在风暴期间，由于缺乏阻挡波浪的屏障，开阔海岸潮滩容易受到高风暴波的影响，风暴波包括开阔海洋传播的涌浪和局部风产生的风浪。强烈的波浪强迫作用可能导致潮汐沉积物大量被改造和再沉积。

受输入沉积物的性质和区域海洋学条件的控制，开阔海岸潮滩的沉积动力学和地貌动力学具有强烈的区域特征。在本章中，我们以中国长江三角洲沿岸潮滩为例，讨论开阔海岸潮滩的地貌动力学和沉积学特征（图5.1）。长江三角洲沿岸潮滩受大型河流大量淤泥质泥沙输入的影响较大，这导致了大面积潮滩的区域堆积趋势。长江三角洲开阔

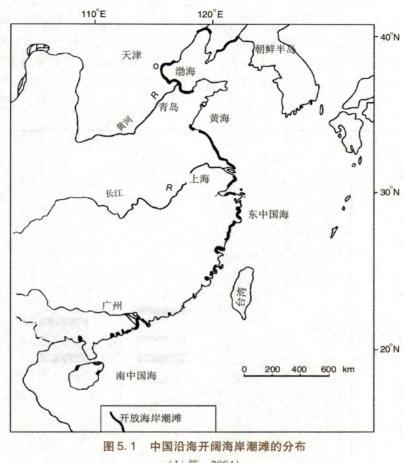

图 5.1 中国沿海开阔海岸潮滩的分布
（Li 等，2004）

海岸潮滩的平均沉积物粒径通常在 4～8 phi（0.063～0.004 mm）（Li 等，2000）。潮滩宽度为 3～4 km，最大宽度近 10 km。潮滩的平均坡度通常为 1:1000，最大坡度为 1:200，最小坡度为 1:5000（Fan，2012）。

5.2 沉积学特征

受区域沉积物供应的控制，不同地区的沉积学特征有很大差异。因此，长江三角洲的例子可能不直接适用于其他地区。然而，潮汐和波浪作用所控制的时空变化趋势，以及潮汐和波浪作用的相对优势，对于理解开阔海岸潮滩的地貌动力学是普遍适用的。上潮间带一般位于平均小潮高潮和平均大潮高潮之间，以粘土大小沉积物为主且有植被覆盖，那便是滨海沼泽地带。在平均小潮低潮和平均大潮低潮之间的荒芜下潮间带，泥沙粒径向海增大，以粗粉土为主。中、下潮滩表面通常有波纹（wave ripples）。

潮滩具有独特的教科书般的沉积构造特征。Reineck 和 Singh（1980）基于半封闭河口潮滩所描述的从上到下潮间带沉积结构变化的序列也能在开阔海岸潮滩上被观察到。上潮间带沉积物较细，泥质纹层较厚。砂质透镜状层理多见于上潮间带。下潮间带沉积物较粗，砂质纹层较厚。薄泥质层理常见于下潮间带。波纹层理常见于潮间带中部。

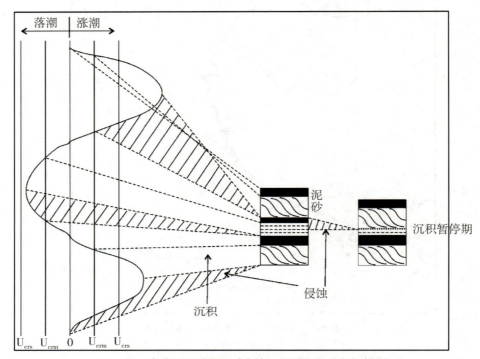

图 5.2　砂质和泥质纹层对应的沉积和侵蚀的图解模型
U_{crs} 是输沙的临界速度，U_{crm} 是泥质沉积的速度。（Fan 等，2004b）

一般认为，理论上一个潮汐周期内可能会沉积有 4 个纹层（Allen，1985）。在涨潮期和退潮期分别形成 2 个砂质纹层，在高潮和低潮憩流期沉积 2 个泥质纹层（图 5.2）。研究发现，较厚的砂纹层可能对应大潮期间相对较高的能量事件，而较薄的砂纹层对应小潮期间相对较低的能量事件（Boersma 和 Terwindt，1981；Allen，1985）。因此，砂质和泥质纹层厚度的变化规律常被认为是潮周期的结果，这为从岩石记录中研究古代潮汐特征提供了一个有价值的工具。纹层数量和厚度的时间序列分析已被应用于量化现代和古代潮汐沉积的潮汐周期性和沉积速率（Yang 和 Nio，1985；Kvale 等，1989；Tessier 和 Gigot，1989；Kuecher 等，1990；Kvale 和 Archer，1990；Tessier，1993；Miller 和 Eriksson，1997）。上述大多数研究确定了与大小潮周期有关的周期性大约为 14 天。在众多的潮汐周期性沉积研究中，波浪引起的沉积和侵蚀在很大程度上被忽略了。正如 Li 等（2000）在下面所述，在开阔海岸潮滩上，由于保存性较差，很少观察到图 5.2 所示的四层沉积物在一个潮汐周期内沉积并保留下来。

5 风暴对开阔海岸潮滩形态和沉积的作用

（a）现代长江三角洲潮滩的SDL和MDL　　（b）中国中东部上奥陶统岩石记录中的SDL和MDL

图 5.3　砂控层（SDL）和泥控层（MDL）交替
[（b）图改自 Fan 等，2004a]

在开阔海岸潮滩沉积物上区分出砂质和泥质纹层两种不同分组模式（图 5.3）。砂质纹层普遍比相邻组厚的组称为砂控层（sand-dominated layers，SDL），而砂质纹层普遍比相邻组薄的组称为泥控层（mud-daninated layers，MDL）。尽管确定以砂和泥为主的层之间的确切边界有些主观，但相邻的以砂和泥为主的层之间的总体差异是明显的（图 5.3）。在砂控层和泥控层，粗中砂和泥质纹层的厚度和数量不一定相同。在中国中东部的上奥陶纪岩石记录中也观察到了交替的 SDL 和 MDL（图 5.3b）（Fan 等，2004a）。砂、泥纹层厚度变化的潮周期不同，Li 等（2000）和 Fan 等（2004a）提出：MDL 代表平静天气期间的潮汐沉积，SDL 代表风暴沉积。Li 等（2000）认为，大小潮周期解释需要非常高的沉积速率，这对于图 5.1 所示的开阔海岸潮滩来说是不现实的。

Li 等（2000）对开阔海岸潮滩进行了为期 4 个月的实地研究，包括平静天气季节结束时的 2 个月和台风季节开始时的 2 个月。采用一系列标度杆，在 35 个位置开展沉积和/或侵蚀测量。4 个月期间共得到 22 个时间序列的测量数据。总的来说，潮间带在平静天气逐渐淤涨（图 5.4），这一点可以从所有杆的平均高程的增加中看出。在风暴季节测量的净侵蚀（高度下降）表明：潮滩被一层比平静天气厚得多的砂质纹层沉积覆盖。通常在风暴过后即测量到高程的急剧下降，表明风暴波造成了侵蚀。为方便讨论，主观地以研究区内第一个显著台风的影响来划分平静和风暴天气季节。整整 4 个月期间的频繁观测表明，潮滩在平静天气通常比风暴季节更泥泞，这表明剧烈的风暴波阻碍了淤泥的沉积和保留。平均高程的变化与大小潮周期无关，但与风暴相关的高浪事件有关（图 5.4）。相对较厚的砂质纹层沉积与台风引起的高能波浪事件直接相关，而不是与大潮有关。Fan 等（2006）对平静和风暴天气期间潮滩沉积和侵蚀模式的空间变化做了详细的研究。

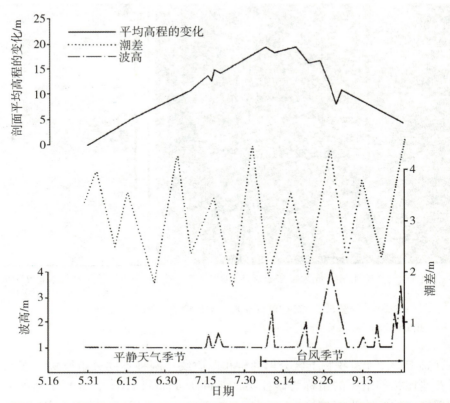

图 5.4 1992 年 4 个月研究期间，长江三角洲南翼东海农场的平均潮滩高程变化、船舶观测站观测到的大小潮周期和波高

未绘制低于 1 m 的波高图（Li 等，2000）。

Li 等（2000）还研究了单个纹层的沉积速率和保存潜力。短期（一个大小潮周期）沉积是根据一系列插入沉积物中的平板进行测量的。每天测量沉积厚度和纹层数。长期沉积是通过统计沉积百年以上（基于人为标记确定）岩心剖面的纹层和泥控层、砂控层数来衡量的。百年沉积速率约为 4 cm/a 的量级。高沉积速率与长江巨大的泥沙供给有关。在没有大量泥沙供应的地方，不应有如此高的沉积速率。百年里平静天气和风暴沉积的单个纹层的保存潜力约为 0.2% 的量级，比短期的大小潮周期内估计的 9% 要小 45 倍。随着时间间隔的增加，预计保存潜力降低。风暴砂控层的百年保存潜力估计为 10%，比 0.2% 的整体纹层的保存潜力高 50 倍。这表明，能量越大、厚度越厚的风暴沉积物往往具有更高的保存潜力。以大小潮周期解释层厚变化所隐含的 100% 保存假设只有在特殊条件下才能成立。

Fan 等（2004a）在上奥陶统桐庐韵律岩的古老体系中进行了与 Li 等（2000 年）类似的研究。桐庐韵律岩（图 5.3b）与现代开阔海岸潮滩具有明显的相似性，由砂质纹层（浅色）和泥质纹层（深色）结对组成。这些纹层明显地可组团成砂控层（SDL）和泥控层（MDL）。砂控层（SDL）的特征是存在相对较厚的砂质纹层、侵蚀面、泥卵石和振荡的波痕。这些 SDL – MDL 周期与现代潮滩相的比较表明，6.2 m 厚循环的露出岩层中砂质纹层厚度的变化应与风暴作用的波能变化有关，而不是由单个潮汐引起的。

Fan 等（2004a）对砂质纹层厚度变化时间序列的分析显示，峰值周期约为 14 个纹层，小峰值周期为 26 个纹层和 64 个纹层（图 5.5）。尽管 14 个纹层的峰值与其他韵律岩中确定的大小潮周期一致，但由于要求 3.43 m/a 的高沉积速率，大小潮变化的解释是不能被接受的。基于侵蚀面、泥卵石和振荡波纹，我们提出了厚砂质纹层与风暴沉积有关的另一种解释。SDLs 被解释为来自风暴季节的沉积，而 MDLs 则对应平静天气季节的沉积。应用 Li 等（2000）和 Fan 等（2002）从长江三角洲开阔海岸潮滩获得的 SDL 保存潜力，可得到 3 cm/a 的合理沉积速率。

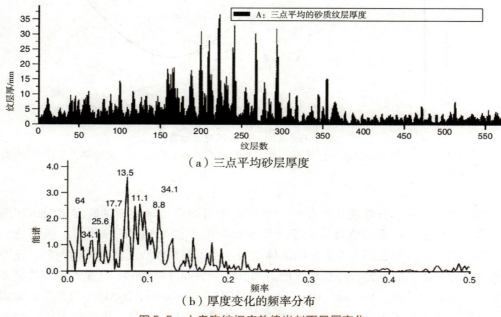

图 5.5　上奥陶统桐庐韵律岩剖面层厚变化

（Fan 等，2004a）

5.3　开阔海岸潮滩侵蚀：沉积和动力地貌过程

潮波在宽阔的潮滩上传播时会变得不对称，在一半的潮汐周期（涨潮期）较短且流速较快，而在另一半（退潮期）持续时间较长且流速较慢。由于输移速率一般与速度立方成正比，所以在较大速度的周期内的输移速率较大（图 5.6）。因此，这种众所周知的时间-速度不对称性造成了在较快（涨潮）流方向上的净输运。时间-速度不对称对潮滩的淤积和形态有重要影响。潮滩整体的淤积趋势可归因于时间-速度不对称性导致的向岸泥沙净输移。对于开阔海岸潮滩，丰富的泥沙供应进一步加强了这种堆积趋势。

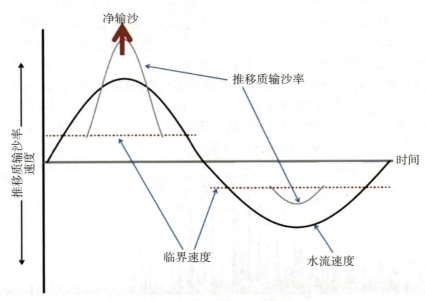

图5.6 时间−速度不对称示意

由于输移速率一般与流速成正比关系，更多的泥沙沿着较大的流速方向输移，从而导致向该方向的净输移。

当流体（水流、波浪或其组合）产生的底床剪切应力超过侵蚀临界值时，床面黏性泥沙发生侵蚀。侵蚀的临界值大于全面淤积的临界值（Mehta，1986）。换言之，侵蚀黏性沉积物比沉积它们需要更多的流体动力。除了细颗粒沉降所需的时间外，这种侵蚀和沉积剪切应力的差异，还造成了所谓的沉降滞后和冲刷滞后，这是许多泥质潮滩上一个重要的沉积过程（Postma，1961；Dyer，1986；Bartholdy，2000）。图5.7对冲刷滞后和沉降滞后作出了很好的说明，并由 Dyer（1994）作了解释。从理论上讲，冲刷和沉降滞后应导致细颗粒泥沙净淤积向该地区的陆地方向，在这里潮汐周期中的最大速率等于颗粒的临界速率。在许多半封闭和开阔海岸的潮滩上，平静季节里由于沉降滞后而导致的上潮间带的净沉积经常在风暴季节被风暴波侵蚀，从而形成一个季节性循环（Allen 和 Duffy，1998；Dyer 等，2000；Yang 等，2003；Fan 等，2006；Talke 和 Stacey，2003、2008）。

由于浓度和深度的絮凝影响，黏性泥沙的沉积是一个复杂的过程。Krone（1962）通过一系列实验研究发现，当底床剪切应力低于沉积临界值时，如在平潮期间，就会发生沉积。Mehta 和 Partheniades（1975）采用并扩展了沉积临界剪切应力的概念，对黏性沉积物的沉积进行了广泛的实验室研究。他们得出结论：不管浓度的绝对值是多少，给定的水流都可以保持悬浮中的泥沙的比例不变。根据床面剪切应力或平衡浓度与初始浓度的比值，可区分3种沉积状态：完全沉积、受阻或部分沉积和无沉积。值得注意的是，波浪运动会产生额外的剪切应力，并可能会阻止在平潮期间的完全沉积。这正与有活跃波浪作用力的开阔海岸潮滩相关。

潮滩，尤其是开阔海岸潮滩，其地貌动力学尚未得到很好的理解，原因是：①黏性

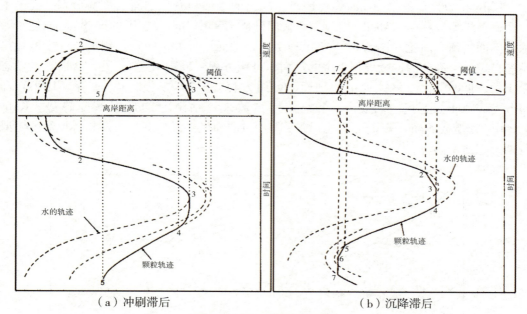

(a) 冲刷滞后 (b) 沉降滞后

图 5.7 细颗粒沉积物示意

（a）当超过点 1 的临界速度时，底床上的颗粒悬浮在水柱中。然而，直到点 2（一个相对向海的位置）它才达到该深度的平均速度。然后它沿着水的轨迹移动到点 3，在这里我们假设它是瞬间沉积的。在随后的退潮中，颗粒是悬浮的，但再次滞后于水流，直到点 4。最终在点 5 处重新沉积。因此，在一个潮汐周期中，由于冲刷滞后，出现了净向陆地的运动。（b）在点 1 处，颗粒被带离床面并随水移动，直到点 2 开始沉降。由于沉降滞后，它在点 3 到达底床。在随后的落潮上，当达到临界流速（大于沉降速度）时，直到潮周期的后期才被夹带。低水位时沉积在点 6 位置。因此，由于沉降滞后，颗粒有净向岸运动（改自 Dyer，1994）。

泥和非黏性粗粉砂和砂的复杂混合（Wang，2012）；②上潮间带的植被覆盖和整个潮滩的强烈生物扰动使其更加复杂；③宽广且平坦的地形以及较大的潮位波动。这导致对泥沙输移和形态变化的现场观测非常困难。Mehta 等（1996）对滩涂的泥沙输移和地貌动力学进行了广泛的研究，并提出了一套描述滩涂平衡形态的经验公式。对于以堆积为主的滩涂，剖面向上呈高凸状。Mehta 等（1996）提出了以下公式：

$$\frac{L^*}{L} = \frac{(\pi+1)^{-1}}{2} \tag{式 5.1}$$

其中，L^* 是剖面下部的长度，L 是从低水位线到高水位线的距离。对于侵蚀为主的滩涂，剖面呈低凹向上。Metha 等（1996）提出了以下公式：

$$\frac{h(x)}{h_0} = \left(1 - \frac{x}{L}\right)^{\frac{2}{3}} \tag{式 5.2}$$

式中，$h(x)$ 是潮滩剖面的深度，h_0 是 $x=0$ 处的高潮水深与潮差相等，L 是从低水位线到高水位线的距离，x 是垂直于海岸的水平距离。

Kirby（2000）根据 Mehta 等（1996）提出的侵蚀和淤积剖面的平衡形态，提出了一个概念模型，称为"Mehby 规则"（采用砂质海岸中 Bruun 规则的概念），描述了滩涂的剖面平衡和演化（图 5.8）。该模型由两个端元（end member）组成，一个极端是动态稳定的、高凸的、以堆积为主的剖面，可用方程（5.1）模拟；另一个极端是动态稳定的、低凹的、以侵蚀为主的剖面，可用方程（5.2）模拟。Mehta 等（1996）和 Kirby（2000）进一步提出了一个稳定性指数来评估滩涂的形态演变趋势。Kirby（2000）模型或 Mehby 规则可用于研究受泥沙供应和风暴影响下的短期趋势控制的潮滩长期形态演变趋势。

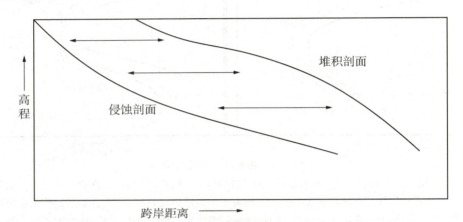

图 5.8　泥质潮滩平衡形态的概念模型（Mehby 法则）

图示以堆积为主（用方程 5.1 建模）和以侵蚀为主（用方程 5.2 建模）的两个极端。（改自 Kirby，2000）

长江三角洲两侧的大型潮滩，面向东海处没有任何的形态障碍（图 5.1），容易受到大量的波浪影响（图 5.9）。开阔海岸潮滩床面变化与陆架波有很强的关系（Yang 等，2003；Fan 等，2006）。侵蚀是在包括近端和远端风暴的风暴条件下测得的。随后的堆积发生在风暴消散之后。在 Fan 等（2006）的研究中，除了年平均两个大台风在长江三角洲登陆外，几个远端台风还产生了高的离岸波浪，导致潮滩的形态发生了很大程度的变化。图 5.9 所示的两次高波浪事件都与风暴的远端路径有关。

床面高程变化的跨岸变化受当地水深、潮流速度、波能、沉积物性质、植被和每个潮汐周期的暴露时间的控制。基于上述因素 Fan 等（2006）的研究划分了 7 个潮滩分区（图 5.10），包括成熟的湿地（M1 和 M2）、开拓的湿地（M3）、裸露中滩的上下段（B1 和 B2）以及下滩的上下段（B3 和 B4）。这些分区说明了在平静和暴风条件下侵蚀和沉积的不同程度和模式。通常利用 Allen 和 Duffy（1998）提出的活度（A）和保存系数（K）来评价沉积和侵蚀的总体时间趋势。活度系数 A 计算如下：

$$A = \sum |D| \qquad (式5.3)$$

式中，D 为底床高程变化，沉积为正，侵蚀为负。A 值越高，则床面整体变化越大，表明沉积和侵蚀活动频繁。保存系数 K 计算如下：

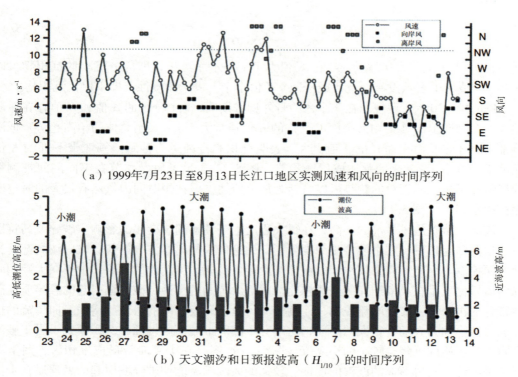

（a）1999年7月23日至8月13日长江口地区实测风速和风向的时间序列

（b）天文潮汐和日预报波高（$H_{1/10}$）的时间序列

图 5.9 波浪与远端风暴路径相关

在研究期间，发生了两次离岸波浪超过 3 m 的远端风暴。（改自 Fan 等，2006）

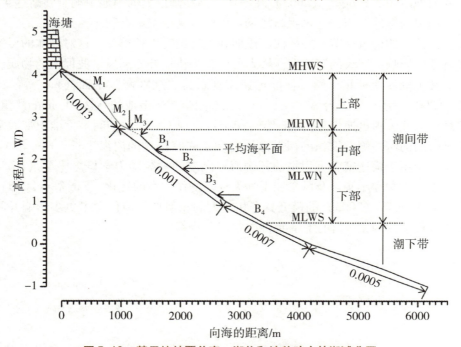

图 5.10 基于植被覆盖率、潮位和地貌动力的潮滩分区

包括：以互花米草为主的湿地（M1）、藨草属湿地（M2）、开拓的湿地（M3）、裸露中滩的上下段（B1、B2）和下滩的上下段（B3、B4）。高程基于吴淞基准面（WD）。（改自 Fan 等，2006）

$$K = \left| \frac{\sum D^+}{\sum D^-} \right| \qquad \text{(式5.4)}$$

其中，D^+ 表示沉积，D^- 表示侵蚀。K 值大于 1 表示净沉积，即部分沉积的沉积物得以保存。K 值为 1 表示没有净沉积或侵蚀。K 值小于 1 表示净侵蚀，即不保留沉积物。

　　Fan 等（2006）发现，在 3 个月的野外调查期间，7 个分区的 A 值和 K 值存在显著差异。在潮滩上部（平均海平面以上）的 K 值通常大于1，表明总体的抬高趋势。低潮滩带（低于平均海平面）的 A 值更大，表明沉积和侵蚀更为活跃。潮滩带下部的 K 值在风暴季节小于 1，表明整体成侵蚀趋势。图 5.11 显示了风暴季节在不同潮间带测量的侵蚀和沉积。尽管总的趋势可以概括为如上所述，但在短时间内依然有很大的时空变化被测量到了（图 5.11）。

　　波高，特别是风暴浪的波高，在很大程度上受潮滩潮位变化的影响。破碎波高特别对输运泥沙起作用，它本质上受深度限制，无论传入的离岸波高如何，破碎波高都受当地水深控制。因此，风暴波引起的侵蚀既受传入波高又受潮位的影响。发生在大潮期间的弱风暴比发生在小潮期间的强风暴能造成更大范围的侵蚀。破碎波引起的悬浮质在破波带外的再分配主要受潮流控制，而潮流又可以被风浪驱动的水流所增强。向岸流的输运能力从小潮到大潮有很大的不同，这解释了潮间带的不同侵蚀和沉积模式。由于破波带附近悬浮质的沉降，较小的小潮流（图 5.11）容易在中潮滩带形成堆积区，而上潮滩带则可能受到再形成的波浪的侵蚀。较强的大潮潮流能使破碎波引起的悬浮质在水体中维持较长时间，将泥沙输移并沉积在远离侵蚀带的地方，从而导致破波带内冲刷幅度较大，并向外淤积。Yang 等（2003）在平均大潮高潮以上的湿地中测量到高达 4 cm 的与强台风相关的越冲沉积，这表明高能风暴可以对高处湿地有利。

　　长江三角洲的台风季节正好是江河汛期和先锋植物生长季节，这对潮滩的侵蚀和沉积格局有重要影响。巨大的河流泥沙输入可以相当快地补充高风暴波侵蚀的物质，在风暴过后的几个潮汐周期里，潮滩便能迅速恢复到其"准平衡"剖面（Fan 等，2006）。Yang 等（2003）还记录了台风"派比安"在潮间带上部造成的高达 10 cm 的严重侵蚀，在风暴过后的几天内迅速恢复。Fan 等（2006）发现，在监测期间最大堆积带通常位于先锋植被带的向海一侧。堆积的裸露滩涂有利于先锋植物的向海生长。Fan 等（2006）还开发了一个用于描述富含沉积物的开阔海岸潮滩的地貌动力学概念模型（图 5.12）。该模型考虑了大潮和小潮以及风暴和平静天气下的作用力的变化。Fan 等（2006）的模型与早期的 Yang 等（2003）的模型具有相当大的相似性，但包含了更多影响开阔海岸潮滩沉积和侵蚀的因素，并且具有更高的空间分辨率。

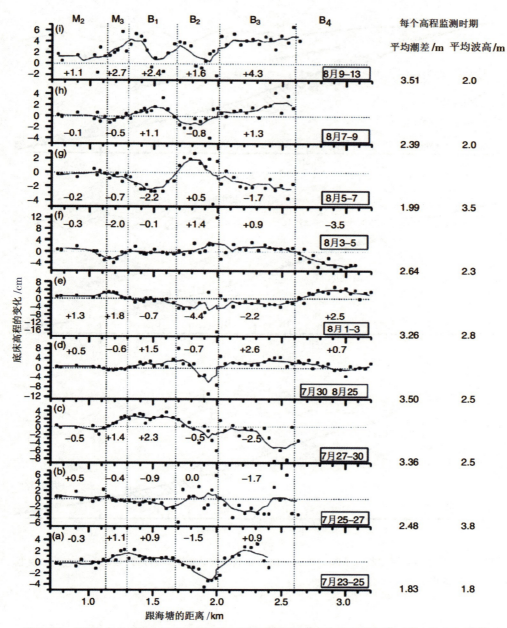

图 5.11 1999 年 7 月 23 日至 8 月 13 日暴雨期间潮滩底床水位的短期（2～3 天）变化

列出了每个监测期间的平均潮差和波高。六个形态区对台风引起的涌浪有不同的反应。计算每个区域的平均床面变化，并在图中显示。（改自 Fan 等，2006）

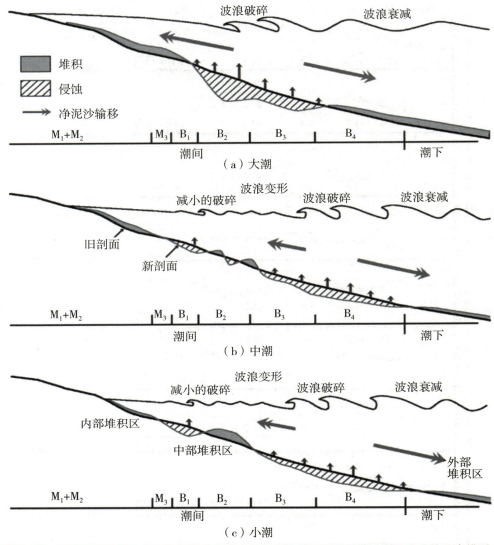

图 5.12 描述不同潮汐状态下潮间带地貌动力和沉积物输运对风暴波过程的响应的概念模型（Fan 等，2006）

5.4 结 论

开阔海岸潮滩广泛分布于世界各地的中、大型潮间带，有大量的细颗粒泥沙输入，如来自大型河流的泥沙输入。由于缺乏阻挡传入海浪的形态屏障，开阔海岸潮滩容易受到近端和远端风暴产生的巨浪的作用。在平静的天气条件下，由于时间 - 速度不对称以及与涨潮和退潮流相关的冲刷和沉降滞后，开阔海岸潮滩在典型的丰富泥沙供应影响下也是趋于堆积的。与风暴近端和远端通道相关的高波能量提供了潮滩侵蚀的主要机制。堆积性潮滩向上呈凸形，侵蚀性潮滩向上呈凹形。与风暴作用相关的侵蚀和沉积的时空模式存在很大的差异，受潮汐调控的波浪破碎、大潮期间相对较强的水流和小潮期间弱流的控制。

开阔海岸潮滩是由泥质层和砂质层组成的沉积构造的特征序列。砂质纹层较厚的一组称为砂控层（SDL），泥质纹层较厚的一组称为泥控层（MDL）。在现代和古代的潮滩环境中都发现了交替出现的 SDL 和 MDL。SDL 在风暴季节沉积，MDL 对应平静的天气季节沉积。因此，交替出现的 SDL 和 MDL 分别代表了风暴和平静天气的变化。这种解析与常用的大小潮周期的解释形成对比。

参考文献

[1] ALLEN J R L, 1985. Principles of physical sedimentology [M]. London-Boston-Sydney: George Allen & Unwin.

[2] ALLEN J R L, DUFFY M J, 1998. Temporal and spatial depositional patterns in the Severn Estuary, southwestern Britain: Intertidal studies at spring-neap and seasonal scales, 1991 – 1993 [J]. Marine Geology, 146, 147 – 171.

[3] BARTHOLDY J, 2000. Process controlling import of fine-grained sediment to tidal areas: a simulation model [J]. Geological Society, 175 (1), 13 – 29.

[4] BATES R L, JACKSON J A (EDS), 1980. Glossary of Geology [M]. Alexandria, VA: American Geological Institute.

[5] BOERSMA J R, TERWINDT J H J, 1981. Neap-spring tide sequences of intertidal shoal deposits in a mesotidal estuary [J]. Sedimentology, 28, 151 – 170.

[6] CHEN X, 1998. Changjiang (Yangtze) river delta, China [J]. Journal of Coastal Research, 14, 838 – 858.

[7] DYER K R, 1986. Coastal and Estuarine Sediment Dynamics [M]. Wiley, Chichester, 342.

[8] DYER K R, 1994. Estuarine sediment transport and deposition [M]. In: K. Pye (eds) Sediment Transport and Depositional Processes, Blackwell Scientific Publications, Oxford, 193 – 216.

[9] DYER K R, CHRISTIE M C, WRIGHT E W, 2000. The classification of intertidal mudflats [J]. Continental Shelf Research, 20, 1039 – 1060.

[10] EISMA D, 1998. Intertidal Deposits-River Mouths, Tidal Flats, and Coastal Lagoons [M]. Boca Raton, FL: CRC Press.

[11] FAN D D, 2012. Open coast tidal flats [M]. In: RA Davis, RA Dalrymple (eds), Principles of Tidal Sedimentology, Springer, 187 – 230.

[12] FAN D, LI C X, ARCHER A W, et al., 2002. Temporal distribution of diastems in deposits of an open-coast intertidal flat with high suspended sediment concentrations [J]. Sedimentary Geology, 186, 211 – 228.

[13] FAN D, LI C, WANG P, 2004a. Influences of storm erosion/deposition on rhythmites of the late-Ordovician upper Wenchang formation around Tonglu, Zhejiang Province, China [J]. Journal of Sedimentary Research, 74, 527 – 536.

[14] FAN D, LI C, WANG D, et al., 2004b. Morphology and sedimentation on open-coast intertidal flats of the Changjiang Delta, China [J]. Journal of Coastal Research, SI 43, 23 – 35.

[15] FAN D, GUO Y, WANG P, et al., 2006. Cross-shore variations in morphodynamic processes of an open-coast mudflat in the Changjiang Delta, China: With an emphasis on storm impacts [J]. Continental Shelf Research, 26, 517 – 538.

[16] FEAGIN R A, 2008. Vegetation's role in coastal protection [J]. Science, 320, 176 – 177.

[17] FEAGIN R A, LOZADA-BERNARD S M, RAVENS T M, et al., 2009. Does vegetation prevent wave erosion of salt marsh edge? [J] PNAS, 106, 10109 – 10113.

[18] GEDAN K B, KIRWAN M L, WOLANSKI E, et al., 2011. The present and future role of coastal wetland vegetation in protecting shoreline: Answering recent challenges to the paradigm [J]. Climate Change, 106, 7 – 29.

[19] KIRBY R, 2000. Practical implications of tidal flat shape [J]. Continental Shelf Research, 20, 1061 – 1077.

[20] KLEIN G DEV, 1976. Holocene tidal sedimentation [J]. Stroudesburg: Dowden, Hutchinson & Ross. Krone, RB (1962) Flume studies of the transport of sediment in estuarial shoaling processes. Final Report, Hydraulic Engineering and Sanitary Engineering Research Laboratory, University of California at Berkeley.

[21] KUECHER G J, WOODLAND B G, BROADHURST F M, 1990. Evidence of deposition from individual tides and of tidal cycles from the Francies Creek Shale [J]. Sedimentary Geology, 68, 211 – 221.

[22] KVALE E P, ARCHER A W, 1990. Tidal deposits associated with low sulfur coals, Brazil FM (Lower Pennsylvanian), Indiana [J]. Journal of Sedimentary Petrology, 60, 563 – 574.

[23] KVALE E P, ARCHER A W, JOHNSON H R, 1989. Daily, monthly, and yearly tidal cycles within laminated siltstones of the Mansfield Formation of Indiana [J]. Geology, 17, 365 – 368.

[24] LI C, WANG P, FAN D, et al., 2000. Open-coast intertidal deposits and the preservation potential of individual lamina: A case study from east-central China [J]. Sedimentology, 47, 1039 – 1051.

[25] LI C, WANG P, FAN D, 2004. Open coast tidal flat deposits [M]. In: M Schwartz (eds) Encyclopedia of Coastal Science, Springer-Verlag, Dordrecht, 1206 – 1209.

[26] MEHTA A J, 1986. Characterization of cohesive sediment properties and transport

processes in estuaries [M]. In: A J Mehta (eds) Estuarine Cohesive Sediment Dynamics, Springer, New York, 290 – 325.

[27] MEHTA A J, PARTHENIADES E, 1975. An investigation of the deposition properties of flocculated fine sediments [J]. Journal of Hydraulic Research, 12, 361 – 381.

[28] MEHTA A J, KIRBY R, LEE S C, 1996. Some observations on mudshore dynamics and stability [R]. Report to US Army Corps of Engineers, UFL/COEL/MP, 96/1, 65.

[29] MILLER D J, ERIKSSON K A, 1997. Late Mississippian prodeltaic rhythmites in the appalachian basin: A hierarchical record of tidal and climatic periodicities [J]. Journal of Sedimentary Research, 67, 653 – 660.

[30] POSTMA H, 1961. Transport and accumulation of suspended matter in the Dutch Wadden Sea [J]. Netherland Journal of Sea Research, 1, 148 – 190.

[31] REINECK H E, SINGH I B, 1980. Depositional Sedimentary Environments [M]. New York: Springer-Verlag.

[32] TALKE S A, STACEY M T, 2003. The influence of oceanic swell on flows over an estuarine intertidal mudflat in Sanfrancisco Bay [J]. Estuarine Coastal and Shelf Science, 58, 541 – 554.

[33] TALKE S A, STACEY M T, 2008. Suspended sediment fluxes at an intertidal flat: The shifting influence of wave, wind, tidal, and freshwater forcing [J]. Continental Shelf Research, 28, 710 – 725.

[34] TESSIER B, 1993. Upper intertidal rhythmites in the Mont-Saint-Michel Bay (NW France): perspectives for paleo-reconstruction [J]. Marine Geology, 110, 355 – 367.

[35] TESSIER B, GIGOT P, 1989. A vertical record of different tidal cyclicities: An example from the miocene marine molasse of digne [J]. Sedimentology, 36, 767 – 776.

[36] WANG P, 2012. Principles of sediment transport applicable to tidal environments [M]. In: R A Davis, R A Dalrymple (eds), Principles of Tidal Sedimentology, Springer, Netherlands, 19 – 34.

[37] YANG C, NIO S, 1985. The estimation of palaeohydrodynamic processes from subtidal deposits using time-series analysis methods [J]. Sedimentology, 32, 41 – 57.

[38] YANG S L, FRIEDRICHS C T, SHI Z, et al., 2003. Morphological response of tidal marshes, flats and channels of the Outer Yangtze River Mouth to a major storm [J]. Estuaries, 26, 1416 – 1425.

6 风暴对海崖岸线的作用

Sue Brooks[1] 和 Tom Spencer[2]

---
1 英国伦敦大学地理、环境与发展研究系；
2 英国剑桥大学海岸研究所。

6.1 简 介

海岸悬崖为世界提供了一些壮观的风景。海岸悬崖由不同高程、陡度和地质成分的过陡斜坡组成，表现出不同的过程机制、后退速率和岸线响应。虽然没有得到证实，但 Emery 和 Kuhn（1982）提出的世界上 80% 的海岸线是悬崖的说法经常被引用。这意味着悬崖在世界范围内无处不在，因此，了解悬崖对风暴影响的响应对于全球范围内的人类、基础设施、社会功能和经济生存能力至关重要，确定崖顶蚀退的时间、空间分布和尺度也至关重要。另一问题是悬崖系统如何响应风暴。在本章中，我们将重点介绍在英国各地不同地质构造中形成的悬崖，以此作为例证说明悬崖对复杂而多样的风暴作用的响应（图 6.1）。

图 6.1　本章讨论的英国海崖的位置

这之所以是一项非常具有挑战性的课题，核心基础问题在于以下两方面的相互作用：一是特定地点下的复杂的地质岩性和地层，二是多样的海洋和地面侵蚀过程（Trenhaile，1987；Sunamura，1992）。正如下文以及最近的悬崖蚀退概率模型（如 Hall 等，2002；Walkden 和 Hall，2005；Young 等，2011）所示，这些相互作用的幅度和频率，其特征具有高度的尺度依赖性（另见 Cambers，1976；Lee 等，2001；Quinn 等，2010）。这种尺度依赖性一方面包含了悬崖地貌动力学的高度的小尺度时空变化性的概念，另一方面包含了由悬崖线静止期分隔的主要的悬崖退缩事件的（时空）偶发性。"热点地区"的存在阐明了这两种模式，正如肯尼迪所描述的圣地亚哥日落悬崖（Sunset Cliffs，San Diego）的悬崖蚀退"区域上可忽略，局部上偏高"（Young 等，2011）。这种时空尺度的关联已经在 Drake 和 Phipps（2006）的模型中得到了正式的阐明，例如，英国亨斯坦顿崖（Hunstanton）的白垩岩海崖的长期（1885—2004）蚀退速率为 0.02～0.25 m/a。他们使用连续的野外调查和遍历性（ergodic）替换方法，建立了一个五阶段的悬崖蚀退模型，从而解释了悬崖形态的沿岸空间变化（图 6.2）。研究结果强调了地质在确定悬崖对风暴的响应中的重要性，较弱的红垩（Red Chalk）和砂铁岩（Carstone）基底层容易被掏蚀，不稳定的白垩（White Chalk）岩沿节理和层理面处坍塌。

风暴有许多要素对悬崖蚀退起到特别有效的作用。风暴可以同时为悬崖带来大量降雨，将静水位（有时上升几米）提高到预报的天文潮位以上，并推动波浪的形成和传播，这些波浪越过能量阈值，从而造成悬崖前的海滩侵蚀。随着波浪爬高的增强，以及来自砾石大小的海滩颗粒的磨损，风暴会导致悬崖基底的下切。在本章中，我们既要看单个风暴的影响，也要强调序列风暴和更长时期风暴强度的重要性。我们注意到，Hackney 等（2013）在一个对序列的风暴作用下悬崖对上升的水位和波浪响应的模型中，发展了累积超额能量（accumulated excess energy，AEE）概念，强调了风暴强度的阶段而非单个风暴在解释悬崖岸线蚀退速率变化中的重要性。在这个模型中，超过某一阈值的总能量（AEE）的影响被证明是重要的，而不是简单的与某个大的个体风暴相关联的能量。然而，在任何关于风暴对悬崖作用的有意义的讨论中，首要的讨论是过程环境（风暴强度的阶段性或单个风暴的作用）与形态响应（风暴强度相关的悬崖蚀退率变化或单个风暴作用的痕迹）的匹配。

观察到的风暴作用信号与悬崖蚀退的速率密切相关。这些速率变化很大（French，2001），主要的控制因素是岩性。人们普遍认为，"软"岩海崖的蚀退速率大于 1m/a（Collins 和 Sitar，2008；Young 等，2009；Brooks 和 Spencer，2010），而"硬"岩海崖的蚀退速率可能仅为每年几毫米（Drake 和 Phipps，2006；Rosser 等，2007），但是没有明确的定义区分这些悬崖的类型（Naylor 等，2010）。在这里，我们认为悬崖位于一个范围内：从最耐固结的地质构成到完全不固结的过陡沙丘；这些沙丘高度不稳定，并通过持续的负孔隙水压力维持其坡度（Hutchinson，1970；Lahousse 和 Pierre，2003；Brooks 等，2012；Armaroli 等，2013）。这在图 6.1 中有详细说明。对这一范围内的分析方法需要有所不同：很难从坚固物质中提取风暴作用的信号，而软岩崖中的快速蚀退率意味着只能从过去海崖位置的历史信息中看到记录，而不是从其当代位置和条件中。只有在适度蚀退的海崖系统中，蚀退的过程和记录才能被看到和量化，如在英国的多塞特

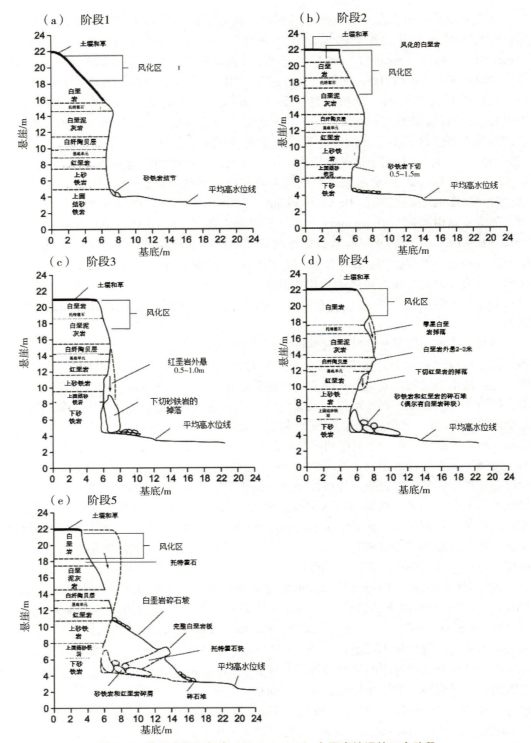

图 6.2 英国亨斯坦顿崖（Hunstanton）白垩岩蚀退的五个阶段

（a）悬崖基底上石块较少的早期阶段；（b）悬崖的下切和块状崩塌；（c）悬空大石块通过崖基卸荷的掉落；（d）增进的下切和重大崖体悬空的发育；（e）悬崖基底上崖体崩塌和碎石堆斜坡的发育。（重绘自 Drake 和 Phipps，2006）

郡（Dorset）悬崖（Brunsden 和 Jones，1976；Brunsden 和 Chandler，1996）。波浪作用（Carter 和 Stone，1989；Adams 等，2005；Rosser 等，2007；Young 等，2009；Castedo 等，2012；Earlie 等，2015）会在悬崖内底切、削峭并引发应力振动，而悬崖物质的抗剪强度高度依赖于占优势的正、负孔隙水压力分布（Hutchinson，1970；Brooks 等，

图6.3 崖谱

（a）加那利群岛特内里费洛斯吉甘特斯（Los Gigantes, Tenerife, Canary Islands）500～800 m 高的火山悬崖（拍摄：T. Spencer）；（b）英国亨斯坦顿（Hunstanton, UK）的白垩、红垩和砂铁岩悬崖；（c）英国多塞特查茅斯（Charmouth, Dorset, UK）的里阿斯统的粘土悬崖；（d）美国俄勒冈州悬崖上的第三纪（始新世）粉砂岩、砂岩和火山灰以及上覆的玄武岩；（e）美国加利福尼亚州帕西菲卡市的软沉积物的陡壁冲刷；（f）英国萨福克郡科维特冰期和冰期前砂和粉土的软岩悬崖。（拍摄：S. Brooks）

2012）。悬崖蚀退的主流概念模型包括 3 个阶段（Trenhaile，1987；Sunamura，1992）。第一阶段涉及通过波浪作用对悬崖底部的侵蚀，从而增加斜坡陡度，侵蚀上部结构的基础，降低悬崖的稳定性。第二阶段涉及悬崖崩塌，主要是通过悬崖内的地面陆地过程造成的。悬崖崩塌可能涉及整个悬崖面的突然崩塌，或作为一系列较小的崩塌而发生，这些崩塌从底部向上通过悬崖面传播。这就产生了岩屑形式的崖脚沉积物，然后在第三阶段通过波浪作用将其清除。很难确定这些阶段的时间尺度，但 Young 等（2009）认为，第一阶段发生了数年，而第二阶段通常是突然的，与单个事件有关。第三阶段可能需要数周到数年的时间，这取决于要清除的物质的数量以及波浪袭击的频率、持续时间和强度。

6.2 方法和应用

至少在理论上，量化侵蚀海崖的岸线变化相对简单明晰，这是因为变化是单向的，通常向内陆方向发展（尽管一些局部崖基可能正在积累物质）。许多关于量化海岸线变化的讨论都围绕着海岸线的位置确定展开（Harley，1972；Moore，2000）。随着时间的推移，地图序列并不总是使用相同的海岸线标记。例如，英格兰和威尔士的陆地测量在最早的地图上使用普通潮汐的平均水位（MLOT），但在以后的版本中使用平均大潮高水位（MHWS）。当切换到近期的航拍照片时，问题变得更加复杂，因为传统的海岸线标记不可见，需要使用植被线或海滩形态特征等替代方法。许多海岸线标记的位置会根据一天中的时间和拍摄航拍照片的季节（潮位和照明角度）而变化。然而，在航拍照片和历史地图上，海崖通常呈现出清晰的海岸线标记（Brooks 和 Spencer，2010）。因此，我们倾向于看到一个一致的、清晰的、易于数字化的海岸线标记，使地图和航空照片可被一起使用以量化不同时间尺度上的蚀退速率。

量化海崖蚀退的首选方法取决于蚀退的总体速率，因为方法中的误差项需要与正在进行中的实际速率明确地分离开来。对于快速蚀退的悬崖（>1m/a），传统方法是使用历史地图、航空照片（如 Moore，2000）和直接地面测量（如 Sallenger 等，2002；Dornbush 等，2011）。对于较慢的速度，我们可能会使用侵蚀针（Greenwood 和 Orford，2008）或标记柱；对于更长期的研究，我们会调查历史照片，就像在南加州海崖的经典研究中（Shepard 和 Grant IV，1947；Kuhn 和 Shepard，1984）一样。然而近年来，应用新技术监测缓慢或单一事件的蚀退已经相当多，并可揭示悬崖蚀退空间模式的重要新知识。例如，在相对较大的尺度上，现在许多发达国家和地区常规地应用机载激光雷达测量以重复绘制数千里悬崖边缘破坏的基本二维（平面）模式图（如 Hapke 等，2009；Young 等，2011），并辅以某些位置的、更详细的地面激光雷达数据（如 Young 等，2009）。这些方法可以提供详细的崖面变化的三维图像，包括在垂直和横向的高分辨率下沉积物的排泄与堆积。

最近，通过地面激光扫描（TLS）量化短时间内崖面的体积变化，实现了更精细尺度的制图（Young 和 Ashford，2006；Rosser 等，2007；Collins 和 Sitar，2008；Rosser 等，2013）。例如，Lim 等（2011）在英国北约克郡 Staithes 的海岸悬崖岩石面上进行了 20 个月的逐月地面激光扫描，编制了一个超过 100 000 个海岸崩塌的数据库，直到体积降至 1.25×10^{-4} m³。这些数据丰富的研究强调了海洋和陆地对悬崖蚀退的确切作用的复杂性和高度不确定性。这主要是因为悬崖组成和结构的空间变异性导致了响应时间滞后。坍塌要通过崖面向上传播（Rosser 等，2013），或者因为降雨后崖内发育正孔隙水压力或减小吸力需要时间（Hutchinson，1970；Brooks 等，2012），因此，在大风暴发生数周或数月后悬崖才会发生崩塌。崩塌与悬崖的地质结构密切相关，在相对较短岸线的范围内可表现出相当大的沿岸变化。此外，使用最新的实时动态仪（RTK）对崖顶位置进行当代实地调查，现在还可以结合、利用地图和遥感影像，获得更详细的悬崖蚀退率的沿岸变化图。然而，这类技术只适用于最近的时期。因此，要回答更多的问题，仍然有必要采用间接方法，如使用计算机模型、数字化的历史地图或航拍照片，才能覆盖较长时间，评估连续的风暴作用。利用它们分析无法直接观测的时期，如历史变迁，推测未来悬崖蚀退。美国地质勘探局的数字海岸线分析系统（digital shoreline analysis system，DSAS）等技术的发展极大地促进了间接方法的发展（Thieler 等，2009）。DSAS 可以在地理信息系统（GIS）框架内设置跨岸断面，并在不同时间间隔之间进行蚀退计算，使得沿岸蚀退速率的空间密度达到较高水平。

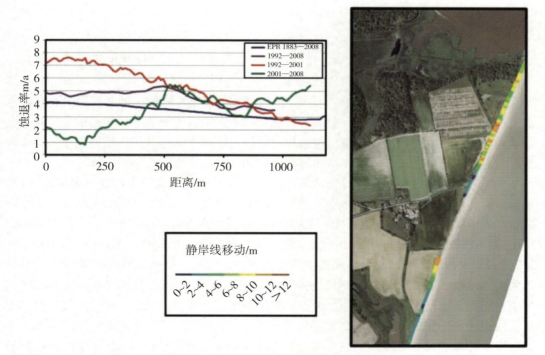

图 6.4　不同时间尺度的软岩崖岸线蚀退

利用地图、航空照片和 RTK 野外数据对海岸线进行数字化处理，并结合 DSAS 对英国的 Holderness（Castedo 等，2015）和 East Anglian（Brooks 和 Spencer，2010、2012、

2014）软岩崖变化进行评估。这种方法提供了一个快速和准确的崖顶蚀退评估，并考虑到整个海岸线，而不仅仅是点的测量。当与最近的 RTK 实地调查相结合时，就可以得到不同时间尺度下崖顶位置变化的详细图像。对于 Suffolk 海岸里迅速蚀退的悬崖，图 6.4 显示了长期（100 年时间尺度）、中期（10 年时间尺度）以及 2013 年 12 月 5 日至 6 日风暴增水之后的海岸线位置。长期的蚀退率一直稳定在 3～4 m/a，沿岸变化的趋势平稳。在 20 世纪 90 年代末到 21 世纪初的 20 年中，长期均值的下降与其形成了强烈的对比，1992—2000 年的蚀退率为 4～7 m/a，而 2000—2008 年的蚀退率为 1～5 m/a。蚀退率的沿岸变化相对于长时间尺度更大，这反映了较短的风暴强度的阶段性作用或个别风暴发生的作用。众所周知，20 世纪 90 年代的风暴比 21 世纪头 10 年多（Brooks 等，2012），而且这一信号是全区域范围内的。此外，冰碛覆盖的悬崖与夹层软质沉积物悬崖的沿岸地质变化也显现出来了。年代际信号只在冰碛覆盖的悬崖上显而易见，这进一步表明了其对风暴的不同反应，其中，个别大风暴事件造成了大部分的蚀退。在第二个系统中，随着时间的推移，有一个更稳定的蚀退，这进一步说明了不同的蚀退机制。在单个风暴增水事件的最小时间尺度上，沿崖线的单个位置的蚀退距离可达 12 m（Spencer 等，2015）。

6.3 风暴强度与悬崖记录

上面的 East Anglian 例子表明，很难将天气学尺度的风暴事件和风暴时期映射到一个由多个月的大气条件得到的气候指数上，来表征特定的气候年（Burningham 和 French，2012）。然而，当气候信号明确时，有可能将风暴强度的变化与悬崖响应联系起来。这里，我们举两个例子。第一种情况，由非常坚固的物质组成的海崖系统基本上是被动的，但借此提供了一个途径将风暴对悬崖表面的影响记录在崖顶的位置。第二种情况，悬崖蚀退率明显与气候驱动的静止水位和波高的变化有关。

在不列颠群岛西部和北部沿岸的悬崖边缘——苏格兰的设得兰群岛、奥克尼群岛、凯斯内斯群岛和外赫布里底群岛以及爱尔兰的阿兰群岛、高尔韦湾——冲刷过的崖顶表面通常覆盖着高达 20 m 的巨石脊，个别巨石和叠瓦状巨石群高达 35 m，这些和更高的空中抛下的物质统称为崖顶风暴沉积（cliff-top storm deposits，CTSDs）（Hall 等，2006）。北大西洋风暴期间会出现严峻的波浪条件，设得兰群岛以西海域的深水波浪易达到 20 m 或以上的最大高度。当遇到陡峭的海崖且向海一侧水深较深时，这些波浪仅失去它们巨大能量的很小一部分。不应只关注悬崖底部的波浪冲击，这些巨浪能够产生足够的对崖顶的作用力，使基岩破裂，将 277 m³ 的巨砾拔起、旋转和抬升。此外，崖顶的平台和斜坡可能会被此类波浪高出，并被快速移动涌高的"绿水"淹没，这些涌高的水流能够将 40m³ 的巨石向内陆地区运输数十米（Hansom 等，2008）。尽管这些沉积物中有许多是"新"的，可以追溯到 20 世纪 90 年代的大风暴，但很明显，它们通常都覆盖了更古老的 CTSDs。在设得兰悬崖上，风暴巨石沉积下泥炭和 CTSDs 巨砾山脊内海洋贝壳的放射性碳测年，以及与风暴巨砾夹层间砂的光释光测年（OSL）的年龄表明，风暴活动的主要阶段发生在公元 400—550 年、700—1050 年、1300—1900 年，以及 1950—2005 年。这一记录与 GISP2 冰芯中的格陵兰海盐（Na⁺）的记录有很好的相关性，后者本身反映了北大西洋一般的风暴模式（图 6.5；Hansom 和 Hall，2009）。冰岛海冰的膨胀产生了更强的热梯度和更大的风暴形成能力，从而产生温带风暴，并伴有盛行的西南风，然后横扫北欧。相反，冰的退缩也降低风暴发生的能力，北欧也经历过较少风暴的时期。Dawson 等（2004）将此称为"跷跷板"效应，并反映在冰岛低压的强度上。低压形成了北大西洋涛动指数的一半，北大西洋涛动指数是北大西洋冬季（10 月至次年 3 月）衡量亚热带高压和极地低压之间标准化海平面压力差异的指标（Hurrell，1995）。有趣的是，第三组 CTSD 日期对应小冰期（约公元 1400 年）的开始，这与海冰覆盖的增加有关（Hansom 和 Hall，2009）。

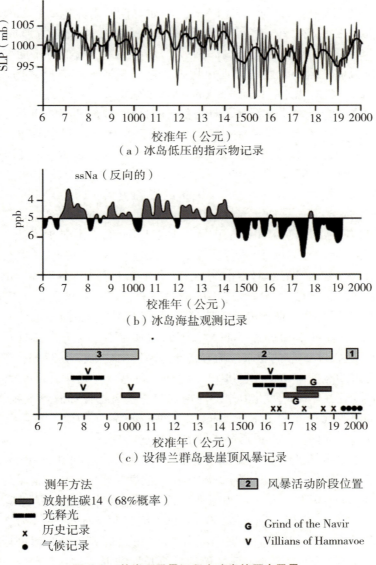

图 6.5 从崖顶风暴沉积中确定的历史风暴

美国加利福尼亚州、俄勒冈州和华盛顿州的海岸有相当大的比例是悬崖峭壁。通常，背靠抬升的更新世阶地悬崖的海湾位于由更坚固的砂岩、泥岩和砾岩组成的陡峭岬角之间，以及位于非常坚固的深入近海中的结晶岩中（Hapke 等，2009；加利福尼亚、俄勒冈州和华盛顿海平面上升委员会，2012）。在加利福尼亚州，Moore 等（1999）报告了圣地亚哥岩性控制的悬崖侵蚀率为 0.02～0.2 m/a（1932—1994 年）和加州圣克鲁斯的为 0.06～14 m/a（1953—1994 年）。Griggs 和 Patsch（2004）指出，加利福尼亚沉积岩悬崖侵蚀率通常为 0.15～0.30 m/a。在俄勒冈州海岸，Prister（1999）报告悬崖的蚀退速率小于 0.19 m/a（1939—1991 年），而在易发生滑坡的断崖中上升到 0.5 m/a。然而，这些背景速率比高能量海岸线上高水位和风暴波的偶发组合导致的蚀退速率低几个数量级。

美洲西海岸的沿岸水位记录显示出相当大的年际变化。最近一段时间，1982—1983 年和 1997—1998 年均出现了异常高的年均海平面。这两个时期都包括重大的厄尔尼诺事件，这是大尺度大气-海洋振荡（ENSO，厄尔尼诺-南方涛动）的暖性相位，也是赤道太平洋的重要特征。东南信风在太平洋远距离传递的风应力形成了西太平洋的"暖池"。这个"暖池"通常位于比东太平洋海面高约 45 cm 的海平面上。在厄尔尼诺事件中，信风减弱，取而代之的是西风爆发，这个暖池沿着赤道"回流"，以异常长（约 10 000 km）、相对快速的移动（8 km/h）"开尔文波"的形式出现。当一个开尔文波袭击南美洲时，它分裂并沿着海岸向北和向南移动；Enfield 和 Allen（1980）已经确定了与厄尔尼诺有关的相干的高海平面，这些高海平面北至阿拉斯加，南至瓦尔帕莱索。加上"暖水"效应和较强的向北的海流，月平均水位是 26 cm（1982—1983 年厄尔尼诺）和 33 cm（1997—1998 年），都比长期平均水位（1967—1999 年）高（Komar 和 Allen，2002）。然而，1982—1983 年风暴的影响更大，因为与 1997—1998 年不同，它们与异常高的预测潮位叠加（Storlazzi 等，2000）。Komar（2004）计算出，在坡度为 1∶25 的海滩（典型的俄勒冈州海岸）上，水位上升 50 cm 将使海岸线平均向陆地移动 12.5 m，这增加了波浪爬升到海滩背后悬崖的可能性，从而导致海崖的侵蚀。这种影响之所以会被放大，是因为厄尔尼诺相位也导致太平洋上空大气环流模式的重组，从而增加冬季风暴的频率和严重性。风暴产生的波高在该海岸可能非常高；1997—1998 年厄尔尼诺风暴的特征是 10.5 m 的海浪，碎浪高度达到 11.7 m；而通常计算的"百年一遇的海浪"为 15～16 m（Allan 和 Komar，2006）。如果在已经升高的月平均水位上叠加 1 m 高的风暴增水，1.5 m 的总水位抬升将使海岸线向陆地移动 38 m，相当于大多数美国俄勒冈州海滩的宽度（Komar，2004）。此外，在厄尔尼诺年，风暴通常沿着西南路径接近大陆边缘。在太平洋西北海岸的港湾内，这些风暴推动海滩沉积物的沿岸移动，形成离岸流的海湾（Shih 和 Komar，1994；Sallenger 等，2002），并导致潮汐通道和河流入海口的迁移，使两者都形成局部侵蚀的"热点区域"。

因此，厄尔尼诺气候现象导致俄勒冈州海岸悬崖线典型的 10～45 m 的加速蚀退也就不足为奇了（Allan，2006）。1997—1998 年，俄勒冈州威拉帕湾记录到 130 m 的蚀退（美国地质勘探局，2013）。在加利福尼亚中部海岸，76% 的悬崖侵蚀是由厄尔尼诺相关风暴造成的（Storlazzi 和 Griggs，2000）。1997 年 10 月至 1998 年 4 月，紧随着在一系列与厄尔尼诺有关的冬季风暴后，对旧金山湾以南的 La Pacifica 悬崖进行的激光雷达探测显示，悬崖蚀退了 10～13 m。该区域的悬崖长期蚀退率为 0.2 m/a，这表明这些风暴在一个冬季造成了 50 年的 "正常" 蚀退（美国地质勘探局，2013）。1982—1983 年厄尔尼诺期间，加利福尼亚州南部和中部沿岸的破坏异常严重，部分原因是高风暴增水和 4 年来最高潮汐的同时出现（Flick，1998）。1983 年前 3 个月发生了 7 次大浪或风暴事件，当时大部分海岸侵蚀都发生了，这些大浪恰逢极高潮的时候，从而使更多的波浪作用直接集中在岸线和悬崖上。

然而，由厄尔尼诺造成的悬崖线蚀退的时间序列被另外两个因素复杂化。第一，由于太平洋 - 北美板块碰撞带的构造作用，海平面变化在太平洋沿岸有大范围的不同。因此，华盛顿北部和俄勒冈州南部的海平面正在下降，俄勒冈州北部和加利福尼亚州的海平面却正在上升（Komar 和 Shih，1993；Komar 等，2011）。因此，厄尔尼诺期间增强的波浪爬升在这些构造隆升区域被部分抵消，但在该海岸的淹没区却被增强。其次，这些厄尔尼诺效应需要在波浪气候 10 年尺度变化的背景下看待。1948—1997 年，气旋性扰动的频率增加了 65%（Graham 和 Diaz，2001）。对过去 25～30 年在北太平洋东部收集的波浪浮标测量数据的分析表明，深水波高和周期有所增加，特别是在华盛顿海岸，那里的平均冬季深水有效波高在 25 年内增加了 0.8 m，冬季最大波高上升超过 2 m（Allan 和 Komar，2006；Ruggiero，2013）。此外，这些差异在区域上是可变的——南加州没有年代际的变化——这是由于区域气候学的变化，导致主要风暴路径向北移动。事实上，波高超过 14 m 的最严重风暴与厄尔尼诺动力学没有关系。这个例子表明，一方面大气海洋气候学中的海洋尺度的波动可以很强烈地影响悬崖蚀退，另一方面这种风暴控制也会由于其他气候和非气候控制而更加复杂。这使对在太平洋沿岸和其他地区风暴作用下的悬崖加速蚀退的幅度和位置的未来预测成为一个具有挑战性的研究领域。

6.4 软岩悬崖地质及其对风暴的响应

软岩悬崖的地质结构与块体运动（mass movement）的性质密切相关（如 Brunsden 和 Jones，1976；Brunsden 和 Chandler，1996；Brunsden 和 Lee，2004；Gray，1988）。尤其是分层的悬崖地层有可能产生复杂的水文和岩土工程响应（Rulon 和 Freeze，1985；Rulon 等，1985）。因此，悬崖蚀退率的高时空变异性可能会与悬崖结构的相当大的变异性有关系，悬崖结构决定了块体运动的性质、速率和发生。悬崖中的块体运动可能会或不会与基底物质的迁移密切相关，并且在某些区域可能充当下方海滩物质来源的独立供应者。间接方法被用以更详细地评估这一点，因为这些方法可以将蚀退中的沿岸变化（来自地图和航空照片）与不同地质作用形成的悬崖响应耦合起来。

关于陆地山坡，涉及动态水文响应的块体运动与非饱和带内的高降雨和吸力损失时期有关（如 Campbell，1975；Brooks 和 Anderson，1995；Wilkinson 等，2002；Brooks 等，2004；Gofar 和 Lee，2008；Lee 等，2009）。相对粗颗粒物质中的吸力损失已被证明是高渗透率下的重要破坏机制，特别是在分层（岩层）存在的地方。这也是对斜坡物质在极深位置的斜坡稳定性的重要控制机制。热带（Anderson 等，1994；Anderson

等，1996；Lu 和 Griffiths，2004；Lee 等，2009）和温带（Brooks 和 Anderson，1995；Brooks 等，2002；Brooks 等，2004）环境均有相关研究。海岸悬崖块体破坏的潜在控制近来引人注意，这种控制已被证明在加利福尼亚北部中等胶结砂组成的海岸峭壁中十分重要（Hampton 和 Dingler，1998；Collins 和 Sitar，2008）。

这一现象可以很容易地从一个基于物理的二维模型的应用中得到证明，该模型可以模拟软岩崖对降雨的水文响应。这里我们以萨福克（Suffolk）软岩悬崖为例，其长期蚀退率在 3～4 m/a（Brooks 和 Spencer，2010），其地质组成和位置如图 6.6 所示。Suffolk 崖线由上新世和中更新世早期海洋沉积物组成，通常称为"峭壁"（crag），覆盖在早第三纪和白垩纪基底上（Hamblin 等，1997；Gibbard 等，1998）。

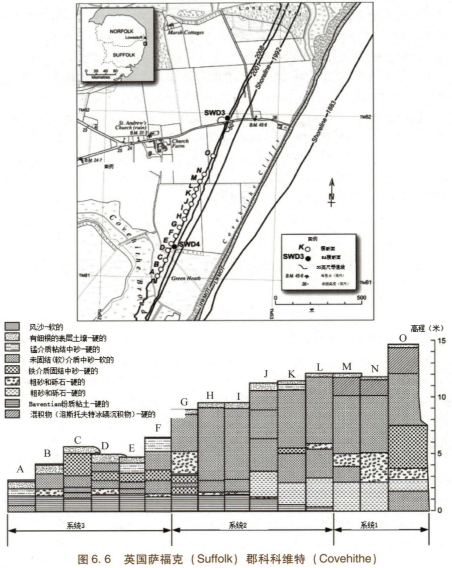

图 6.6　英国萨福克（Suffolk）郡科科维特（Covehithe）软岩悬崖的（A）位置和（B）地质组成

"峭壁"沉积物包含 Pre-Pastonian/Baventian 时期的粘土和粉质粘土，上覆海相更新世砂、砾石以及薄层层状粉土（West，1980）和威斯特莱顿层（Westleton beds）较厚的砾石透镜体（Hey，1967）。在沿崖线的地方，有明显的壤质的混杂沉积物暴露，我们将其解释为脱钙的洛斯托夫特（Lowestoft formation）冰碛沉积物（盎格鲁期）。

在 Suffolk 悬崖的地质中，重要的因素是崖的层状结构、形成海岸平台的南北向倾斜粘土基底以及在一些崖顶位置出现的洛斯托夫特冰碛沉积物。GeoSlope Office 软件用于检验内部水文响应（有关参数化和验证的更多的详细信息，请参阅 Brooks 等，2012）。模拟的吸力响应如图 6.7 所示，相同暴雨条件下，由于地质成分和结构的不同，

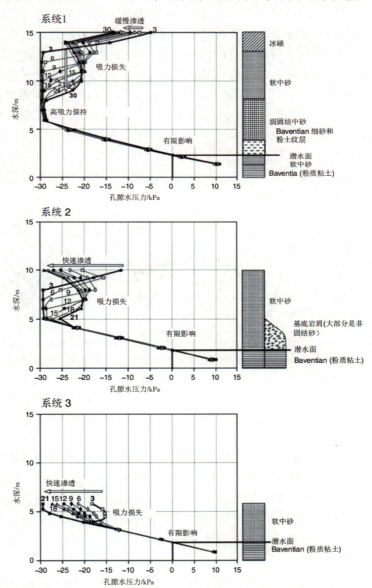

图 6.7 模型输出显示了在 3 种不同地质成分的悬崖类型中负孔隙水压力（吸力）响应的变化
数字是指自模拟降雨开始的天数。

崖体响应会有不同的结果。在上覆有较密集的缓渗冰碛沉积物（系统 1）的情况下，30 天后在崖顶以下 7 m 深处出现逐渐的渗滤和吸力损失，较大的吸力减小区的发育为崖顶的破坏提供更大的可能性。因此，产生大量降雨（>30 mm）的连续风暴很可能会产生累积效应。在没有这样地层的情况下，通过软质沉积物的更快渗透和渗滤也会促进吸力损失（系统 2 和系统 3），但损失的程度和时间并不相同。

在考虑风暴对悬崖蚀退影响的空间变异性时，平衡这些陆地动力学和相关的海洋影响非常重要。大风暴很容易清除松散的海滩物质，从而露出海岸平台。在这个例子中，风暴切割了 Baventian 时期的粘土，并在崖底凿出凹槽。需要对相对于崖底的高程评估海水达到的水位（静水位和波浪叠加），因为这才能反映海洋的作用。图 6.8 显示了在 2010 年 11 月 7 日至 11 日异常的暴风雨期间，洛斯托夫特潮位站记录的水位和绍斯沃尔德（Southwold）附近的波浪浮标记录的波高，这时海崖蚀退的沿岸变化很大。这一时期高涨的大潮正好与持续了几个高潮的强向陆风同步，从而产生高达 3.5 m 的波浪。在此期间，降雨量超过 40 mm，在悬崖上产生吸力损失。在最高的冰盖悬崖（系统 1）中，海滩被完全移除，海岸平台和海蚀凹槽裸露，与之相关的向内陆达 12 m 的上覆层发生破坏和塌陷。在低高度的软质悬崖（系统 2）中，响应不那么剧烈，有证据表明沉积物在海滩上重新分配，悬崖顶部有适度的蚀退。图 6.9 中提出了这些软质沉积物的悬崖对风暴响应的沿岸变化模型，其中，悬崖的不同地质成分被认为在决定悬崖蚀退的模式和发生时间方面起着主要作用。

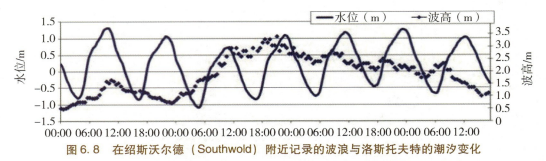

图 6.8 在绍斯沃尔德（Southwold）附近记录的波浪与洛斯托夫特的潮汐变化

http://www.cefas.defra.gov.uk/our-science/observing-and-modelling/monitoring-programmes/wavenet.aspx，http://www.ntslf.org/data/uk-network-real-time，显示了同时发生的高静水位和大的波高。

沿岸的悬崖蚀退的空间变化经常能被观察到，最近的研究为悬崖对风暴的复杂响应提供了越来越多的证据（Brooks 等，2012；Brooks 和 Spencer，2014）。上面提供的例子阐述了这种沿岸变化，并提出即使是最强的风暴，悬崖的响应也可能受到地质组成及陆海过程平衡方式的强烈控制。这两个方面以不同的方式在决定悬崖蚀退的空间变化中共同起着重要作用。伴随悬崖蚀退的是冰川沉积物地层的变化，特别是蚀退率高的地方有更大的复杂性。

另一个重要问题是海岸线后退（特别是侵蚀）和释放沉积物的沉积之间的相互作用。沿海岸延伸数千米、高度大于 10 m 的软沉积物悬崖释放出大量堆积物（Cambers，1976；Brooks 和 Spencer，2010；Montreuil 和 Bullard，2012），这些沉积物可用于建造海

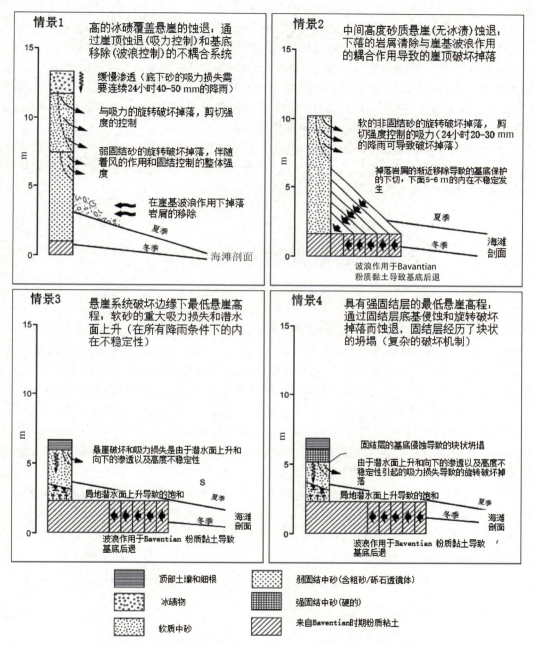

图 6.9 根据模拟和观测的在 Covehithe 沿岸不同位置的响应，提出了不同地质组成软质悬崖的蚀退机制

滩（Young 等，2009）和开发近岸与近海结构体（Zhou 等，2014）。这些反过来又直接通过崖基的海滩保护海岸线，或间接通过水深变浅导致波高降低以保护海岸线（Stansby 等，2006）。在海岸线迅速退缩到地面高程变化处时，观察到了"开启"和"关闭"的行为。蚀退到地面高程升高区域时，沉积物供应系统加速提供更多的释放量，而在蚀

退到地面高程下降的区域时，沉积物的释放速度变慢；事实上，供应可以完全"关闭"。这可能导致悬崖蚀退的偶发性，并取决于沉积物保护结构的发育程度。

Hansen 和 Barnard（2010）将海岸线变化与各种波浪和地形/水深参数联系起来，以证明虽然风暴影响在短期内很重要，但在历史时期，水深变化在很大程度上决定了海岸线变化。水深变化在控制悬崖对风暴的响应方面的作用值得更多的关注。Pye 和 Blott（2006）举出示例，英国 Suffolk 郡 Dunwich 悬崖位于堤围的向陆方向，Dunwich-Sizewell 堤围的开发是减少风暴影响和 Dunwich 悬崖蚀退的主要因素。

因此，风暴在确保悬崖蚀退的时间变异性方面起着直接作用，因为它们超越了侵蚀的阈值并提供驱动蚀退过程的动力，但也通过影响泥沙供应、泥沙再分配和自然保护结构体的大小和位置的时间变异性产生间接影响。

6.5　海崖岸线蚀退模拟方法

近十几年来，人们愈发意识到海平面的上升，使得必须加快海岸线变化模拟方法的发展和应用（Woodworth 等，2009；Wahl 等，2013），以应对 2100 年后未来规划的需要。如上一节所示，悬崖蚀退模型的建立面临着特殊的挑战，因为它往往是由高量级、低频的风暴驱动，只有很少且不可预测的数据收集机会，以服务于模型的参数化、校准、验证和确认。悬崖蚀退也是一个高度复杂的过程，涉及侵蚀的地质结构与高度动态的海滩和近海沉积结构的相互影响。对海岸线后退进行建模的最早方法之一是布容（Bruun）法则的建立，该法则假定所有沉积物保持在活动剖面内，因此仅适用于低洼海滨（Bruun，1988）。对该模型的批评是基于这样的实测结果：即它经常低估蚀退，有时甚至是超过一个数量级的低估（如 Cooper 和 Pilkey，2004；Ranasinghe 和 Stive，2009）。然而，该方法已针对悬崖进行了修改，引入了悬崖高程（B）和活动剖面内剩余沉积物比例（P）。这克服了早期的一些局限（Weggel，1979；Hands，1983）。对于有显著高程的悬崖，Dean（1991）提出了一个修正的 Bruun 法则，如下所示：

$$R_2 = R_1 + \frac{(S_2 - S_1)L_*}{P(B + h_*)} \qquad \text{（式6.1）}$$

R_2——未来蚀退率（m/a）；
R_1——历史蚀退率（m/a）；
S_1——历史海平面上升（mm/a）；
S_2——未来海平面上升（mm/a）；
L_*——有效的跨岸剖面长度（m）*；
P——活动剖面内剩余沉积物的比例（砂和砾石的百分比）；
B——悬崖高程（m）；
h_*——闭合深度（m）*。

过去时期已知的海平面上升以及相关的蚀退可以作为历史参数，而未来海平面上升的预测则可以用来量化未来的蚀退率。Bray 和 Hooke（1997）将 Dean 的模型描述为"最容易应用和最现实地适用于侵蚀悬崖的 Bruun 法则"，但还有一些限制条件。其中一个是涉及闭合深度（h_*），即这个近海水深处的几何形态没有时间上的变化（每日、季节性或较长时期的）。因此，该深度代表了从易变的海滩到稳定近海区的过渡点（Hallermier，1981）。Nicholls 等（1998）认为，该术语不独立于时间尺度，因为当在长时间尺度上包括更多的极端事件（更大的波高）时，可能会产生大范围的闭合深度变化。Sunamura 模型（Sunamura，1988）为没有耗散海滩或滨面沉积层的悬崖海岸线后退建模提供了一种稍有不同的方法，推导出了在强波浪力和强物质强度条件下悬崖[可被称为"硬岩"悬崖（Naylor 等，2010）]的蚀退模型。该模型中第二次使用的 R_1 包括波浪力和物质强度的长期联合效应，如下所示：

$$R_2 = R_1 + \frac{(S_2 - S_1)}{h_*/(R_1 + L_*)} \quad \text{（式6.2）}$$

R_1 的校准值反映了波浪力和物质强度对海岸线后退的长期综合影响，减少了模型参数化所需的数据。然而，这需要假设平均波浪力或物质强度不会随时间变化（Bray 和 Hooke，1997），但事实并非总是如此。

自从有了这些早期的悬崖响应模型以后，包括更大范围强迫因子的概率方法（可评估参数和结果的不确定性）得到了发展（Hall 等，2002）。SCAPE（soft cliff and platform erosion）模型被广泛用于软质悬崖，其蚀退是高度偶发性的，由风暴中的悬崖基底侵蚀和悬崖中的块体运动驱动（Walkden 和 Hall，2005）。这一模式的核心是海滨平台作为蚀退的调节器。这个模型最初是针对广泛分布于英格兰东部的软质海崖（冰碛、粘土以及砂和砾石的混合沉积物）构想和测试的模型，而后通过识别冗余参数对模型进行了简化，使其适用于海滩体积较小（< 30 m³/m）的悬崖（Walkden 和 Dickson，2008）。模型的简单形式是：

$$R_2 = R_1 \sqrt{\frac{S_2}{S_1}} \quad \text{（式6.3）}$$

这与 Leatherman（1990）的历史外推法非常相似，其中，海岸线蚀退与海平面的加速上升成正比。SCAPE 模型的这一公式为快速蚀退的英国 Suffolk 软岩悬崖提供了最接近的蚀退近似值（Brooks 等，2012），因此又被用于预测海平面上升下未来悬崖线的位置。涉及 SCAPE 模型和其他模型公式的类似方法被应用在了英国 Holderness 海崖（Castedo 等，2015）。重要的是，人们已经开发了一种方法来估计新悬崖线的沿岸范围和高程，以便预测未来海岸线蚀退下的泥沙输出。未来的泥沙输出很可能比先前的估计数高出几个数量级，这对解决先前提出的悬崖蚀退供应的泥沙量与近海和近岸水深发展之间的联系问题非常重要。

6.6 在海平面加速上升和风暴强度变化下未来风暴对海崖岸线的影响

前一节所述的建模方法不仅关注海岸线和悬崖对风暴和海平面上升的响应，其根本目的更是预测这些驱动因素变化后未来蚀退率的变化。高强度风暴期间的悬崖蚀退取决于降雨、静止水位和波高的组合，以及这些构成因素维持高水平的时间及其相互作用（Carter 和 Stone，1989；Brooks 等，2012）。我们知道，这些因素以不同的方式结合在一起，共同驱动悬崖蚀退。与大潮高水位同步的大浪对悬崖影响显著，如 2010 年 11 月 7 日至 11 日英国萨福克海岸发生的风暴。但同样，即使是较低的波高，风暴增水期间显著升高的静水位也同样有影响，如 2013 年 12 月 5 日至 6 日 East Anglian 海岸的风暴增水（Spencer 等，2015）。

我们可以从当代发生的高强度风暴中吸取教训。我们正处于一个前所未有的时代，能够收集详细而精确的数据，以获得海浪、静水位和降雨的组合关系，并将其与悬崖响应联系起来。2013—2014 年冬季的风暴就是证明这一点很好的例子，风暴影响了英国的大片地区，包括西部的硬质岩崖和东部的软质岩崖。这一时期是自 20 世纪 50 年代以来风暴最剧烈的时期之一。在那个冬天，一股强大的急流造成了大西洋上一个长时间的连续低压系统（Wallace 等，2014）。2013 年 12 月 5 日冬季第一场风暴造成强烈的东向气旋，蒲福风级为 9 级（烈风）至 11 级（狂风）。在北海南部海岸附近，强烈的低压和强风产生了风暴，增水余水位达到 2 m 以上。最大静增水量与高潮位同时发生，所以一些地方的静水位能够达到 5 m ODN（ordnance datum newlyn，近似平均海平面基面）以上。2 m（非有效波高）的波浪作用于静水位，导致在软质沉积物悬崖中产生了 10 m 的悬崖蚀退，悬崖蚀退率高达长期年平均值的 4 倍。同样，在那个冬天的大西洋，风暴的西风向陆传播，驱动了极端的海浪，并影响到英国西部的硬岩悬崖。2014 年 1 月 31 日至 2 月 6 日，通过使用高级的远程仪器，可以独特地捕捉到现场风暴对硬质岩崖的影响（Earlie 等，2015）。同样，对于硬岩悬崖，影响比长期平均值大 1～2 个数量级，或者表现为蚀退、地面垂直移动或悬崖面的损失。因此，最近的研究强调了极端条件下的风暴在悬崖强度谱两端产生较大悬崖响应的重要性。

利用历史信息对海岸线响应模型进行校准，以预测未来，这是一种与海平面上升密切相关的海岸线建模方法。事实上，大多数建模方法都专注于海平面上升方面，尽管也有许多例子表明风暴在推动悬崖蚀退方面起着重要作用。风暴强度将伴随着未来的海平面上升变化，人们认为增强的风暴在未来的确切作用不如未来海平面上升那么重要。尽管如此，建模方法仍然需要包括两种变化驱动因素，因为它们的综合影响决定了海岸线的后退。最近，利用累积过剩能量（AEE）的概念对风暴影响进行了建模（Hackney 等，2013）。这种方法源于这样一种观测，即控制悬崖蚀退过程和速率的关键因素是波浪的作用（Sunamura，1992；Trenhaile，2009）。在这种方法中，累积的过剩能量能够评估多个风暴的影响（风暴时期），这是从早期基于峰值波浪能量建立风暴影响模型（Quinn 等，2010）的尝试发展而来的，该模型考虑单独的事件，只提供了最多 62%的预测能力（Robinson，1977；Amin 和 Davidson-Arnott，1997）。AEE 模型侧重于给定侵蚀阈值以上的事件持续时间，持续时间较长会导致给定幅度下的更大海岸侵蚀（Ciavola 等，2007；Darby 等，2010；Armaroli 等，2012）。

AEE 模型对怀特岛的绿砂（greensand）和泥灰质粘土（gault clay）悬崖的蚀退和萨福克海岸的软质悬崖的蚀退分别具有 46%～89% 的预测能力。该模型应用降尺度的 HadCM3 全球气候模型的输出结果，已被用于提供未来悬崖退缩的预测。结果表明，在下个世纪，海平面和波高的变化将导致怀特岛大西洋悬崖蚀退 0.5 m/a，萨福克北海悬崖蚀退 0.3 m/a。这是一个有应用价值的方法，因为在未来，海平面的加速上升和不断变化的风暴强度将共同推动悬崖蚀退。稳健建模和精确数据驱动的模型将增强我们对变化进行规划的能力。

6.7 结　　论

悬崖分布在从最具抵抗力的巨大岩石结构，到极易被侵蚀的软质沉积物和由松散的非黏性沉积物构成的陡峭的沙丘。个别极端风暴可能造成长期的悬崖变化。未来风暴的作用将取决于海平面加速上升的速率，因为将海平面设定为不断上升的高度，会使风暴更具破坏性。虽然最近的政府间气候变化专门委员会（IPCC）第五次评估报告（Church 等，2013）对海平面上升的估计进行了修订，并预测全球平均海平面与 1986—2005 年相比在 2081—2100 年将上升 26～55 cm（在低排放情景 RCP 2.6 下）、32～63 cm（中等排放 RCP4.5）和 33～63 cm（高排放 RCP6），然而有关未来风暴的数据仍然非常不确定。IPCC 关于极端天气的特别报告（Field 等，2012）或 IPCC 第五次评估报告（Kovats 和 Valentini，2014）均未报告风暴的系统性的长期变化的明确证据。此外，1950—2000 年，英国的风暴频率主要由自然变化而非任何系统性变化决定（Allan 等，2009）。

虽然如此，未来海岸管理的重点是将风暴对快速蚀退软岩悬崖的作用与泥沙输送以及同时发育的自然结构联系起来，这种自然结构能够提供对未来海岸线的保护。如果这些结构体要跟上海平面上升的步伐，并保持抵抗风暴的弹性，那么沉积物是至关重要的，因为风暴将在越来越高的地区发生作用。河口和海岸生态系统（estuarine and coastal ecosystem，ECE）保护（沙洲、海滩、海草床、盐沼、红树林和沙丘）在波浪衰减方面发挥着至关重要的作用，随着未来一个世纪海平面的上升，海岸线管理需要建立一个整体框架。

参考文献

[1] ADAMS P N, STORLAZZI C D, ANDERSON R S, 2005. Nearshore wave-induced cyclical flexing in sea cliffs [J]. Journal of Geophysical Research, 110, F02002.

[2] ALLAN J, 2006. Extreme storms, el niños, and sea-level rise due to earth's changing climate: The changing face of the Oregon coast [J/OL]. Available at: http://www.oregongeology.org/sub/projects/ccig/OR_ccig_mtg_072706.pdf.

[3] ALLAN J C, KOMAR P D, 2002. Extreme storms on the Pacific Northwest Coast during the 1997-1998 el niño and 1998-1999 la niña [J]. Journal of Coastal Research, 18, 175-193.

[4] ALLAN J C, KOMAR P D, 2006. Climate controls on Us West Coast erosion [J]. Journal of Coastal Research, 22 (3), 511-529.

[5] ALLAN R, TETT S, ALEXANDER L, 2009. Fluctuations in autumn-winter severe storms over the British Isles: 1920 to present [J]. International Journal of Climatology, 29, 357-371.

[6] AMIN S M N, DAVIDSON-ARNOTT R G, 1997. A statistical analysis of the controls on shoreline erosion rates, Lake Ontario [J]. Journal of Coastal Research, 13, 1093-1101.

[7] ANDERSON M G, LLOYD D M, OTHMAN A, 1994. Using a combined slope hydrology/slope stability model for cut slope design in the Tropics [J]. Malaysian Journal of Tropical Geography, 25, 1-10.

[8] ANDERSON M G, COLLISON A J C, HARTSHORNE J, et al., 1996. Developments in slope hydrology-stability modelling for tropical slopes [M]. In: M G ANDERSON, S M BROOKS (eds) Advances in Hillslope Processes. John Wiley and Sons Ltd., Chichester, 799-821.

[9] ARMAROLI C, CIAVOLA P, PERINI L, et al., 2012. Critical storm thresholds for significant morphological changes and damage along the Emilia-Romagna coastline, Italy [J]. Geomorphology, 143-144, 34-51.

[10] ARMAROLI C, GROTTOLI E, HARLEY M D, et al., 2013. Beach morphodynamics and types of foredune erosion generated by storms along the Emilia-Romagna coastline, Italy [J]. Geomorphology, 199, 22-35.

[11] BRAY M J, HOOKE J M, 1997. Prediction of soft-cliff retreat with accelerating sea-level rise [J]. Journal of Coastal Research, 13 (2), 453-467.

[12] BROOKS S M, ANDERSON M G, 1995. The determination of suction controlled slope stability in humid-temperature environments [J]. Geografiska Annaler, 77A, 11-22.

[13] BROOKS S M, SPENCER T, 2010. Temporal and spatial variations in recession rates and sediment release from soft rock cliffs, Suffolk coast, UK [J]. Geomorphology, 124 (1-2), 26-41.

[14] BROOKS S M, SPENCER T, 2012. Shoreline retreat and sediment release in response to accelerating sea-level rise: Measuring and modelling cliffline dynamics on the Suffolk

Coast, UK [J]. Global and Planetary Change, 80 – 81, 165 – 179.

[15] BROOKS S M, SPENCER T, 2014. Importance of decadal scale variability in shoreline response: Examples from soft rock cliffs, East Anglian coast, UK [J]. Journal of Coastal Conservation: Policy and Management, 18, 581 – 593.

[16] BROOKS S M, CROZIER M J, PRESTON N J, et al., 2012. Regolith stripping and the control of shallow translational hillslope failure: Application of a two-dimensional coupled soil hydrology-slope stability model, Hawke's Bay, New Zealand [J]. Geomorphology, 45, 165 – 179.

[17] BROOKS S M, CROZIER M J, GLADE T W, et al., 2004. Towards establishing climatic thresholds for slope stability [J]. Pure and Applied Geophysics, 161, 881 – 905.

[18] BROOKS S M, SPENCER T, BOREHAM S, 2012. Mechanisms for cliff retreat in rapidly receding soft-rock cliffs: marine and terrestrial influences, Suffolk Coast, UK [J]. Geomorphology, 153 – 154, 48 – 60.

[19] BRUNSDEN D, CHANDLER J M, 1996. Development of an episodic landform change model based upon the black ven mudslide, 1946 – 1995 [M]. In: M G ANDERSON, S M BROOKS, (eds) Advances in Hillslope Processes. John Wiley and Sons Ltd, Chichester.

[20] BRUNSDEN D, JONES D K C, 1976. The evolution of landslide slopes in Dorset [J]. Philosophical Transactions of the Royal Society of London, A283, 605 – 631.

[21] BRUNSDEN D, LEE E M, 2004. Behaviour of coastal landslide systems: An interdisciplinary view [J]. Zeitschrift für Geomorphologie, 134, 1 – 112.

[22] BRUUN P, 1988. The Bruun Rule of erosion by sea-level rise: A discussion on large scale two-and three-dimensional usages [J]. Journal of Coastal Research, 4 (4), 627 – 648.

[23] BURNINGHAM H, FRENCH J, 2012. Is the NAO winter index a reliable proxy for wind climate and storminess in northwest Europe? [J] International Journal of Climatology, 33, 2036 – 2049.

[24] CAMBERS G, 1976. Temporal scales in coastal erosion systems [J]. Transactions of the Institute of British Geographers, 1 (2), 246 – 256.

[25] CAMPBELL R H, 1975. Soil slips, debris flows and rainstorms in the Santa Monica Mountains and vicinity, Southern California [R]. United States Geological Survey Professional Paper, 851.

[26] CARTER R W G, STONE G, 1989. Mechanisms associated with the erosion of sand dune cliffs, Magilligan, Northern Ireland [J]. Earth Surface Processes and Landforms, 14, 1 – 10.

[27] CASTEDO R, MURPHY W, LAWRENCE J, et al., 2012. A new process-response coastal recession model of soft rock cliffs [J]. Geomorphology, 177, 128 – 143.

[28] CASTEDO R, DE LA VEGA-PANIZO R, FERNÁNDEZ-HERNÁNDEZ M, et al., 2015. Measurement of historical cliff-top changes and estimation of future trends using

GIS data between Bridlington and Hornsea-Holderness Coast (UK) [J]. Geomorphology, 230, 146 – 160.

[29] CHURCH J A, CLARK P U, CAZENAVE A, et al., 2013. Sea level change [M]. In: T F STOCKER, D QIN, G-K PLATTNER M, et al., eds Climate Change 2013: The Physical Science Basis. Contribution of Working Group I to the Fifth Assessment Report of the Intergovernmental Panel on Climate Change. Cambridge University Press, Cambridge.

[30] CIAVOLA P, ARMAROLI C, CHIGGIATO J, et al., 2007. Impact of storms along the coastline of Emilia-Romagna: The morphological signature of the Ravenna Coastline (Italy) [J]. Journal of Coastal Research, 50, 540 – 544.

[31] COLLINS B D, SITAR N, 2008. Processes of coastal bluff erosion in weakly lithified sands, Pacifica, California, USA [J]. Geomorphology, 97 (3 – 4), 483 – 501.

[32] COMMITTEE ON SEA-LEVEL RISE IN CALIFORNIA, OREGON AND WASHINGTON, 2012. Sea-level rise for the coasts of California, Oregon, and Washington: Past, present, and future [R]. The National Academies Press, Washington, D. C.

[33] COOPER J A G, PIKKEY O H, 2004. Sea-level rise and shoreline retreat: Time to abandon the Bruun Rule [J]. Global and Planetary Change, 43 (3 – 4), 157 – 171.

[34] DARBY S E, TRIEU H Q, CARLING P A, et al., 2010. A physically-based model to predict hydraulic erosion of fine-grained river banks: The role of form roughness in limiting erosion [J]. Journal of Geophysical Research. Earth Surface: JGR, 115 (F4), F04003.

[35] DAWSON S, SMITH D E, JORDAN J, et al., 2004. Late holocene coastal sand movements in the outer Hebrides, N. W. Scotland [J]. Marine Geology, 210, 281 – 306.

[36] DEAN R G, 1991. Equilibrium beach profiles: Characteristics and applications [J]. Journal of Coastal Research, 7 (1), 53 – 84.

[37] DORNBUSH U, ROBINSON D A, MOSES C A, et al., 2011. Temporal and spatial variations of chalk cliff retreat in East Sussex, 1873 to 2001 [J]. Marine Geology, 249, 271 – 282.

[38] DRAKE A R, PHIPPS P J, 2006. Cliff recession and behaviour studies, Hunstanton, UK [J]. Proceedings of the Institution of Civil Engineers Maritime Engineering, 160, 3 – 17.

[39] EARLIE C S, YOUNG A P, MASSELINK G, et al., 2015. Coastal cliff ground motions and response to extreme storm waves [J]. Geophysical Research Letters, 42, 847 – 854.

[40] EMERY K O, KUHN G G, 1982. Sea cliffs: Their processes, profiles and classification [J]. Geological Society of America Bulletin, 93, 644 – 654.

[41] ENFIELD D B, ALLEN J S, 1980. On the structure and dynamics of monthly mean sea level anomalies along the Pacific Coast of North and South America [J]. Journal of Physical Oceanography, 10, 557 – 578.

[42] FIELD C B, BARROS V, STOCKER T F, et al., 2012. Managing the risks of extreme events and disasters to advance climate change adaptation [M]. A Special Report of

Working Groups I and II of the Intergovernmental Panel on Climate Change. Cambridge University Press, Cambridge.

[43] FLICK R E, 1998. Comparison of tides, storm surges, and mean sea level during the winters of 1982 – 83 and 1997 – 98 [J]. Shore & Beach, 66 (3), 7 – 17.

[44] FRENCH P, 2001. Coastal defences: processes, problems and solutions [M]. Routledge, London, UK.

[45] GIBBARD P L, ZALASIEWICZ J A, MATHERS S J, 1998. Stratigraphy of the marine Plio-Pleistocene crag deposits of East Anglia [J]. Mededelingen Nederlands Instituut voor Toegepaste Geoweten-schappen, TNO 60, 239 – 262.

[46] GOFAR N, LEE L M, 2008. Extreme rainfall characteristics for surface slope stability in the Malaysian Peninsular [J]. Georisk Assessment and Management of Risk for Engineered Systems and Geohazards, 2, 65 – 78.

[47] GRAHAM N E, DIAZ H F, 2001. Evidence for intensification of North Pacific wintercyclones since 1948 [J]. Bulletin of the American Meteorological Society, 82, 1869 – 1893.

[48] GRAY J M, 1988. Coastal cliff retreat at the Naze, Essex since 1874: Patterns, rates and processes [J]. Proceedings of the Geologists' Association, 99, 335 – 338.

[49] GRIGGS G B, PATSCH K B, 2004. California's coastal cliffs and bluffs [M]. In: M A HAMOTON, G B GRIGGS (eds) Formation, Evolution and Stability of Coastal Cliffs-Status and Trends. USGS Professional 1693, 53 – 64.

[50] HACKNEY C, DARBY S E, LEYLAND J, 2013. Modelling the response of soft cliffs to climate change: a statistical, process-response model using accumulated excess energy [J]. Geomorphology, 187, 108 – 121.

[51] HALL J W, MEADOWCROFT I C, LEE E M, et al., 2012. Stochastic simulation of episodic soft coastal cliff recession [J]. Coastal Engineering, 46 (3), 159 – 174.

[52] HALL A M, HANSOM J D, WILLIAMS D M, et al., 2006. Distribution, geomorphology and lithofacies of cliff-top storm deposits: Examples from the high-energy coasts of Scotland and Ireland [J]. Marine Geology, 232, 131 – 155.

[53] HALLERMEIER R J, 1981. A profile zonation for seasonal sand beaches from wave climate [J]. Coastal Engineering, 4 (3), 253 – 277.

[54] HAMBLIN R J O, MOORLOCK B S P, BOOTH S J, et al, 1997. The Red Crag and Norwich Crag formations in eastern Suffolk [J]. Proceedings of the Geologists' Association, 108 (1), 11 – 23.

[55] HAMPTON M A, DINGLER J, 1998. Short-term evolution of three coastal cliffs in San Mateo County, California [J]. Shore and Beach, 66, 24 – 30.

[56] HANDS E B, 1983. The Great Lakes as a test model for profile responses to sea-level changes [M]. In: P D KOMAR (eds) Handbook of Coastal Processes and Erosion. Boca Raton, Florida: CRC Press, 176 – 189.

[57] HANSEN J E, BARNARD P L, 2010. Sub-weekly to interannual variability of a high-

energy shore-line [J]. Coastal Engineering, 57 (11 – 12), 959 – 972.

[58] Hansom J D, Hall A M, 2009. Magnitude and frequency of extra-tropical North Atlantic cyclones: A chronology from cliff-top storm deposits [J]. Quaternary International, 195, 42 – 52.

[59] HANSOM J D, BARLTROP N D P, HALL A M, 2008. Modelling the processes of cliff-top erosion and deposition under extreme storm waves [J]. Marine Geology, 253, 36 – 50.

[60] HAPKE C J, REID D, RICHMOND B, 2009. Rates and trends of coastal change in California and the regional behaviour of the beach and cliff system [J]. Journal of Coastal Research, 25 (3), 603 – 615.

[61] HARLEY J B, 1972. Maps for the local historian: A guide to the British sources [M]. National Council of Social Service for the Standing Conference for Local History. Freedom Press.

[62] HEY R W, 1967. The Westleton Beds reconsidered [J]. Proceedings of the Geologists' Association, 87, 69 – 82.

[63] HURRELL J V, 1995. Decadal trends in the North Atlantic Oscillation: Regional temperatures and precipitation [J]. Science, 269, 676 – 679.

[64] HUTCHINSON J N, 1970. A coastal mudflow on the London Clay cliffs at Beltinge, North Kent [J]. Geotechnique, 20, 412 – 438.

[65] KOMAR P D, 2004. Oregon's coastal cliffs: Processes and erosion impacts [M]. In: M A HAMPTON, G B GRIGGS (eds) Formation, Evolution and Stability of Coastal Cliffs-Status and Trends. USGS Professional 1693, 65 – 80.

[66] KOMAR P D, ALLAN J C, 2002. Nearshore-process climates related to their potential for causing beach and property erosion [J]. Shore & Beach, 70 (3), 31 – 40.

[67] Komar P D, Shih S M, 1993. Cliff erosion along the Oregon coast: A tectonic-sea level imprint plus local controls by beach processes [J]. Journal of Coastal Research, 9, 747 – 765.

[68] KOMAR P D, ALLAN J C, RUGGIERO P, 2011. Sea level variations along the US Pacific Northwest coast: Tectonic and climate controls [J]. Journal of Coastal Research, 27 (5), 808 – 823.

[69] KOVATS S, VALENTINI R, 2014. Chapter 23. Europe [M]. In: C B FIELD, V BARROS, T F STOCKER, et al. (eds) Climate Change 2014: Impacts, Adaptation and Vulnerability Contribution of Working Group II to the Fifth Assessment Report of the Inter-governmental Panel on Climate Change. Cambridge University Press, Cambridge.

[70] KUHN G G, SHEPARD F P, 1984. Sea cliffs, beaches, and coastal valleys of San Diego County: Berkeley, California [M]. University of California Press, USA.

[71] LAHOUSE P, PIERRE G, 2003. The retreat of chalk cliffs at Cape Blanc-Nez (France): Autopsy of an erosional crisis [J]. Journal of Coastal Research, 19 (2), 431 – 440.

[72] LEATHERMAN S P, 1990. Modeling shore response to sea-level rise on sedimentary coasts [J]. Progress in Physical Geography, 14, 447-464.

[73] LEE E M, 2008. Coastal cliff behaviour: Observations on relationship between beach levels and recession rates [J]. Geomorphology, 101, 558-571.

[74] LEE E M, HALL J W, MEADOWCROFT I C, 2001. Coastal cliff recession: The use of probabilistic prediction methods [J]. Geomorphology, 40, 253-269.

[75] LEE M L, GOFAR N, RAHARDJO H, 2009. A simple model for preliminary evaluation of rainfall-induced slope instability [J]. Engineering Geology, 108 (3-4), 272-285.

[76] LIM M, ROSSER N J, PETLEY D N, et al., 2011. Quantifying the controls and influence of tide and wave impacts on coastal rock cliff erosion [J]. Journal of Coastal Research, 27, 46-56.

[77] LU N, GRIFFITHS D V, 2004. Profiles of steady-state suction stress in unsaturated soils [J]. Journal of Geotechnical and Geoenvironmental Engineering, 130, 1063-1076.

[78] MONTREUIL A L, BULLARD J E, 2012. A 150-year record of coastline dynamics within a sediment cell: Eastern England [J]. Geomorphology, 179, 168-185.

[79] MOORE L J, 2000. Shoreline mapping techniques [J]. Journal of Coastal Research, 16, 111-124.

[80] MOORE L J, BENUMOF B T, GRIGGS G B, 1999. Coastal erosion hazards in Santa Cruz and San Diego Counties, California [J]. Journal of Coastal Research Special Issue, 28, 121-139.

[81] NAYLOR L A, STEPHENSON W J, TRENHAILE A S, 2010. Rock coast geomorphology: Recent advances and future research directions [J]. Geomorphology, 114 (1-2), 3-11.

[82] NICHOLLS R J, BIRKEMEIER W A, LEE G H, 1998. Evaluation of depth of closure using data from Duck, NC, USA [J]. Marine Geology, 148, 179-201.

[83] PRIEST G R, 1999. Coastal shoreline change study northern and central Lincoln County, Oregon [J]. Journal of Coastal Research, Special Issue, 28, 140-157.

[84] PYE K, BLOTT S J, 2006. Coastal processes and morphological change in the Dunwich-Sizewell area, Suffolk, UK [J]. Journal of Coastal Research, 22 (3), 453-473.

[85] QUINN J D, ROSSER N J, MURPHY W, et al., 2010. Identifying the behavioural characteristics of clay cliffs using intensive monitoring and geotechnical numerical modelling [J]. Geomorphology, 120, 107-122.

[86] RANASINGHE R, STIVE M J F, 2009. Rising seas and retreating coastlines [J]. Climatic Change, 97, 465-468.

[87] ROBINSON L A, 1977. Marine erosive processes at the cliff foot [J]. Marine Geology, 23, 257-271.

[88] ROSSER N J, BRAIN M J, PETLEY D N, et al., 2013. Coastline retreat via progressive failure of rocky coastal cliffs [J]. Geology, 41, 939-942.

[89] ROSSER N J, LIM M, PETLEY D N, et al., 2007. Patterns of precursory rockfall prior

to slope failure [J]. Journal of Geophysical Research, 112 (f4), F04014.

[90] RUGGIERO P, 2013. Is the intensifying wave climate of the Us Pacific Northwest increasing flooding and erosion risk faster than sea-level rise? [J] Journal of Waterway, Port, Coastal, Ocean Engineering, 139 (2), 88 – 97.

[91] RULON J J, FREEZE R A, 1985. Multiple seepage faces on layered slopes and their implications for slope stability analysis [J]. Canadian Geotechnical Journal, 22, 347 – 356.

[92] RULON J J, RODWAY R, FREEZE R A, 1985. The development of multiple seepage faces on layered slopes [J]. Water Resources Research, 21, 1625 – 1636.

[93] SALLENGER A H, KRABILL W, BROCK J, et al., 2012. Sea-cliff erosion as a function of beach changes and extreme wave run-up during the 1997 – 1998 El Nino [J]. Marine Geology, 187 (3), 279 – 297.

[94] SHEPARD F P, GRANT U S IV, 1947. Wave erosion along the southern California coast [J]. Bulletin of the Geological Society of America, 58, 919 – 926.

[95] SHIH S M, KOMAR P D, 1994. Sediments, beach morphology and sea cliff erosion within an Oregon Coast littoral cell [J]. Journal of Coastal Research, 10, 144 – 157.

[96] SPENCER T, BROOKS S M, MöLLER I, et al., 2015. Improving understanding of the geomorphic impacts of major storm surges: Southern North Sea Event of 5 December 2013 [J]. Earth Science Reviews, 146, 120 – 145.

[97] STANSBY P, KUANG C P, LAURENCE D, et al., 2006. Sandbanks for coastal protection: implications of sea-level rise. Part 1: Application to East Anglia [J]. Tyndall Centre for Climate Change Research, Working Paper 86.

[98] STORLAZZI C, GRIGGS G B, 2000. The influence of El Niño-Southern Oscillation (ENSO) events on the evolution of central California's shoreline [J]. Geological Society of America Bulletin, 112 (2), 236 – 249.

[99] STORLAZZI C, WILLIS C M, GRIGGS G B, 2000. Comparative impacts of the 1982 – 82 and 1997 – 98 El Niño winters on the central California coast [J]. Journal of Coastal Research, 16, 1022 – 1036.

[100] SUNAMURA T, 1988. Projection of future coastal cliff recession under sea-level rise induced by the greenhouse effect: Nii-jima Island, Japan. Transactions of the Japan [J]. Geomorphological Union, 9 (1), 17 – 33.

[101] SUNAMURA T, 1992. Geomorphology of rocky coasts [M]. John Wiley and Sons, Chichester.

[102] THIELER E R, HIMMELSTOSS E A, ZICHICHI J L, et al., 2009. Digital Shoreline Analysis system (DSAS) version 4.0 – An ARCGIS extension for calculating shoreline change [R]. United States Geological Survey Open-File Report 2008, 1278.

[103] TRENHAILE A S, 1987. The geomorphology of rock coasts [M]. Oxford University Press, Oxford.

[104] USGS, 2013. Coastal erosion along the US West Coast during the 1997 98 EL Niño:

Expectations and observations [R/OL]. At: http://coastal.er.usgs.gov/lidar/AGU_fall98/index.html.

[105] WAHL T, HAIGH I D, WOODWORTH P L, et al., 2013. Observed mean sea level changes around the North Sea coastline from 1800 to the present [J]. Earth-Science Reviews, 124, 51 – 67.

[106] WALKDEN M, DICKSON M, 2008. Equilibrium erosion of soft rock shores with a shallow or absent beach under increased sea-level rise [J]. Marine Geology, 251 (1 – 2), 75 – 84.

[107] WALKDEN M J A, HALL J W, 2005. A predictive mesoscale model of the erosion and profile development of soft rock shores [J]. Coastal Engineering, 52 (6), 535 – 563.

[108] WALLACE J M, HELD I M, THOMPSON D W J, et al., 2014. Global warming and winter weather [J]. Science, 343, 729 – 730.

[109] WEGGEL R J, 1979. A method for estimating long-term erosion rates from a long-term rise in water level [J]. Coastal Engineering Technical Aid, 79 – 2, CERC.

[110] WEST R G, 1980. The pre-glacial pleistocene of the norfolk and suffolk coasts [M]. Cambridge University Press, Cambridge.

[111] WILKINSON P L, ANDERSON M G, LLOYD D M, 2002. An integrated hydrological model for slope stability [J]. Earth Surface Processes and Landforms, 27, 1267 – 1283.

[112] WOODWORTH P L, TERFERLE F N, BINGLEY R M, et al., 2009. Evidence for the accelerations of sea level on multi-decade and century timescales [J]. International Journal of Climatology, 29 (6), 777 – 789.

[113] YOUNG A P, ASHFORD S A, 2006. Application of airborne lidar for seacliff volumetric change and beach-sediment budget contributions [J]. Journal of Coastal Research, 22, 307 – 318.

[114] YOUNG A P, GUZA R T, FLICK E, et al., 2009. Rain, waves and short-term evolution of composite seacliffs in southern California [J]. Marine Geology, 267, 1 – 7.

[115] YOUNG A P, GUZA R T, O'REILLY W C, et al., 2011. Short-term retreat statistics of a slowly eroding coastal cliff [J]. Natural Hazards Earth Systems Science, 11, 205 – 217.

[116] ZHOU L, LIU J, SAITO Y, et al., 2014. Coastal erosion as a major sediment supplier to continental shelves: Example from the abandoned Old Huanghe (Yellow River) Delta [J]. Continental Shelf Research, 82, 43 – 59.

7 风暴对珊瑚礁的作用

Ana Vila-Concejo[1] 和 Paul Kench[2]

---

1 澳大利亚新南威尔士州悉尼大学地球科学学院地球海岸研究组；
2 新西兰奥克兰大学环境学院。

7.1 简　介

珊瑚礁是地球上最具标志性的沿岸海洋景观之一。珊瑚礁分布在整个热带海洋中，地球上珊瑚礁总面积约为 30 万 km^2（Spalding 等，2001）。尽管珊瑚礁的空间范围不大，但与其他海岸系统相比，珊瑚礁维持并保护着与珊瑚礁相关的沿海社区中的数百万人。的确，珊瑚礁是非常有价值的生态系统，这是因为其高度的生物多样性和所提供的生态系统服务功能（Best 和 Bornbusch，2005）。这些生态系统服务的一个关键要素是珊瑚礁所提供的地貌价值。特别是，珊瑚礁的物理结构能为珊瑚群落提供栖息地，为海洋中环礁和岸礁系统中的栖息土地提供物理基础。此外，珊瑚礁还能调节海洋学过程和影响海岸线的波浪能，并可作为海岸侵蚀的缓冲。气旋（飓风和台风）和恶劣天气事件是对珊瑚礁的主要自然干扰事件之一，因此几十年来一直是全球关注的话题（Stoddart，1971；Harmelin Vivien，1994）。风暴对珊瑚礁及其相关群落的直接物理效应通常记录了灾难性影响。较少被认识和报道的是较为被动的珊瑚礁的响应，以及风暴的建设性作用。

作为地球上最大的生物结构，珊瑚礁是一个动态的地貌系统，表现出物理和生物过程之间的复杂相互作用（Woodroffe，2003）。作为地貌特征，珊瑚礁是三维抗波浪结构（Done，2011a），包括了一层活珊瑚群落，上面覆盖着大量的早前沉积的碳酸钙。在千年的时间尺度上，这些结构形成了许多特征性地貌类型，包括环礁、堡礁、裙礁和礁坪（Kench，2013）。这些珊瑚礁类型的大小从小于 1 km^2（以较小的斑块礁为例）到超过 100 km^2 不等，有些珊瑚礁网络形成了障壁型复合体，如长度超过 2400 km 的大堡礁。除了总体结构外，礁坪还保持了许多明显的沉积地貌特征，这些地貌是在波浪和水流作用下由珊瑚礁或其附近沉积的碎屑沉积物的输移和堆积形成的（Kench，2013；图 7.1）。自生的沉积物主要通过珊瑚生长而其他底栖生物如有孔虫和钙性藻类在礁前和礁上产生。这些沉积物随后被侵蚀并通过有助于沉积地貌形成的动力过程输送到礁后（Davies 和 Kinsey，1977；Davies 和 Marshall，1980；Hopley 等，2007）。这类沉积包括潮下砂裙以及岛屿、海岸平原和海滩等陆上地貌（图 7.1），其中，砂裙有助于潟湖的充填，并覆盖了全球平均 20% 的珊瑚礁（Rankey 和 Garza-Pérez，2012）。风暴效应分析的重点是这些沉积物的发育和正在进行的形态调整。这些沉积物在人类时间尺度上具有重要的地貌意义，因为它们构成了沿海社区的基础，并为许多海洋环礁国家（如图瓦卢、基里巴斯和马尔代夫等）提供了唯一适宜居住的土地。

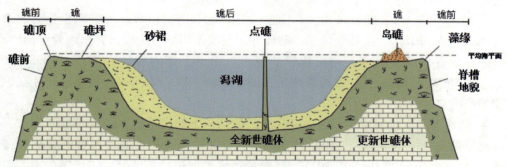

(a) 珊瑚礁剖面示意图

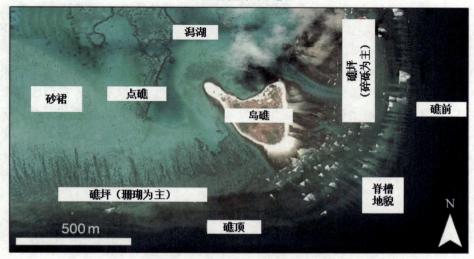

(b) 南大堡礁—树礁东南角珊瑚区的卫星图像

图 7.1 珊瑚礁主要的浅水地貌单元

本章将探讨风暴事件对珊瑚礁和珊瑚礁相关地貌的影响。首先简要考察珊瑚礁系统的地貌单元，将珊瑚礁的物理动力学置于一个生态地貌动力学框架内，并强调波浪和风暴浪与珊瑚礁系统相互作用的独特方面，这些系统迫使生态和地貌的变化。本章的重点是风暴事件的事件尺度效应。风暴的影响需要考虑珊瑚礁的结构以及沉积地貌，其中，需要进一步考虑到不同的形态成分下的珊瑚礁结构。将风暴驱动效应置于反映生物和物理过程相互作用的生态地貌动力学框架内。本章还将强调目前的研究问题：风暴是如何影响珊瑚礁结构和相关沉积地貌的动力学和未来轨迹的。

7.2 珊瑚礁地貌单元

珊瑚礁有 3 个主要的形态要素：礁前、礁和礁后，每一种都有自己的生物群和沉积物类型（Collins，2011），以下是每个形态区域的特征。
- 礁前（图7.1）是陡坡向海，由造礁有机物和礁屑组成。可进一步分为3个部分（Blanchon，2011）：①浅缓倾斜的暴露在入射波作用下的上段，脊槽地貌可能出现，这是通常垂直于礁顶的一系列指状样的脊线（spurs，槽间脊）和槽线（grooves，凹槽）。②深度可达100m且能维持珊瑚生长的更陡的一段。③沉积物和珊瑚碎片在礁脚堆积的礁前岩屑坪。
- 礁顶为窄顶或平顶区，在这里有活跃的钙质礁架建造者，经常有藻圈形成，却很少有珊瑚发育（Blanchon，2011）。礁坪（图7.1）是在海平面处发育的珊瑚礁最新表述。Thornborough和Davies（2011）对两种礁坪类型进行了区分：①珊瑚为主，与风暴无关。②碎砾（rubble）为主，是暴露的高能礁的共同特征。礁宽被认为是波浪衰减/消散的限制性控制之一，礁体越宽，波浪衰减越大。③珊瑚为主的礁坪（图7.1b）具有明显的带状分布，主要包括几近裸露区（藻缘和碎砾带）、活珊瑚区（珊瑚堆和珊瑚斑块）和沉积区（Thornborough和Davies，2011）。珊瑚为主的礁坪的形成和发展与风暴事件没有关系。④碎砾为主的礁坪（图7.1b）与高能入射波有关。它们的成带现象并不像以珊瑚为主的礁坪那样清晰，但一般来说，在海洋边缘有一个藻缘，然后是一系列碎砾覆盖的区域，其中，碎砾大小在海洋附近最大，在潟湖附近最小（Thornboroug和Davies，2011）。以碎砾为主的礁坪向海一侧是缓坡（Thornboroug和Davies，2011），风暴脊（壁垒）可以在这里向潟湖迁移并合并形成（迎风）岛屿（Scoffin，1993）。
- 礁后环境包括珊瑚群落和向陆地移动推送的礁屑，礁屑包括潟湖环境中的砂裙（图7.1）和淤泥沉积。它的主要特点是低能，因为波浪在礁前和礁上消散能量，因此，它是一个适宜沉积的环境。

7.2.1 作为生态地貌动力结构的珊瑚礁

珊瑚礁的分布受光照、海表温度、碳酸盐饱和状态等环境因素的影响，主要在海表温度17～18 ℃和33～34 ℃的水域（Woodroffe，2003）。珊瑚礁是独特的海岸环境，其结构和同时期的形态反映了建设性生态过程与破坏性的生态和物理过程之间的微妙平衡，建设性生态过程是指从其骨骼遗骸中产生碳酸钙沉积物的生物（如珊瑚、钙藻软体动物和有孔虫），破坏性的生态和物理过程是指在珊瑚礁系统中分解和重新分配碳酸钙沉积物（图7.2，Perry等，2012；Kench，2013）。生态和物理过程之间的这种相互作用称为生态地貌动力学（Kench，2011）。生态地貌动力过程不仅影响了珊瑚礁的结构发育，也影响了次生地貌特征的形成和动力学，这些沉积地貌特征包括岛屿、海岸平原和海滩等。

生态地貌动力学为研究风暴事件是如何通过干扰珊瑚礁系统导致生态和地貌状态的根本变化提供了一个有效的框架（图7.2）。特别是，该框架强调了珊瑚礁动力学的一些关键的方面，这些方面对于理解风暴的影响至关重要。首先，风暴是一系列边界控制因素之一，它可以改变珊瑚礁的健康状况和碳酸盐循环，进而改变其地貌状态。其次，风暴对短期碳酸盐循环和地貌变化的影响可以在"事件尺度"上进行评估。然而，在地质时间尺度上聚集的多重风暴也会影响珊瑚礁长期的发育演变。再次，系统包含的反馈对于风暴来说是暂时的和明确的；入射能量的短期变化改变了生态群落的结构（Chappell，1980）、珊瑚礁形态、沉积过程以及海滩和岛屿海岸线的短期地貌变化（Sheppard，2005）。最后，反馈可能是非线性的，并且可能与显著的时间滞后有关。例如，风暴等短期压力可能会导致珊瑚礁发生变化，这种变化可能会通过系统传播，从而改变碳酸盐的收支，并最终在未来几十年内改变珊瑚礁的生态。

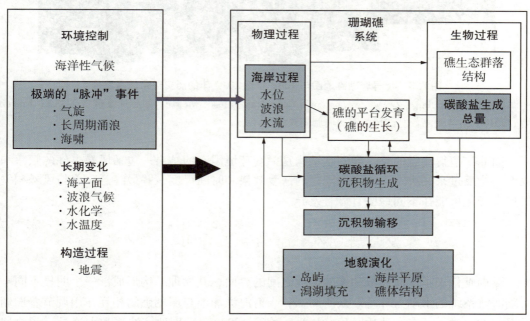

图 7.2　珊瑚礁生态地貌动力学概念模型

阴影部分表示风暴效应。

要深入认识风暴对珊瑚礁的影响必须认识到风暴频率和强度的地理差异：风暴影响了珊瑚礁在一系列时空尺度上的的结构和功能，风暴的净影响也在时间和空间上是可变的。例如，在宏观地理尺度上（图 7.3），大约70%的热带珊瑚礁位于赤道以北和以南7°～25°的主要气旋形成区内（Done，2011b）。然而，在赤道地区的珊瑚礁很少暴露于极端风暴事件中。这种能量状态的变化使得珊瑚礁的结构和对极端事件的易感性产生了可识别的差异。在珊瑚礁内部的中尺度（环礁或个别礁台），风暴的作用随着风暴路径的局地方向发生变化。结合珊瑚礁相对气旋发生区的位置，是风暴的频率反映了珊瑚礁抵御风暴作用的能力和珊瑚礁恢复/调整的缓冲期。在风暴地带中，珊瑚礁在过去6000年中受到了数千次气旋的影响，珊瑚礁系统的结构和功能也体现了这些高能事件的频率。相比之下，赤道地区的珊瑚礁虽然很少受到极端事件的影响，但也受到远端风暴产生的长周期涌浪的影响，这些涌浪的影响在赤道附近、气旋带以外的珊瑚礁上可能是剧烈的。

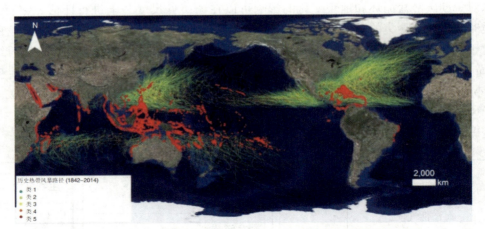

图 7.3　世界珊瑚礁地图与 1842 年至 2014 年的历史热带风暴路径

数据库下载自 http://www.wri.org/publication/carbes-risk-reviewed，数据库下载自 NOAA；Knapp 等，2010、2014 更新。亮红色的点对应珊瑚礁的位置。

因此，值得注意的是，珊瑚礁结构是一套环境因素的结果，包括风暴事件的频率和强度。这反过来又决定了给定珊瑚礁的恢复效果和时间尺度，并最终意味着与风暴相关的形态变化可能在不同地区有显著差异。

7.2.2　风暴波与珊瑚礁独特的相互作用

珊瑚礁代表了深海波浪和礁的地貌之间的界面，其物理结构形成了一个明显不同于大陆海滩系统的水动力环境。众所周知，入射海洋涌浪与珊瑚礁的相互作用调节着珊瑚礁系统的海洋、生态和地质过程（Roberts 等，1992）。特别地，波浪和水流是沉积物捕集和输移以及生态和地貌变化的主要驱动力（Macintyre 等，1987；Smith 和 Buddemier，1992；Kench，1998；Kench 和 Brander，2006）。健康的珊瑚礁生态系统的维持也严重依赖于波浪和流，波流为珊瑚提供营养物质并更新供其吸收的水和氧气（Jokiel，1978；Hearn 等，2001）、清除废弃物（Frith，1983；Kraines 等，1998），以及幼虫的分散和募集（Hamner 和 Wolanski，1988）。

许多关键的水动力特征是珊瑚礁系统所独有的。第一，珊瑚礁水动力环境从根本上说是由从相对深水向浅水的急剧转变的波浪间相互作用决定的。这种急剧的转变通过在礁顶的破碎促进波浪的消散。在环礁等陡的礁面上，波浪破碎是主要的消散机制；波浪主要破碎在礁前上还是礁顶上，取决于可供波浪传播的水深（Gourlay，1994）。对于坡度较平缓的珊瑚礁，如加勒比海的珊瑚礁，礁前上的摩擦在能量耗散中起着重要作用，它能减少在发生波浪破碎之前 20% 的波高（Roberts 等，1975）。Ferrario 等（2014）通过分析 255 项关于珊瑚礁和波浪衰减的研究，发现珊瑚礁消散了 97% 的入射波能量，仅珊瑚礁顶部就消散了其中的大部分（86%）。第二，珊瑚礁边缘的波浪破碎产生一系列次生的波浪运动和增水梯度，这促进了跨礁的流和海岸线上升过程（Symonds 等，1995）。第三，并非所有的能量都在珊瑚礁边缘消散，在更高的水位上，相当多的能量传播到并穿过珊瑚礁表面，进入潟湖和岛屿岸线（Brander 等，2004）。第四，礁缘和礁坪的波浪过程受横跨礁的相对水深的调节。研究表明，在平均能量条件下，横跨礁的能量衰减和泥沙输移潜力降低（Kench 和 McLean，2004；Kench 和 Brander，2006；Vila-Concejo 等，2014；Harris 等，2015a）。此外，深度限制下的水动力意味着，地貌活动限制在更高的潮汐阶段，这时波浪和海流能量可以穿过礁的表面（Kench 和 Brander，2006；Storlazzi 等，2011，Harris 等，2014a）。

基于发生在礁的边缘碎波的观测，礁被认为是对海洋入射涌浪的保护性的缓冲（Ferrario 等，2014）。然而，这些主张是基于对平均能量条件下进行的波浪研究的分析。本章的研究意义在于，风暴影响下珊瑚礁水动力状态发生了根本性的转变。值得注意的是，强烈的风暴可以将冲击礁的入射波高提高 1 个数量级，使冲击礁前和礁的边缘的能量增加 2 个数量级。风暴增水还极大地抬高了横跨珊瑚礁的水位，这从根本上转变了礁坪的波浪环境，使更大的涌浪能量能在珊瑚礁和岛屿表面传播（Maragos 等，1973）。在这种情况下，地貌作用的时间窗口延伸到整个潮汐周期，通常也横跨风暴事件的持续时间。很少有研究定量地记录珊瑚礁上的此类事件，但有对事件后的生态覆盖和地貌转换进行大量观测（表 7.1）。许多研究都注意到风暴对活珊瑚群落（Maragos 等，1973；Harmelin-Vivien，1994；Gardner 等，2005）和岛屿地貌（例如 Stoddart，1962；Maragos 等，1973）的灾难性影响。很少有研究记录过程状况的变化。风暴带来更大的波浪和更强的风，产生强大的流和高剪切应力，然而，礁坪上增水驱动的水深增加是加大泥沙输送的关键（Storlazzi 等，2011）。在热带气旋 Graham（1991 年 12 月）对 Cocos（Keeling）群岛的作用下，Kench 和 McLean（2004）计算得出横跨礁的流动和输沙率增加了 2 个数量级。在进一步的研究中，对夏威夷的数值模拟结果表明，风暴环境是年输沙量的主要贡献者，占全年输沙量的 63%（Storlazzi 等，2011）。风暴对珊瑚礁系统的破坏性和建设性影响（表 7.1）将在以下章节中进行更深入的探讨。

表 7.1 概述本章所述风暴对珊瑚礁各地带的破坏性和建设性影响

礁区	破坏性	建设性
礁前	珊瑚的丧失 脊槽地貌的消失	沉积物（碎砾）产生
礁坪	珊瑚的丧失 部分礁体的剥落	珊瑚碎砾的产生 碎砾沉积特征： 1. 碎砾脊或壁垒 2. 碎砾舌或碎砾嘴 3. 特大巨石
礁后：砂裙	没有明显的建设性或破坏性影响	没有明显的建设性或破坏性影响
岛礁地形	岛礁侵蚀（主要是砂质和红树林岩礁）： 1. 海岸线迁移 2. 岛屿消失 3. 植被和人类基础设施的破坏	通过来自礁坪的碎砾输移，碎砾岛形成并横向发展 通过越流过程，砂质和碎砾岛垂向堆积

7.3 风暴对礁前的作用：脊槽地貌

礁前特征是由斜坡的倾斜度描绘，斜坡可以转折点来标记或平台以及上部脊槽（spurs and grooves）系统的出现来标记（Cabioch，2011）。脊槽地貌是现代生物礁最具有生物多样性和生产力的区域之一（Perry 等，2012），但它们的形成、过程和演化仍是科学研究的谜团。

脊槽地貌（图7.1 和图 7.4 a）是珊瑚礁前缘最常见的三维指状构造（槽间脊和凹槽）。它们作为天然防波堤，在消散波浪能量方面发挥着重要作用（Munk 和 Sargent，1954；Roberts 等，1977），因此对珊瑚礁的稳定性和抵抗侵蚀至关重要（Sheppard，1981）。世界上的每个珊瑚礁区域（包括大堡礁、红海、加勒比海地区以及印度洋、太平洋和大西洋）都有槽间脊和凹槽的记载。它们也被发现在化石礁结构中（例如 Wood 和 Oppenheimer，2000）。

图7.4 澳大利亚大堡礁南部的 One Tree Reef（见图7.1）
（a）一名潜水员在礁前上，照片左侧可以看到一个槽间脊，右侧可以看到一个凹槽，槽间脊上覆盖着层状珊瑚（片状）；（b）前礁上的层状珊瑚；（c）碎砾为主的礁坪上显示的一块旧的（深色）和新的（白色）珊瑚碎屑；（d）碎砾为主的礁坪的特写照片，有层状珊瑚（片状）存在；（e）One Tree Reef 东南角的碎砾为主礁坪的另一个视图。

脊槽系统的大小、形态、深度、排列、间距和物种组成与优势波的情况有关，并且在不同的珊瑚礁之间存在显著差异（Storlazzi 等，2003；Gischler，2010）。连续凹槽的间距（波长）是 5 m（Sheppard，1981）到 150 m 之间（Storlazzi 等，2003）。槽间脊高度（连续的槽间脊和凹槽之间的高程差）介于 0.6 m（Cloud，1959）和 7 m（Newell，1954）之间。根据 Duce 等（2014）所述，脊槽地貌从平均海平面以下 1 m 延伸至约 35 m，长度数十米到数百米不等。关于这些波长、高度和长度的变化有一些共识，这些变化与每个珊瑚礁的波浪气候有关，即波浪能量较少，脊槽地貌较不明显（Roberts 等，1977）。槽间脊和凹槽的排列通常与优势波能量的方向有关（如 Shinn，2011）。Duce 等（2016）阐明了这种关系，他们建立了槽间脊和凹槽的形态计量分类方法。

尽管人们普遍认为脊槽地貌的三维形态有助于增强波的衰减，但槽间脊和凹槽在耗散波能方面所起的作用尚不清楚。Foley 等（2014）认为，脊槽地貌的形态不仅对波浪能量耗散很重要，而且为珊瑚提供了遮蔽，通过促进珊瑚的聚集和生长，使风暴后的恢复成为可能。

7.3.1 风暴对礁前和脊槽地貌的破坏作用

礁前上的风暴大多是破坏性过程（表 7.1）。风暴（包括气旋、飓风、台风和强风事件）对全球珊瑚礁造成了灾难性影响。Harmelin-Vivien 和 Laboute（1986）报告说，法属波利尼西亚珊瑚礁斜坡上超过 50% 的珊瑚在 20 世纪 80 年代早期的一系列飓风后消失。Woolsey 等（2012）报告了经过大堡礁南部 One Tree Reef（OTR）附近的 4 级气旋的影响，他们发现总体上活珊瑚数量显著减少，OTR 侧翼裸露的层状珊瑚完全消失（甚至在气旋冲击 2 年后）（图 7.4a 和图 7.4b）。Scoffin（1993）解释说，气旋/飓风可破坏礁前 20 m 深的珊瑚。破碎的物质被搬运到礁前坪，留在原地或被向上运送到碎砾坪。Thornborough 和 Davies（2011）解释说，碎珊瑚在原地堆积，然后被抬起并向上运到礁坪。在一次强热带风暴后，脊槽地貌的完全消失导致礁前被整平，这已在文献中有报道（Stoddart，1962）。

风暴造成的破坏是可变的，这主要取决于礁前坡度和风暴靠近的角度。礁前坡度和风暴波靠近的角度可以影响损坏的程度，几近垂直的礁前的损害程度低于缓倾斜礁前；面对波浪的礁前的损害程度高于平行于波浪接近方向的礁前（Etienne，2012）。珊瑚覆盖率可能受物理、化学和生态因素的影响，如风暴、水条件和物种间的相互作用。随后的恢复程度因不同的珊瑚礁而异，如 Woolsey 等（2012）估计 OTR 将在 10 年内从飓风 Hamish 中恢复。

7.3.2 风暴对礁前的建设性影响

礁前珊瑚的损失产生碎砾沉积物，这可能形成典型的高能珊瑚礁沉积物。碎砾沉积对珊瑚礁的长期恢复力至关重要。风暴期间形成的碎砾可能会储存在礁前中；同样，之后的风暴可能会卷走和向礁前下面运输这些沉积物，要么向上运移到礁顶和礁坪（见 7.4 节）。在随后的高能事件中，从礁前转移到礁坪的珊瑚礁碎块的百分比还没有被量化；然而，有报告称，风暴过后有大量的珊瑚碎块被运到礁坪（Woolsey 等，2012）。正如本书其他章节（如第6章、第9章和第10章）所证明的，值得注意的是，风暴特征的微小差异会改变其整体的"作用"；而由于其波高而被定义的"风暴"则可能是堆积的，因为在其他地方堆积的沉积物是由它产生的。

7.4 风暴对礁坪的作用：碎砾坪和碎砾嘴

7.4.1 礁坪上的波浪

礁坪是珊瑚礁构架的近水平硬表面，可能有（以珊瑚为主）或者没有（以碎砾为主）珊瑚在其上生长。受保护的珊瑚礁坪主要以珊瑚为主，而裸露的珊瑚礁坪通常以碎砾为主。大部分波浪能在礁前上消散，这意味着即使在风暴下，礁坪上的波浪仍然很小（Harris 等，2014b）。因此，只有在天文大潮和风暴增水共同作用下造成的极高海平面才能限制礁前的波浪消散，并导致大浪在礁坪上传播。这种情况可能发生在气旋条件下。

7.4.2 风暴对礁坪的破坏性影响

由于礁坪形态基本是无特征的，礁坪对风暴通常是具有弹性恢复能力的（表7.1）。在以珊瑚为主的礁坪上，特别是在珊瑚礁的顶部，风暴和气旋会驱逐珊瑚族，造成珊瑚的死亡和珊瑚礁的珊瑚覆盖损失（Massel 和 Done，1993；Madin 和 Connolly，2006）；非常大的强烈热带风暴甚至可以剥落部分礁坪（如 Scoffin，1993）。

7.4.3 风暴对礁坪的建设性影响

在碎砾为主的礁坪上风暴大多是建设性过程（表7.1），因为风暴带来的珊瑚碎砾可以堆积在礁坪上。高能波夹带和运输礁前中产生的珊瑚碎屑，其中一部分可被运入礁坪（图7.4c、图7.4d 和图7.4e）。然后，这种珊瑚碎屑可以被分解为更小的颗粒，这些颗粒可以被运送到礁后。

风暴和气旋产生的高能波创造了以裸露礁体为典型的碎砾沉积特征。最常见的有：①风暴脊或堡垒；②碎砾舌或嘴；③非常大的巨石或块状珊瑚构架。

风暴脊或壁垒（图7.4c 和图7.5e）是靠近礁坪向海边缘的与海岸平行堆积的珊瑚碎砾（碎石滩）（Scoffin，1993）。风暴脊的形成是比平均波浪能量强的结果，可以是与冲流或漂移对齐的产物（Scheffers 等，2012）。冲流对齐的风暴脊相互平行，而漂移对齐的风暴脊在向下漂移方向增加了它们的间距（Scheffers 等，2012）。脊可以围绕珊瑚礁延伸，但通常只出现在迎风侧（Scoffin，1993）。风暴脊会被随后的风暴改造，可能因而会向潟湖迁移，甚至合并形成或扩大岛礁（图 7.4e 和图 7.5f）。这种迁移通常被包含在风暴脊向海一侧斜坡的变化中，风暴脊斜坡会由凸变凹（Baines 和 McLean，1976）。有时，风暴脊被风暴改造，造成珊瑚碎砾的扩散，形成一片碎砾（Scoffin，1993），最终可能覆盖整个珊瑚礁坪，成为一个以碎砾为主的海岸坪地（图 7.4e、图 7.5c 和图 7.5d）。

风暴脊和碎砾坪可能表现为跨岸碎砾聚集沉积，称为碎砾舌、嘴或尖刺（图 7.4 e），它们可能与碎砾脊相关（Scoffin，1993），或作为独立特征出现（Etienne 和 Terry，2012）。Shannon 等（2013）介绍了 45 年来 OTR 东部（迎风）礁坪上的碎砾坪演变及相关的碎砾嘴。结果表明，1964—2009 年，碎砾坪和碎砾嘴向潟湖推进；碎砾坪的进积

图 7.5　珊瑚礁上的风暴沉积产物

（a）博内尔岛（荷属安的列斯群岛中的大岛）；（b）和图瓦卢富纳富提（西太平洋岛国图瓦卢首都）环礁的礁坪风暴块；（c）潮间碎砾薄层增加了富纳富提环礁的高程；（d）大堡礁贝威克岛的碎石滩；（e）飓风 Bebe 形成的风暴堡垒；（f）以及随后在图瓦卢的富纳富提环礁岛岸线上的砾石沉积。

（平均 0.5 m/a）明显慢于碎砾嘴的进积（平均 2 m/a）。碎砾的可用性、基底、能量状况和风暴频率控制着进积速率。他们发现，虽然碎砾坪仅存在于高能（迎风）的边缘处，但碎砾嘴可以在整个礁的范围内分布。结果表明，低能一侧的碎砾嘴比高能侧上的碎砾嘴发展得更快，这是由于在较浅区域上推进的低能碎砾嘴需要较少的碎砾。他们还发现，碎砾嘴似乎占据了沿着礁坪的优先位置，新的碎砾嘴在现有的碎砾嘴之上发展。他们假设，碎砾嘴的首选位置与礁前形态有关，风暴波通过识别出更大的凹槽，并在此集中能量，制造了碎砾运输的首选路径。Hamylton 和 Spencer（2011）在塞舌尔发现了一个类似的过程，他们在那里观察到了礁坪沉积物的特别的条带状沉积，这与脊槽地貌的礁前形态有关。

另一个风暴/强热带风暴的影响是在一些珊瑚礁的迎风侧附近，出现异常大的珊瑚巨砾或珊瑚礁骨架（图 7.5a 和图 7.5b）石块（Scoffin，1993）。Etienne（2012）研究了法属波利尼西亚热带气旋 Oly 抛撒在礁坪上新的珊瑚巨砾。他使用巨砾尺寸的测量值，按照 Nott（2003）和 Nandasena 等（2011）的方程式估算流速。Etienne（2012）获得了礁前上部（深度达 10 m）超过 3 m/s 的流速以及估计在礁坪上的流速为 3～5 m/s。另一个研究使用了类似的方法，在气旋 Tomas 后的斐济，估算的流速为 2～4 m/s（Etienne 和 Terry，2012）。

7.5 风暴对礁后的作用：砂裙、岛礁

7.5.1 砂裙

砂裙（又称砂坪或砂被）是经常在背礁环境中发现的砂质沉积。在以碎砾为主的礁坪和以珊瑚为主的礁坪背面均可发现砂裙。在以珊瑚为主的礁坪例子中，砂裙提供了一个适合珊瑚繁衍水深的基底，使珊瑚能够向潟湖方向生长（Thornborough 和 Davies，2011）。砂裙中的砂通常由邻近礁坪上物理过程和生物侵蚀形成的生物碎屑组成，大型底栖有孔虫（large benthic foraminifera，LBF）也很丰富，可能占印度洋－太平洋海域的礁平台沙子成分的 70%（Yamano 等，2000）。水动力学控制着砂裙的形态和沉积，波浪和潮汐是其主要的控制因素。在中、大潮环境中，波浪只能在高潮时在礁坪上传播（Harris 等，2014a、2014b、2015a；Vila-Concejo 等，2014）。粒度结果显示，靠近礁坪的沉积物较粗，朝向潟湖的沉积物较细（Harris 等，2011；Wasserman 和 Rankey，2014）。

风暴对砂裙的影响尚不清楚。Vila-Concejo 等（2013）展示了在 2009 年飓风 Hamish（Woolsey 等，2012）影响前、后大堡礁 OTR 南部的（裸露）砂裙。他们的研究结果表明，尽管碎砾坪上观测到有明显的变化，但砂裙并没有发生任何重大变化（图 7.6）。进一步对砂裙的输沙和水动力的研究表明，在模态条件下虽然有足够的能量来输沙，但这种输沙量较小，对砂裙的推进没有贡献（Harris 等，2014a；Vila-Concejo 等，2014）。基于对砂裙、微环礁等其他指标的岩芯样品的调查，全新世研究表明，OTR 的砂裙是在距今 2000～6000 年校准年间形成的残遗特征（Harris 等，2015b）。目

前尚无有利于砂裙推进和潟湖充填的输沙证据（Vila-Concejo 等，2015）。砂裙不再向前推进，似乎已不受目前环境的影响。

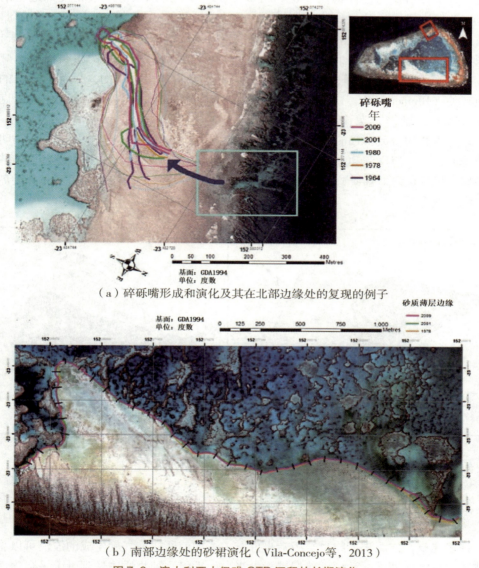

（a）碎砾嘴形成和演化及其在北部边缘处的复现的例子

（b）南部边缘处的砂裙演化（Vila-Concejo等，2013）

图 7.6　澳大利亚大堡礁 OTR 沉积的长期演化

在这两种情况下，背景图像都来自 2009 年 12 月的 WorldView 2。GIS 分析由 Amelia Shannon 进行。

7.5.2　岛礁

7.5.2.1　岛屿上的破坏性过程

岛屿侵蚀是在珊瑚礁环境中极端风暴波与松散岸线沉积物之间相互作用的明显结

果。特别地，海岸线沉积物可以在更高的能量下重新移动和输运：沿岸和通过珊瑚礁通道，促进砂裙的推进和潟湖的充填；离礁进入障壁潟湖或礁前斜坡的沉积储层中。虽然岛屿上有多种形式的侵蚀特征（见 Stoddart，1971），但净效应一般是局部地区的泥沙量流失并促进岸线的侧向位移。例如，1961 年 10 月的"哈蒂"飓风对（北美洲）伯利兹堡礁的礁和沙洲造成的重大侵蚀作用（Stoddart，1963）。五个沙洲被完全去植被，沉积物被分散并横跨礁坪，导致整个岛屿的消失。其他一些岛屿的植被面积也减少了 50% 以上（图 7.7）。同样，在（西太平洋）马绍尔群岛，严重的台风都与显著的岛屿侵蚀有关（Blumenstock，1958）。特别是，1905 年的一次风暴事件作用在纳迪克迪克（Nadikdik）环礁，导致了岛屿的侵蚀和解体（Ford 和 Kench，2014）；而 1958 年 1 月，一个非常强烈的台风"Ophelia"作用在贾鲁伊特（Jaluit）环礁，也导致了岛屿明显的侵蚀特征。除了海岸线和岛屿侵蚀外，这些风暴还对植被复合体和人类基础设施造成重大破坏。虽然风暴对岛礁破坏的直接观测次数仍然有限，但侵蚀作用通常与砂质岛屿和红树林沙洲有关。

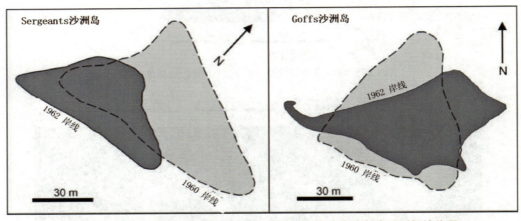

图 7.7　1961 年飓风"哈蒂"作用下，伯利兹障壁礁的岛屿受到侵蚀作用
灰色阴影部分是飓风发生前的岛屿地区。黑色部分是飓风后的岛屿区域。（图来自 Stoddart，1969）。

7.5.2.2　岛礁上的建设性过程

许多建设性的沉积产物也与极端事件有关。如前所述，气旋生成的波浪可以将一直到波基水深处珊瑚礁的活珊瑚薄层摧毁大半，而后将这种物质输送到礁上平台表面。虽然这种作用重造了供珊瑚繁殖的礁前物理基底，但这个过程会造成沉积物迅速加入到礁上平台的碎屑沉积储层中。这些沉积物形成了一系列明显的特征，包括：礁表面的孤立大型珊瑚或礁的构架状巨石；潮下和潮间带可促进礁的垂向发育的碎屑薄层；礁的表面的近地面碎屑带以及岛屿（图 7.5）。

碎砾向礁体表面的递送可直接和间接地促成岛屿累积。例如，大堡礁埃利奥特夫人岛（Lady Elliot island）是由风暴碎砾堤的序列沉积形成的（Chivas 等，1986）。McLean 和 Hosking（1991）也将富纳富提环礁东部边缘处碎砾岛的形成直接归因于极端波浪事件。

礁的表面风暴沉积可作为有助于岛屿累积的沉积储层，这需要通过事件后可能发生的持续数年至数十年的辅助性的再次作用。例如，1972 年 10 月热带气旋 Bebe 直接影响图瓦卢富纳富提环礁，风暴事件摧毁了活珊瑚和礁前处现存的碳酸盐沉积物，同时在礁坪上沉积了一个巨石堡垒（rampart）。这个堡垒约含 1.4×10^6 m³ 的风暴碎砾，平均宽度和高度分别为 37 m 和 2.5 m，沿环礁东至东南缘延伸 18 km（Maragos 等，1973）（图 7.5e）。这种沉积物的快速出现影响了环礁边缘的形态和过程，包括堵塞影响潟湖冲洗的岛屿之间的通道，关闭岛屿岸线的过程窗口。随后对这片碎砾堤的监测表明，连续的风暴通过越流过程对碎砾不断改造，迫使岸堤向陆地迁移并融合到岛屿上，碎砾沿着海岸转移以延伸岛屿（Baines 和 McLean，1976）。在过去 40 年中，对风暴物质的重新加工的累积作用增加了岛屿面积（Kench 等，2015）（图 7.8）。

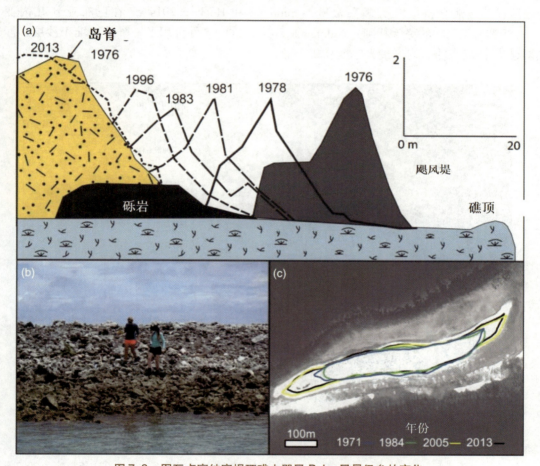

图 7.8　图瓦卢富纳富提环礁上飓风 Bebe 风暴堡垒的变化
（a）连续调查显示碎砾堡垒向海岸线迁移；（b）沉积在礁上的堡垒；（c）1971—2013 年，富纳富提福纳马努岛因碎砾堡垒运送到海岸线而扩张。

风暴对岛屿的另一个建设性影响是越浪堆积（washover），这是极端波浪高出海岸线脊造成的。波浪夹带着近岸沉积物，这些沉积物在越流（overwash）中被运输和沉积到或穿过岛屿的表面（另见第 9 章）。许多早期研究定性地描述了这种越流沉积，其厚度达到近 0.80 m（Blumen-stock，1958；Stoddart，1971）。最近的研究定量评估了越流堆积对岛屿变化的作用（Kench 等，2006；Smithers 和 Hoeke，2014）。越流堆积通常在岛脊附近具有最大厚度，并向陆减小。因此，这些沉积物的空间范围取决于波浪和不连续的水位激增的水流在岛表面传播的程度。通常，越浪堆积层是由砂质大小物质组成（Kench 等，2006；Smithers 和 Hoeke，2014）。然而，在极端条件下，珊瑚巨石也可能被甩到岛屿表面。尤其是在岛屿经历多次波浪淹没事件的情况下，这种越浪堆积可能是垂直造岛的一种积极机制。例如，Kench 等（2005）在 2004 年 12 月印度洋海啸之后，在马尔代夫礁岛上发现了明显的越浪堆积。随后的调查显示，2007 年由于高纬度风暴产生的长周期高波事件，出现了额外的越浪堆积（图 7.9）。2008 年 12 月，太平洋发生了一次类似的高纬度风暴事件，并向热带太平洋输送了长波风浪。据报道，在较高的潮汐阶段，波浪会持续几天越过岛屿（Smithers 和 Hoeke，2014）。在巴布亚新几内亚（大洋洲）Takuu 的努库托阿（Nukutoa）环礁，这一事件沉积了一个越浪堆积沙层，沙层覆盖了 13% 的岛屿，最大厚度 0.22 m。

图 7.9　马尔代夫的风暴和巨浪越浪堆积

（a）越浪堆积砂层的界限；（b）2004 年印度洋海啸造成的砂层深度；（c）2004 年海啸和 2007 年长周期涌浪事件造成的多个越浪堆积层。

Bayliss-Smith（1988）在分析了热带气旋对所罗门群岛翁洞爪哇岛的风暴后影响之后，提出了一个最早的珊瑚礁岛屿地貌动力学模型，该模型综合了这些形态响应的差异，这取决于岛屿沉积物的直径（砾石或砂）和风暴的频率、强度之间相互作用的变化（图 7.10）。该模型展示了对比鲜明的珊瑚礁地貌的风暴作用轨迹和不同的滞后期响应。例如，一个砂质岛屿在一个大事件中可能会遭受侵蚀，但在随后的几年里，砂的聚集可能会重建类似于大陆质砂海岸线的地貌。然而，在风暴调整的地点，风暴可能会向岛屿输送数个泥沙脉冲，从而增加泥沙量。随后的几十年里，在没有新物质不断输入的情况下，风暴沉积物被重塑，物质逐渐被从系统中移除直到普通波浪无法重塑的深处，从而减少了岛屿体积。

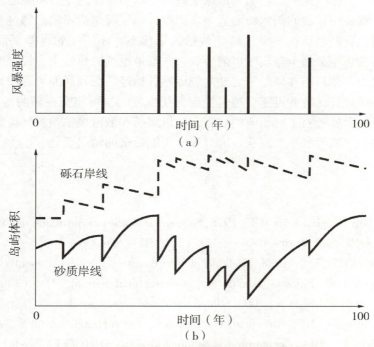

图 7.10　岛礁海岸线对风暴事件响应的概念模型

（a）风暴频率和强度；（b）沉积物体积中反映出的砂质和砾石岛屿的形态响应。（图来自 Bayliss-Smith，1988）。

7.6　结　论

需要认识到由个别风暴事件引起的建设性和破坏性特征并非是相互排斥的，而是取决于局部对极端波浪的暴露程度。这两种过程通常出现在单个岛屿或礁上，或相邻岛屿或礁上，并反映了这些系统的累积的形态响应；这两种过程的调解是通过调整沉积储层以响应入射能量的极端变化来实现的。例如，在 2008 年影响太平洋岛屿的极端波浪事件中，Smithers 和 Hoeke（2014）记录了 60% 的 Takuu 海岸线显示出侵蚀迹象，同时也发生了越浪堆积。Kench 等（2006）还发现，在海啸造成的波浪淹没后，马尔代夫群岛发生了岛屿侵蚀（最大 9%）和越浪堆积（高达岛屿面积的 17%）。

我们已经证明，风暴和气旋可能会在珊瑚礁的不同区域造成破坏性和建设性的过程。风暴是建设性的还是破坏性的（以及程度如何）取决于特定珊瑚礁存在的模态条件。位于气旋带内的珊瑚礁是适合接受风暴能量的，并可能在其影响下发展成长。那些不经常受到高能量风暴影响的珊瑚礁将在风暴条件下表现出显著的效应。本章中的大量研究表明，珊瑚礁可以在风暴的影响下恢复甚至发展成长。

珊瑚礁是标志性的地貌。它们是地球上最具生物多样性的生态系统之一，储存着大量的碳。这一章表明，我们仍然需要进一步调查，以了解塑造珊瑚礁的过程，并特别注意风暴的影响。我们生活在一个气候（包括风暴状态）不断变化、海平面不断上升的世界。与气候变化相关的全球变暖可能导致一些温带地区的热带化；气候变化将改变风暴的强度和频率，使目前在风暴带之外的珊瑚礁开始经常受到高能风暴的影响。有些珊瑚礁可能会发展成长，有些可能会被侵蚀而无法恢复，也可能会在新的地区生长发育。我们希望，通过野外考察了解当前的过程，辅以遥感和数值模拟预测其他情景，使我们的知识增长到一个临界水平，以从容应对未来可能带来的情况变化。

参考文献

[1] BAINES G B K, MCLEAN R F, 1976. Sequential studies of hurricane deposit evolution at Funafuti Atoll [J]. Marine Geology, 21 (1), M1 – M8.

[2] BAYLISS-SMITH T P, 1988. The role of hurricanes in the development of reef islands, Ontong Java Atoll, Solomon Islands [J]. Geographical Journal, 154 (3), 377 – 391.

[3] BEST B, BORNBUSCH A, 2005. Global trade and consumer choices: coral reefs in crisis [R]. Washington, DC, American Association for the Advancement of Science.

[4] BLANCHON P, 2011. Geomorphic zonation [M]. In: D HOPLEY (eds) Encyclopedia of Modern Coral Reefs. The Netherlands: Springer.

[5] BLUMENSTOCK D I, 1958. Typhoon effects at Jaluit Atoll in the Marshall Islands [J]. Nature, 182, 1267 – 1269.

[6] BRANDER R W, KENCH P S, HART D, 2004. Spatial and temporal variations in wave characteristics across a reef platform, Warraber Island, Torres Strait, Australia [J]. Marine Geology, 207, 169 – 184.

[7] CABIOCH G, 2011. Forereed/reef front [M]. In: D HOPLEY (eds) Encyclopedia of Modern Coral Reefs. The Netherlands: Springer.

[8] CHAPPELL J, 1980. Coral morphology, diversity and reef growth [J]. Nature, 286, 249 – 252.

[9] CHIVAS A, CHAPPELL J, POLACH H, et al., 1986. Radiocarbon evidence for the timing and rate of island development, beach-rock formation and phosphatization at Lady Elliot Island, Queensland, Australia [J]. Marine Geology, 69, 273 – 287.

[10] Cloud P E J, 1959. Geology of Saipan, Mariana Islands [J]. US Geological Survey Professional Paper, 280K, 361 – 445.

[11] COLLINS L, 2011. Reef structure [M]. In: D. HOPLEY (eds) Encyclopedia of Mod-

ern Coral Reefs. The Netherlands: Springer.

[12] DAVIES P J, KINSEY D W, 1977. Holocene reef growth-One Tree Island, Great Barrier Reef [J]. Marine Geology, 24, M1 – M11.

[13] DAVIES P J, MARSHALL J F, 1980. A model of epicontinental reef growth [J]. Nature, 287, 37 – 38.

[14] DONE T, 2011a. Coral Reef, Definition [M]. In: D HOPLEY (eds) Encyclopedia of Modern Coral Reefs. The Netherlands: Springer.

[15] DONE T, 2011b. Tropical cyclone/hurricane [M]. In: D HOPLEY (eds) Encyclopedia of Modern Coral Reefs. The Netherlands: Springer.

[16] DUCE S, VILA-CONCEJO A, HAMYLTON S M, et al., 2014. Spur and groove distribution, morphology and relationship to relative wave exposure, Southern Great Barrier Reef, Australia [J]. Journal of Coastal Research, SI (70), 115 – 120.

[17] DUCE S, VILA-CONCEJO A, HAMYLTON S M, et al., 2016. A morphometric assessment and classification of coral reef spur and groove morphology [J]. Geomorphology, 265, 68 – 83.

[18] ETIENNE S, 2012. Marine inundation hazards in French Polynesia: Geomorphic impacts of Tropical Cyclone Oli in February 2010 [J]. Geological Society London Special Publications, 361 (1), 21 – 39.

[19] ETIENNE S, TERRY J P, 2012. Coral boulders, gravel tongues and sand sheets: Features of coastal accretion and sediment nourishment by Cyclone Tomas (March 2010) on Taveuni Island, Fiji [J]. Geomorphology, 175 – 176, 54 – 65.

[20] FERRARIO F, BECK M W, STORLAZZI C, et al., 2014. The effectiveness of coral reefs for coastal hazard risk reduction and adaptation [J]. Nature Communications, 5.

[21] FOLEY M, STENDER Y, SINGH A, et al., 2014. Ecological engineering considerations for coral reefs in the design of multifunctional coastal structures. international conference coastal engineering, South Korea [R]. Coastal Engineering Research Council.

[22] FORD M R, KENCH P S, 2014. Formation and adjustment of typhoon-impacted reef islands interpreted from remote imagery: Nadikdik Atoll, Marshall Islands [J]. Geomorphology, 214, 216 – 222.

[23] FRITH C A, 1983. Some aspects of lagoon sedimentation and circulation at One Tree reef, Southern Great Barrier Reef [J]. BMR Journal of Australian Geology and Geophysics, 8, 211 – 221.

[24] GARDNER T A, CÔTÉ I M, GILL J A, et al., 2005. Hurricanes and Caribbean coral reefs: Impacts, recovery patterns and role in long-term decline [J]. Ecology, 86, 174 – 184.

[25] GISCHLER E, 2010. Indo-Pacific and Atlantic spurs and grooves revisited: The possible effects of different Holocene sea-level history, exposure, and reef accretion rate in the shallow fore reef [J]. Facies, 56, 173 – 177.

[26] GOURLAY M R, 1994. Wave transformation on a coral reef [J]. Coastal Engineering,

23, 17 - 42.

[27] HAMNER W, WOLANSKI E, 1988. Hydrodynamic forcing functions and biological processes on coral reefs: A status review [C] //Proceedings of the 6th International Coral Reef Symposium, Townsville, Australia, August 8 - 12.

[28] HAMYLTON, S, SPENCER T, 2011. Geomorphological modelling of tropical marine land-scapes: Optical remote sensing, patches and spatial statistics [J]. Continental Shelf Research, 31, S151 - S161.

[29] HARMELIN-VIVIEN M L, 1994. The effects of storms and cyclones on coral reefs: A review [J]. Journal of Coastal Research, 211 - 231.

[30] HARMELIN-VIVIEN M L, LABOUTE P, 1986. Catastrophic impact of hurricanes on atoll outer reef slopes in the Tuamotu (French Polynesia) [J]. Coral Reefs, 5, 55 - 62.

[31] HARRIS D L, WEBSTER J M, DE CARLI E V, et al., 2011. Geomorphology and morphodynamics of a sand apron, One Tree Reef, Southern Great Barrier Reef [J]. Journal of Coastal Research, SI, 760 - 764.

[32] HARRIS D L, VILA-CONCEJO A, WEBSTER J M, 2014a. Geomorphology and sediment transport on a submerged back-reef sand apron: One Tree Reef, Great Barrier Reef [J]. Geomorphology, 222, 132 - 142.

[33] HARRIS D L, VILA-CONCEJO A, POWER H E, et al., 2014b. Wave processes on coral reef flats during modal and storm conditions [M]. In: AGU (eds) AGU Fall Meeting, San Francisco.

[34] HARRIS D L, VILA-CONCEJO A, WEBSTER J M, et al., 2015a. Spatial variations in wave transformation and sediment entrainment on a coral reef sand apron [J]. Marine Geology, 363, 220 - 229.

[35] HARRIS D L, WEBSTER J M, VILA-CONCEJO A, et al., 2015b. Late holocene sea-level fall and turn-off of reef flat carbonate production: Rethinking bucket fill and coral reef growth models [J]. Geology, 43, 175 - 178.

[36] HEARN C J, ATKINSON M J, FALTER J L, 2001. A physical derivation of nutrient uptake rates in coral reefs: effects of roughness and waves [J]. Coral Reefs, 20, 347 - 356.

[37] HOPLEY D, SMITHERS S G, PARNELL K E, 2007. The Geomorphology of the Great Barrier Reef. Development, Diversity and Change [M]. Cambridge, UK, Cambridge University Press.

[38] JOKIEL P L, 1978. Effects of water motion on reef corals [J]. Journal of Experimental Marine Biology and Ecology, 35, 87 - 97.

[39] KENCH P S, 1998. Physical controls on development of lagoon sand deposits and lagoon infilling in an Indian Ocean atoll [J]. Journal of Coastal Research, 14, 1014 - 1024.

[40] KENCH P S, 2011. Eco-morphodynamics [M]. In: D HOPLEY (eds) Encyclopedia of Modern Coral Reefs. The Netherlands: Springer.

[41] KENCH P S, 2013. Coral systems [M]. In: J SHRODER, D J SHERMAN (eds)

Treatise on Geomorphology, Coastal Geomorphology. San Diego: Academic Press.

[42] KENCH P S, MCLEAN R F, 2004. Hydrodynamics and sediment flux of Hoa in an Indian Ocean atoll [J]. Earth Surface Processes and Landforms, 29, 933-953.

[43] KENCH P S, BRANDER R W, 2006. Wave processes on coral reef flats: implications for reef geomorphology using Australian case studies [J]. Journal of Coastal Research, 22, 209-223.

[44] KENCH P S, MCLEAN R, NICHOL S, 2005. New model of reef-island evolution: Maldives, Indian Ocean. [J] Geology, 33, 145.

[45] KENCH P S, MCLEAN R F, BRANDER R W, et al., 2006. Geological effects of tsunami on mid-ocean atoll islands: the Maldives before and after the Sumatran Tsunami [J]. Geology, 34, 177-180.

[46] KENCH P S, THOMPSON D, FORD M, et al., 2015. Coral islands defy sea-level rise over the past century: records from a central Pacific Atoll [J]. Geology, 43, 515-518.

[47] KNAPP K R, KRUK M C, LEVINSON D H, et al., 2010: Updated in (2014) The International Best Track Archive for Climate Stewardship (IBTRACS): Unifying tropical cyclone best track data [J]. Bulletin of the American Meteorological Society, 91, 363-376.

[48] KRAINES B S, YANAGI T, ISOBE M, et al., 1998. Wind-wave driven circulation on the coral reef at Bora Bay, Miyako Island [J]. Coral Reefs, 17, 133-143.

[49] MACINTYRE I G, GRAUS R R, REINTHAL P N, et al., 1987. The barrier reef sediment apron: Tobacco Reef, Belize [J]. Coral Reefs, 6, 1-12.

[50] MADIN J S, CONNOLLY S R, 2006. Ecological consequences of major hydrodynamic distur bances on coral reefs [J]. Nature, 444, 477-480.

[51] MARAGOS J E, BAINES G B, BEVERIDGE P J, 1973. Tropical cyclone bebe creates a new land formation on Funafuti Atoll [J]. Science (New Yook), 181, 1161-1164.

[52] MASSEL S R, DONE T J, 1993. Effects of cyclone waves on massive coral assemblages on the Great Barrier Reef: Meteorology, hydrodynamics and demography [J]. Coral Reefs, 12, 153-166.

[53] MCLEAN R, HOSKING P, 1991. Geomorphology of reef islands and atoll motu in Tuvalu [J]. South Pacific Journal of Natural Science, 11, 167-189.

[54] MUNK W H, SARGENT M C, 1954. Adjustment of Bikini Atoll to Ocean Waves [J]. US Geological Survey Professional Paper, 260 C, 275-280.

[55] NANDASENA N A K, PARIS R, TANAKA N, 2011. Reassessment of hydrodynamic equations: minimum flow velocity to initiate boulder transport by high energy events (storms, tsunamis) [J]. Marine Geology, 281, 70-84.

[56] NEWELL N D, 1954. Reefs and sedimentary processes of Raroia [M]. Atoll Research Bulletin.

[57] NOTT J, 2003. Waves, coastal boulder deposits and the importance of the pre-transport setting [J]. Earth and Planetary Science Letters, 210, 269-276.

[58] PERRY C T, EDINGER E N, KENCH P S, et al., 2012. Estimating rates of biologically driven coral reef framework production and erosion: a new census-based carbonate budget methodology and applications to the reefs of Bonaire [J]. Coral Reefs, 31, 853 – 868.

[59] RANKEY E C, GARZA-PÉREZ J R, 2012. Seascape Metrics of shelf-margin reefs and reef sand aprons of holocene carbonate platforms [J]. Journal of Sedimentary Research, 82, 53 – 71.

[60] ROBERTS H H, MURRAY S P, SUHAYDA J N, 1975. Physical processes in fringing reef systems [J]. Journal of Marine Research, 33, 233 – 260.

[61] ROBERTS H H, MURRAY S P, SUHAYDA J N, 1977. Physical Processes in a Fore-Reef Shelf Environment [C]. Third International Coral Reef Symposium, 1977 Miami, USA.

[62] ROBERTS H H, WILSON P A, LUGOFERNANDEZ A, 1992. Biologic and geologic responses to physical processes-examples from modern reef systems of the Caribbean-Atlantic region [J]. Continental Shelf Research, 12, 809 – 834.

[63] SCHEFFERS A M, SCHEFFERS S R, KELLETAT D H, et al., 2012. Coarse clast ridge sequences as suitable archives for past storm events? Case study on the Houtman Abrolhos, Western Australia [J]. Journal of Quaternary Science, 27, 713 – 724.

[64] SCOFFIN T P, 1993. The geological effects of hurricanes on coral reefs and the interpretation of storm deposits [J]. Coral Reefs, 12, 203 – 221.

[65] SHANNON A, POWER H, WEBSTER J, et al., 2013. Evolution of coral rubble deposits on a reef platform as detected by remote sensing [J]. Remote Sensing, 5, 1 – 18.

[66] SHEPPARD C R C, 1981. The groove and spur structures of Chagos Atolls and their coral zonation [J]. Estuarine Coastal and Shelf Science, 12, 549.

[67] SHEPPARD S R J, 2005. Landscape visualisation and climate change: The potential for influencing perceptions and behaviour [J]. Environmental Science & Policy, 8, 637 – 654.

[68] SHINN E A, 2011. Spurs and grooves. In: D. HOPLEY (eds) Encyclopedia of Modern Coral Reefs [J]. The Netherlands: Springer.

[69] SMITH S V, BUDDEMEIER R W, 1992. Global change and coral reef ecosystems [J]. Annual Review of Ecology and Systematics, 23, 89 – 118.

[70] SMITHERS S, HOEKE R, 2014. Geomorphological impacts of high-latitude storm waves on low-latitude reef islands-Observations of the December 2008 event on Nukutoa, Takuu, Papua New Guinea [J]. Geomorphology, 222, 106 – 121.

[71] SPALDING M, RAVILIOUS C, GREEN E P, 2001. World atlas of coral reefs [M]. University of California Press.

[72] STODDART D R, 1962. Catastrophic storm effects on the British Honduras reefs and cays [J]. Nature, 196, 512 – 515.

[73] STODDART D R, 1963. Effects of Hurricane hattie on the British Honduras reefs and cays, October 30 – 31, 1961 [M]. National Academy of Sciences, National Research

Council, Washington DC, Pacific Science Board.

[74] STODDART D R, 1969. Ecology and morphology of recent coral reefs [J]. Biological Reviews, 44, 433-498.

[75] STODDART D R, 1971. Coral reef and islands and catastrophic storms [M]. Applied Coastal Geomorphology. London: Macmillan.

[76] STORLAZZI C D, LOGAN J B, FIELD M E, 2003. Quantitative morphology of a fringing reef tract from high-resolution laser bathymetry: Southern Molokai, Hawaii [J]. Geological Society of America Bulletin, 115, 1344-1355.

[77] STORLAZZI C D, ELIAS E, FIELD M, et al., 2011. Numerical modeling of the impact of sea-level rise on fringing coral reef hydrodynamics and sediment transport [J]. Coral Reefs, 30, 83-96.

[78] SYMONDS G, BLACK K P, YOUNG I R, 1995. Wave-driven flow over shallow reefs [J]. Journal of Geophysical Research: Oceans, 100, 2639-2648.

[79] THORNBOROUGH K J, DAVIES P J, 2011. Reef flats [M]. In: D. HOPLEY (eds) Encyclopedia of Modern Coral Reefs. The Netherlands: Springer.

[80] VILA-CONCEJO A, HARRIS D L, POWER H E, 2015. Sand transport in coral reefs: are lagoons infilling? [C] Coastal Sediments, 2015 San Diego. ASCE.

[81] VILA-CONCEJO A, HARRIS D L, SHANNON A M, et al., 2013. Coral reef sediment dynamics: evidence of sand-apron evolution on a daily and decadal scale [J]. Journal of Coastal Research, SI, 606-611.

[82] VILA-CONCEJO A, HARRIS D L, POWER H E, et al., 2014. Sediment transport and mixing depth on a coral reef sand apron [J]. Geomorphology, 222, 143-150.

[83] WASSERMAN H N, RANKEY E C, 2014. Physical oceanographic influences on sedimentology of reef sand aprons: holocene of Aranuka Atoll (Kiribati), Equatorial Pacific [J]. Journal of Sedimentary Research, 84, 586-604.

[84] WOOD R, OPPENHEIMER C, 2000. Spur and groove morphology from a Late Devonian reef [J]. Sedimentary Geology, 133, 185-193.

[85] WOODROFFE C D, 2003. Coasts [M]. Cambridge University Press.

[86] WOOLSEY E, BAINBRIDGE S, KINGSFORD M, et al., 2012. Impacts of cyclone Hamish at One Tree Reef: Integrating environmental and benthic habitat data [J]. Marine Biology, 159, 793-803.

[87] YAMANO H, MIYAJIMA T, KOIKE I, 2000. Importance of foraminifera for the formation and maintenance of a coral sand cay [J]. Coral Reefs, 19, 51-58.

8 风暴群和海滩响应

Nadia Sénéchal[1,2]、**Bruno Castelle**[1,2] 和 **Karin R. Bryan**[3]

---

1 法国波尔多大学；
2 法国国家科学研究中心；
3 新西兰怀卡托大学科学学院。

8.1 简　　介

在过去十年中，海岸风暴群（storm cluster）对海岸线和海滩动力的作用愈发引人关注（如 Ferreira，2005、2006；Vousdoukas 等，2012；Loureiro 等，2012；Splinter 等，2014a；Coco 等，2014；Karunarathna 等，2014）。其中一个中心问题是确定是否存在海岸风暴群的累积作用，换句话说，一系列风暴的复合侵蚀是（如 Morton 等，1994；Lee 等，1998；Ferreira，2005、2006）或不是（如 Yates 等，2009；Coco 等，2014）大于所有单个风暴平均侵蚀量之和。这也会引发一个问题，即连续的短重现期的多个小事件是否会产生聚合作用，这个作用与长重现期的单个事件的作用是否一样（如 Cox 和 Pirrello，2001；Ferreira，2005、2006；Callaghan 等，2008；Karunarathna 等，2014；Splinter 等，2014a，2014b）。

例如，图 8.1[来自 Karunarathna 等（2014）]按照 Callaghan 等（2008）使用的统计程序，显示的是悉尼 Long Reef Point 风暴数据的逻辑模型的超越重现期等值线。图中的线表示由模型导出的超越重现期，交叉表示实测的单个风暴重现期。蓝色和红色的圆圈分别表示不同的连续风暴组成的风暴群所包含的每个风暴的平均和最大有效波高 H_{smax}。值得注意的是，这些组群后的值并不是特别大，在 2 个风暴成群的情况下，它们的重现期小于 5 年；在 3 个风暴成群的情况下，它们的重现期小于 2 年。

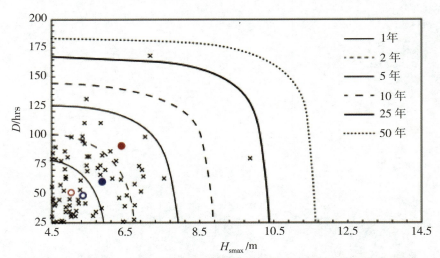

图 8.1　悉尼 Long Reef Point 风暴资料的逻辑模型的超越重现期等值线

交叉表示实测的风暴；实心红圈表示 2 个风暴（1 组）的平均值；空心红圈表示 2 个风暴（1 组）的最大值；实心蓝圈表示 3 个风暴（1 组）的平均值；空心蓝圈表示 3 个风暴（1 组）的最大值。黑色曲线对应 1～50 年的风暴重现期。（图来自 Karunarathna 等，2014）

作者随后对 XBeach 模型（见第 10 章对该数值模型的描述）进行了校准，并利用单个风暴和图 8.1 所示的代表不同风暴群的风暴连续特征来比较海滩侵蚀差异（Karunarathna 等，2014）。由 2 个和 3 个风暴组成的风暴群（其中，每个风暴的特征等于组成该风暴群的风暴的最大值，这些风暴的平均重现期小于 1 年，如图 8.1 空心圆圈所示）引起的侵蚀量与 1 个重现期为 2 年或 2 年以上的单个风暴引起的侵蚀量相当。2 个和 3 个风暴组成的风暴群（该风暴群的特征与该组群中单个风暴的平均值相等，风暴群的重现期分别小于 2 年和 5 年，如图 8.1 实心圆所示）诱发的侵蚀量，与重现期大于 10 年的单个风暴诱发的侵蚀量相当。

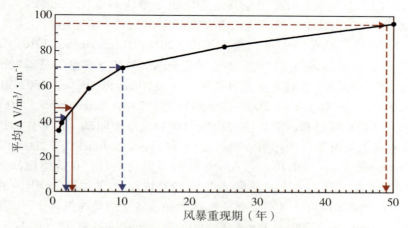

图 8.2　海滩体积随风暴重现期的变化

带点的黑线：单个风暴；蓝色实线：两风暴成群的平均值；蓝色虚线：2 个风暴成群的最大值；红色实线：3 个风暴成群的平均值；红色虚线：3 个风暴成群的最大值。（图来自 Karunarathna 等，2014）

包括 Ferreira（2005、2006）、Callaghan 等（2008）和 Splinter 等（2014a）的研究结果表明，短重现期风暴组成的风暴群引起的侵蚀可超过具有较长重现期单个风暴的侵蚀。文献中有个良好的共识，即对多个风暴的响应不等于每个风暴影响的线性叠加，而是由阈值的超过和触发的反馈机制的共同作用（如 Masselink 和 van Heteren，2014）所导致的非线性行为。这可能导致中等风暴（如 Lee 等，1998；Ferreira，2005、2006；Castelle 等，2007；Furmanczyk 等，2012）的作用似乎不成比例地放大，或者没有预期的累积风暴效应（如 Coco 等，2014），因而难于预测。因此，不可能将单一风暴侵蚀的研究按比例增加为对风暴群侵蚀的预测。

在本章中，风暴群的形成和定义将在第二节中讨论；风暴群可以用多种不同的方式来定义，但该术语通常指由短时间间隔分隔的沿海风暴事件序列。在第三节中，将简要概述用于研究风暴群的方式和方法。在第四节中，将更加具体地对研究风暴群对海岸线和海滩形态作用的关键过程进行总结和讨论。

8.2　风暴群：起源和定义

8.2.1　起源

世界海岸的波浪气候在时空上是高度变化的（如 Semedo 等，2011），海洋的极端有效波高也是如此。近几十年来，这两者在文献中都受到了越来越多的关注（如 Betts 等，2004；Keim 等，2004；Izaguirre 等，2010、2011；Ruggiero 等，2010；Reguero 等，2013）。特别是，越来越多的注意力集中在量化全球气候变化背景下日益增加的风暴强度，以及确定大气和海洋系统变化之间的联系（如 Allan 和 Komar，2002；Donnelly 和 Woodruff，2007；Arpe 和 Leroy，2009；Ruggiero 等，2010；Izaguirre 等，2011）。

由于海浪（包括风浪和涌浪）主要由在海面的风摩擦驱动，世界许多地区的风暴强度程序及相应的波浪条件往往表现出较强的季节性（如 Butel 等，2002；Méndez 等，2008；Jonathan 和 Ewans，2011）。这在中纬度地区尤为明显，在这里风暴形成于大气的大涡旋区。极端风暴的一个显著特点是它们有成组（或"群"）出现的趋势，如 1990 年、1999 年和 2014 年发生的袭击欧洲的风暴，风暴的最高点以 2～3 天的间隔连续出现（如 Kvamsto 等，2008；Vitolo 等，2009）。导致风暴群发生的各种因素包括（如 Pinto 等，2014）：上层急流的扩展和加强；罗斯贝波破碎（上部的对流层波的放大和翻转，如 Hanley 和 Caballero，2012）；大尺度变化模式的控制（如北大西洋涛动、ENSO）；北大西洋东部的次生气旋的生成（如 Mailier 等，2006）。温带气旋也可能在空间和时间上聚集，因为它们形成一个相关整体的一部分，如波包（称为泊松成群过程）。近十几年来，研究证实了下游发展的概念，这是基于接下来所述的观测数据，天气尺度斜压涡旋确实以波包形式沿风暴路径呈群速度传播（如 Lee 和 Hold，1993；Swanson 和 Pierrehumbert，1994；Rao 等，2002）。在大西洋中部，风暴活动的变化也可能受到急流南下入侵和加强的影响（Betts 等，2004）。然而，这种模式可能因气候"跷跷板"的存在而变得复杂，就像在格陵兰岛西部和北欧之间观察到的一样（如 Dawson 等，2004）。Thompson 和 Barnes（2014）最近提供的证据表明，南半球平均大气波活动呈现出 20～30 天的周期性变化。这与观测到的大尺度南半球大气环流 20～30 天的周期性相联系，这与斜压性和涡流热通量之间的双向反馈相一致。因此，气候系统的这种变化导致了南半球大部分地区波浪活动的产生及振幅的变化。

8.2.2　定义

虽然从气象学的角度对风暴及其连续的成群有很好的定义，但在海岸侵蚀研究中并没有一个被广泛接受的定义，海岸风暴群可以用许多不同的方式定义（如 Lee 等，1998；Ferreira，2005；Callaghan 等，2008；Vousdoukas 等，2012；Coco 等，2014）。尽管大尺度气象模式可能会影响近海波浪气候，但波浪向海岸的传播及与其相关联的变形是评估风暴对海岸作用的关键过程（如 Cooper 等，2004；Regnauld 等，2004；Callaghan 和 Wainwright，2013）。由于缺乏明确的定义，甚至"群（cluster）"一词在近岸社区中仍不常用。学者有时可能会使用术语风暴组（storm groups）（如 Lee 等，1998；Ferreira，2005、2006；Loureiro 等，2012）、连续风暴或风暴序列（如 Vousdoukas 等，2012；Coco 等，2014；Castelle 等，2015），只有少数出版物明确提及术语"风暴群"（如 Karunarathna 等，2014；Splinter 等，2014b；Senechal 等，2015）。

海岸风暴群（或组）原则上是指由短时间间隔分隔的沿海风暴事件序列。显然，定义取决于海岸风暴的解释（通常定义为波高超过阈值的事件）和"短"时间间隔的定义。例如，Callaghan 等（2008）选择 3 m 作为分析澳大利亚波浪气候的阈值［也被 Lord 和 Kulmar（2000），Kulmar 等（2005），Karunarathna 等（2014）采用］，Short 和 Trenaman（1992）使用 2.5 m 作为阈值。Ferreira（2005）在葡萄牙西海岸采用 6 m 作为阈值以确保只将造成重大侵蚀的风暴视为单一事件。为了消除主观性，阈值可通过波高的概率分布来确定，如 99.5% 超越概率（Luceno 等，2006）或 95% 超越概率（Masselink 等，2014）。根据分离时间间隔［也称为超越间隔，Fawcett 和 Walshaw（2008）或到达时间的间隔，Salvadori（2014）］，任何短于 3 天的都被视为同一风暴的一部分（Luceno 等，2006），Li 等（2014）认为是 6 h。另外，两个风暴被视为同一风暴群的一部分的最长时间也是任意确定的，例如，Karunarathna 等（2014）认为最长时间为 9 天，Ferreira 等（2005）则认为最长时间为 14 天和 21 天，Lee 等（1998）采用的最长时间为 39 天。定义上的这种大的可变性本质上是由风暴群的"形态"定义驱动的，即风暴群出现的条件是：两个连续风暴之间的间隔短于单个风暴的海滩恢复期（如 Morton 等，1995）。这一定义仍然广泛用于海岸侵蚀研究（如 Loureiro 等，2012；Senechal 等，2015）。在这种方法中，群是根据侵蚀响应而不是水动力强迫来定义的，在这种情况下，风暴群中风暴之间的时间间隔短于海滩的恢复时间（这取决于粒径、沉积供应和储存，以及海滩历史和风暴强度等参数），这也称为"事件合并"（Callaghan 等，2008）。因此，这个恢复期具有高度的地点特异性，但在文献中并未有明确阐述。基于海滩恢复时间的风暴群的定义假定了海滩恢复是发生的，但这种情况可能并非如此，特别是当能量事件发生后的波浪条件不允许向岸输沙时（如由于波浪入射角或波浪能量不足，Ruessink 等，2007）。

图 8.3 和表 8.1 概述了因海岸风暴连续成群的划分定义不同而产生的敏感性。数据清楚地表明，风暴定义和间隔的采用都可能强烈地改变风暴群的数量和持续时间以及群内风暴的数量。

一些学者使用更严格的群集（cluster）定义（遵循气象学的方法），其中，风暴不仅必须紧密相连，而且必须相互关联（一场风暴发生在另一场风暴之后的概率并不是随机的）。在这种情况下，一个群集是用溢出值时间间隔（inter-exceedance）的概率来定义的（Ferro 和 Segers，2003）。群集事件的这种统计依赖性只有在间隔时间很短的情况下才会发生（Fawcett 和 Walshaw，2008）。有大量关于极端事件统计的文献，这些文献使用诸如"blocks"和"runs"等方法来研究连续的极端事件（有关这方面的更多信息，请参阅 Smith 和 Weissman，1994），这些方法可能在未来被海岸科学家采用。然而，这种方法可能不适用于暴露在不同低压系统来源的区域，且这些低压系统未必是相关的。

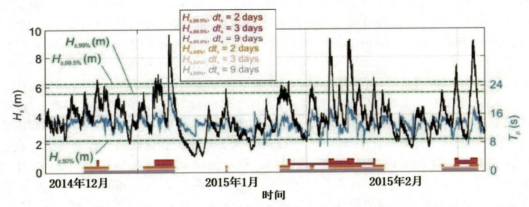

图 8.3　2014／2015 年冬季在法国西南部 Truc Vert 海滩近海约 50 m 深处测量的有效波高（黑色）和峰值波周期（蓝色）的时间序列

水平色线表示 6 种不同定义得到的风暴和风暴群的发生。

表 8.1　根据图 8.3 所示的风暴序列，使用 6 个风暴群定义计算出的风暴和风暴群特征

阈值/H_s	dts /天	风暴数量	风暴群数量	群集平均持续时间/天	最大风暴群持续时间/天	群内平均的风暴数
$H_{s,99.5\%}$ = 6.22	2	7	1	3.25	3.25	2
$H_{s,99.5\%}$ = 6.22	30	3	3	3.8	4.33	2
$H_{s,99.5\%}$ = 6.22	9	1	3	7.62	15.79	2.66
$H_{s,99.5\%}$ = 5.54	2	5	5	3.78	5.75	2.8
$H_{s,99.5\%}$ = 5.54	30	2	5	5.56	9.92	3.4
$H_{s,99.5\%}$ = 5.54	9	1	3	13.97	18.92	6.33

从作者的观点来看，基于恢复时间的风暴群定义即使有意义，也很难操作，这主要是由于缺乏完整的数据集来评估海滩恢复的概念和过程，且恢复速率取决于海滩历史（即风暴群发生前的侵蚀状态）。这种做法也很难实现，因为触发作用的时间尺度：风暴一般是在短期发生的，有些地区正在经历长期后退（表明没有恢复），这种后退与风暴有关。尽管缺乏对沿海风暴的通用定义，但波浪和风暴的统计似乎是发展稳健的风暴群定义的最合适方法。

8.3 风暴群对海岸作用的评估方法

评估风暴群对海岸的作用意味着我们能够研究群内每个风暴事件的作用，而不仅仅将群视为一个"单一"的大事件。正如上一节所强调的，群的定义是不精确的。然而，在大多数情况下，群表明了快速接连发生的高能事件，通常不适用于评估"单一"风暴的方法。

8.3.1 数据收集

野外数据收集是评估风暴群和海岸影响的重要信息来源，通常可以定义三种野外数据收集：①沉积档案（如 Donnelly 等，2001、2004）；②高能事件前后收集的观测数据，主要包括视觉观测和地形测量（如 Lee 等，1998；Birkemeier 等，1999；Kish 和 Donoghue，2013；Smithers 和 Hoeke，2014；Castelle 等，2015）；③高能事件期间收集的大量野外数据，包括使用 DGPS 方法以及结合欧拉和/或拉格朗日水动力传感器和遥感进行的高频地形测量（Senechal 等，2011；Coco 等，2014；Almeida 等，2015；Earlie 等，2015）。虽然沉积档案允许考虑更长的时间，但大量的现场数据（难以收集）是研究自然条件下的水动力和泥沙输移过程的唯一途径，包括风暴之间恢复的过程也需要大量现场数据。相反，在野外试验期间，野外数据通常在有限的区域内收集（通常在沿岸 1 km 范围内），不允许考虑大规模近岸变化，特别是在存在不均匀海岸的情况下。

总的来说，仍然缺乏综合的野外数据来评估风暴群的作用。大多数集中的野外试验（如 Thornton 等，1996；Gallagher 等，1998；Ruessink 等，1998、2001；Aagaard 等，2005；Masselink 等，2008；Bruneau 等，2009；Almeida 等，2015；Ogawa 等，2015）都是在近海有效波高不超过 5 m 下进行的，只有少许数据是在高能到极高能波浪的快速演替过程中收集到的（如 Senechal 等，2011）。

通过遥感监测海岸线侵蚀是常用的方法，如果风暴群不太密集，准确测量海岸线响应的沿岸和跨岸变化是可以实现的（如 Jimenez 等，1997；Ciavola 等，2007；Almar 等，2010；Kish 和 Donoghue，2013；van der Lageweg，2013）。然而，仅仅这个方法以及最近的激光雷达（如 Revelle 等，2002；Stockdon 等，2002；Sallenger 等，2003；List 等，2006）和光学卫星图像（如 Castelle 等，2015）方法通常不适用于风暴群的评估，因为它们通常将风暴群视为"单一"大型事件进行处理。最近，无人机（UAV）被开发和使用，它通过识别最大波浪爬高来研究波浪爬高（如 Casella 等，2014）。无人机即使被限制在较小的空间覆盖范围内使用，它也可以快速部署，并可在同一风暴群内两个连续风暴之间收集数据。

近几十年来，低成本、长时间的近岸光学视频测量越来越受到人们的欢迎。定时曝光图像已被广泛应用于探测形态样式和岸线指示物，甚至在风暴群"时间尺度"上得到应用（如 Almar 等，2010；Vousdoukas 等，2012；Masselink 等，2014；Senechal 等，2015）（图 8.4）。在长达六周时间窗口的一系列高能冬季风暴下收集的定时曝光图像显示，外部沙坝（图 8.4a 至图 8.4d）在最高能的风暴事件期间变直，随后在不严重的条件下重建其新月形样式（图 8.4e 和图 8.4f）。

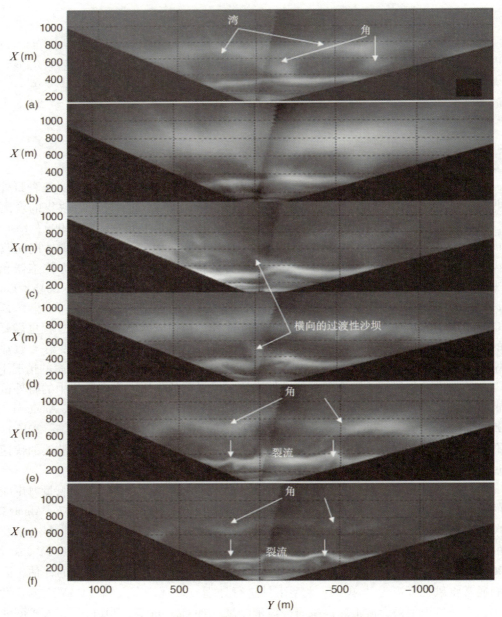

图 8.4　在连续风暴条件下采集的时间序列显示出外部新月形沙坝的拉直和重建

图片来自 Almar 等，2010。

8.3.2 数值模型

风暴过程中海滩的详细形态演变涉及许多非线性过程和复杂的水动力—地貌动力反馈，这使风暴和风暴群驱动海滩侵蚀的模拟成为一项具有挑战性的任务。在大多数开阔海岸，风暴驱动的海滩和沙丘侵蚀是一个跨岸输沙过程，沿岸过程通常作用于较长的时间尺度（如 Hansen 和 Barnard，2010），但丁坝和岬角等硬结构附近除外（Cooper 等，2004）。

模拟风暴群驱动的侵蚀可采用两种类型的数值模型：① 基于过程和完全耦合（波－流－泥沙输移－底部演变）的模型，该模型依赖于对基础物理过程的描述（见第 10 章），并可用来研究风暴群的侵蚀效应（如 Karunarathna 等，2014）（图 8.2）；② 数据驱动模型。值得注意的是，这些模型都不同程度地需要野外数据进行校正。

确定性或概率性数据驱动模型结合了统计技术和在给定地点的前期测量，以解读形态系统的整体行为，并提供在给定的预测波浪条件下的海滩变化预测。统计技术包括非穷尽的神经网络、经验模态分解方法和基于信号协方差结构的方法，例如经验正交函数和典型相关分析（例如，Larson 等，2000；Różyoski 等，2001）。值得注意的是，数据驱动模型技术在很大程度上取决于给定站点可用数据的数量和质量。因此，只有在具备多达几十年时间尺度上长期、高质量和高频率观测，包括大范围和有代表性的风暴和风暴群波浪条件的情况下，才能应用数据驱动的方法来解决风暴驱动的侵蚀问题，并据此作出预测。

应用于风暴群作用的数据驱动模型可分为两大类：复合模型和概率模型。复合模型依赖于控制方程中的一些简化假设，通常只保留控制海滩形态演变的关键过程。与基于复杂过程的模型相比，这些模型通常可以提供更精确的大尺度（时间和空间）海岸演变预测；基于复杂过程的模型中，物理上的和边界条件的误差精细化通常会在尺度上向上级联传替，从而导致不可避免的误差累积和不可靠的大尺度模拟。在复合模型家族中，基于平衡的半经验海岸线模型（如 Miller 和 Dean，2004；Yates 等，2009；Davidson 等，2010、2013；Long 和 Plant，2012；Castelle 等，2014；Splinter 等，2014b）已越来越多地用于在几年时间尺度上的以跨岸运输为主的海岸线响应中，这也包括了风暴和风暴群期间的短时间海岸线响应。从本质上讲，这些模型认为海岸线响应是由海滩随时间变化的不平衡状态的演变以及盛行波浪条件下快速变化的波浪作用力共同驱动的。

与上述确定性模型相反，概率模型通常嵌入至少一个确定性的、降低复杂性的，或基于过程的模型（基于过程模型的应用）（如 Callaghan 等，2013），通过多次运行，以建立一个蒙特卡洛模拟或贝叶斯网络，可以进一步提供对不同波浪条件情景下的海岸线变化的概率预测。这也意味着海滩侵蚀概率模型的技能取决于确定性模型的精确校准。这种模型包括了连续风暴事件的联合概率，因此可以模拟风暴群的影响。

8.4 海滩对风暴群的响应

8.4.1 风暴群作用下的沙坝动力过程

Lee 等（1998）分析了十年来两周一次的地形测量数据，以研究 Duck（美国东海岸）风暴群在剖面演变中的控制作用。他们特别指出，与单个风暴相比，具有类似甚至更小波浪动力的风暴群引起了一个前期存在的瞬态沙坝或外沙坝向更向海位置的离岸迁移，并且这些沙坝出现大量的淤涨。相比之下，他们的数据集表明，即使他们有相同的波浪平均动力，也没有单个风暴能造成这种变化。作者提出风暴群会产生如此重大影响的一种解释是，第一次的风暴会通过在剖面上重新再悬浮和输送泥沙而使剖面不稳定。这些沿着海滩剖面新沉积的沉积物是松散的，因此很容易被侵蚀。随着第二场风暴的迅速到来，与砂有足够时间发生压实的情况相比，剖面很容易发生改变。与 Lee 等（1998）的观察结果类似，van Enckevort 和 Ruessink（2003）和 Vousdoukas 等（2012）报告说，近岸沙坝位置波动的时间尺度与个别风暴事件的相关性小于连续风暴。由于可能的形态反馈，外沙坝动力是海滩对风暴群响应的一个关键过程：外沙坝通常起到泥沙缓冲作用或防止海滩表面遭遇强烈的波浪破碎。许多研究表明，风暴群的累积影响大于单个风暴的影响，其重现期为数十年（如 Birkemeier 等，1999；Ferreira，2005；Castelle 等，2007；Karunarathna 等，2014），这可能是由近岸沙坝动力过程引起的。过去对风暴群的定义强调了恢复时间和海滩初始状态的重要性。尤其是，风暴群中的第一次风暴和随后的风暴之间海滩的初始状态如何影响侵蚀响应，有待进一步研究。

8.4.2 形态反馈

Splinter 等（2014a）基于 XBeach 模型（见第 10 章），表明风暴的先后顺序不会显著影响总的海滩侵蚀量，但单个风暴期间的侵蚀量受海滩先前状态（即先前累积侵蚀）的影响。Castelle 等（2007）分析了黄金海岸（澳大利亚）的观测结果，结果表明，在一系列密集风暴的最后两次且能量小得多的风暴中观察到海滩侵蚀率增加，这种增加可用该风暴系列的第一个严重风暴驱动的外沙坝衰退来解释。学者假设，衰退的外坝并未在随后的两次风暴波事件中提供任何有效的保护，这导致了强烈的侵蚀。这种外坝衰退随后被解释为该位置净离岸迁移（net offshore migration，NOM）循环的一部分（Ruessink 等，2009），这证实了早期关于快速但与波浪条件无关的海滩侵蚀和 NOM 循环之间关联的工作（Shand 等，2004）。Senechal 等（2015）利用对 Biscarrosse 海滩（法国大西洋海岸西南部的一个开阔的砂质过渡性海滩）海岸线和内坝几乎每天的动态变化分析，报告了破波带沙坝对海岸线演变的另一种影响方式。在有效波高大于 6 m 的第一次风暴期间，海岸线保持相对稳定（或经历了风暴后的快速恢复——由于风暴最高峰期间的波浪条件，海岸线无法被提取），而内坝经历了快速上升状态的过渡。几天后，海滩经历了高能的情况，但比几天前的情况要弱（波高 3～4 m），海岸线被快速侵蚀。图像分析表明，在这一高能期内，在中潮至高潮附近，波浪并未在内坝上破碎。

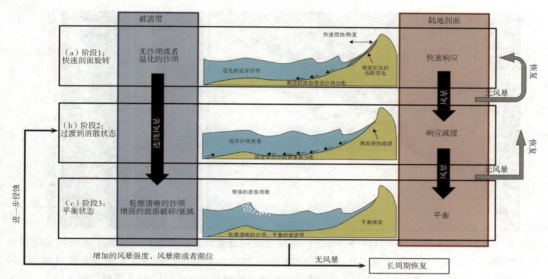

图 8.5　连续风暴期间陡坡海滩形态演变阶段的概念模型

（a）海滩表面呈现快速的侵蚀/恢复；（b）（侵蚀的）陆地海滩的形态变化减慢，破波带水深的适应变得更为重要；（c）海滩达到平衡，对波浪强迫更有弹性，最容易受到平均水位升高的影响（Vousdoukas 等，2012）。

Vousdoukas 等（2012）提出了一系列风暴事件下陡坡海滩形态响应的概念模型（图 8.5）。他们的模型表明，如果破波区不存在沙坝或存在退化的沙坝，则陆地剖面经历快速侵蚀，沙滩剖面演化为更耗散的状态，这包括近岸沙坝的生长。然后，形态变化局限于下层（淹没的）剖面，在这里发生大部分的波浪衰减，陆地剖面的响应变慢。他们得出结论，在一系列风暴事件下，前期形态状态可能最初是沙滩响应的主导控制因素。一些模型也提出了类似的负反馈机制，从滩面侵蚀的砂转移到了内破波区，因而在波浪到达冲流区时增加了波浪的衰减。这使得风暴群中的风暴随着时间的推移对海滩的侵蚀作用越来越小。同样地，在一项为西班牙加的斯海岸"西班牙湾"建立风暴阈值的研究中，Del Rio 等（2012）指出，该地区一般未观察到累积效应，因为在第一次风暴期间，海滩增加了其耗散性，从而促进了剖面的自我保护。

在风暴和风暴群过程中，近岸沙坝动力过程并不是影响海岸线侵蚀的唯一现象，因为局部海滩和沙丘侵蚀也起了作用。许多学者（如 Dalon 等，2007；Thornton 等，2007）已经表明，风暴前近岸沙坝的形态可以作为大尖角海湾中海滩和沙丘侵蚀的形态模板；大尖角海湾是侵蚀发生最严重的地方，与离岸水道对齐。在高潮和风暴浪期间，沙丘侵蚀发生在最窄和最低海滩的小海湾。Castelle 等（2015）指出，在图 8.6 所示的序列严峻风暴期间，先前的外坝形态和风暴浪特征（包括周期和入射角）控制着开阔多坝砂质海岸的海滩和沙丘侵蚀模式。2014 年 1 月初，无以伦比的垂直海岸的风暴涌浪"大力神"袭击了西大西洋海岸，有效波高和峰值波周期分别达到 9.6 m 和 22 s，触发了法国西南部线性砂质海岸沿线局部大尖角坝海湾的形成（图 8.6），这个过程在 2014 年 1 月、2 月和 3 月持续整个风暴群。

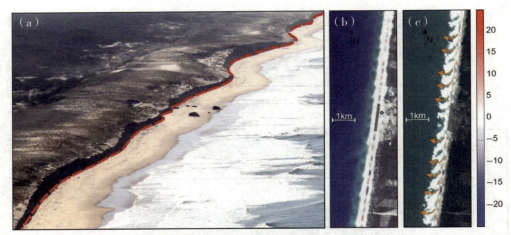

图 8.6　（a）2014 年 3 月 7 日拍摄的吉伦特海岸（法国西南部）航拍照片，显示了巨型尖角海湾对沙丘的切割（红色虚线表示沙丘脚），在该海岸段，巨型尖角海湾平均的沿岸和跨岸长度分别为 500 m 和 20 m（照片来自 Julien Lestage）。(b)、(c) 为吉伦特海岸的 LANDSAT 卫星图像。(b) 2013/2014 年冬季之前 2013 年 7 月 10 日，海浪 $H_s \approx 0.6$ m 和 $T_p \approx 8.8$ s。(c) 2013/2014 年冬季之后 2014 年 3 月 23 日，海浪 $H_s \approx 3.6$ m 和 $T_p \approx 12.9$ s。在 (b)、(c) 中 2014 年 4 月 3 日至 4 日用 ATV 测量的海岸线（指示物为沙丘脚）与彩色条叠加，彩色条表示与平均海岸线的偏差（单位：m）。(c) 中的橙色箭头清楚地显示了风暴浪朝向巨型尖角海湾期间离岸流发生的位置。(b)、(c) 中的灰色线表示海边城镇 Lacanau 的硬海岸结构的位置。

Loureiro 等（2012）也报告了 3 个海湾海滩在连续风暴中的巨大离岸流系统的持续性和累积效应。他们的观察结果表明，在连续的风暴中，极端侵蚀发生在巨大离岸流及其根部水道持续存在时，从而促进持续侵蚀和近海沉积物的输出。他们的观察还表明巨型离岸水道一旦开始形成，即使在平静的条件下也可以持续数月，作为在平静条件下向海泥沙输出的管道。在地形动力反馈的驱动下，这种离岸环流系统的维护会降低海滩的恢复能力，直到离岸流颈和流根被填充。

8.4.3　动态平衡概念

海滩海岸线和剖面的平衡概念（如 Wright 和 Short，1984；Yates 等，2009；Davidson 等，2013）显著改变了我们对风暴群造成侵蚀的思考方式。例如，在 Vousdoukas 等（2012）提出的概念模型中（图 8.5），最后阶段是平衡状态。只有当波浪能量和/或水位超过以前的条件时，才可能发生额外的侵蚀。因此，即使在风暴群时期传递到海岸线的平均能量是相同的，一个小风暴接着一个大风暴和一个大风暴接着一个小风暴可以有不同的影响。Yates 等（2009）展示了一个例子，在具有相同平均能量的不同序列的波浪记录下，一种情况下导致侵蚀，而另一种情况下导致堆积。原因是第一场风暴使海滩根据它的能量水平处于不同的状态。例如，对于给定的波浪条件，处于堆积状态的海岸线相比于处于侵蚀状态的海岸线将会发生更多的侵蚀。因此，风暴群的第二个风暴将以一种基于第一个风暴的大小（和对其的响应）的方式作出响应。

在温带环境中，因为较大的不平衡波浪能量，第一次冬季风暴通常会导致最明显的侵蚀事件（如 Yates 等，2009；Castelle 等，2014）。鉴于在风暴群期间，第一等级的风暴已成为近代历史的一部分，因此，这些模型表明，随着时间的推移，海滩与盛行的高能波条件达到新的平衡，密集的风暴对海滩的侵蚀越来越无效。同样地，基于平衡的半经验海岸线模型可以成功地解释 Coco 等（2014）研究的 2008 年冬末发生在 Truc Vert 海滩的风暴群造成的惊人的小侵蚀。在驱动海滩和沙丘侵蚀的风暴浪条件下，大量泥沙从滩面转移到内破波区，并在那里迅速形成阶地。风暴浪随后通过在这个阶地上的破碎消耗了更多的能量，减少了侵蚀率。随后的风暴的累积作用不会加速侵蚀速率。

Aagaard 等（2005）分析了在连续的潮汐周期和出现三次连续大风暴事件期间在冲流区和内破波区收集的数据。他们报告说，平缓倾斜的海岸线凸角在位置上高度稳定，在风暴期间只显示出轻微的斜率调整。这与先前的观测结果一致，即有时海滩在风暴时间尺度上具有惊人的弹性，潮间带坡度在风暴事件期间几乎保持不变（如 Aagaard 等，1998；Coco 等，2014）。从形态上看，在风暴聚集过程中，这可以归因于平衡概念。然而，Aagaard 等（2005）收集的数据表明，受抑制的净海滩响应是由于在高潮破波区条件下发生的离岸沉积物输出，这在主导的冲流带过程中由低潮时的向岸沉积物输运补偿。这种随时间变化的潮汐调制的输沙率大小和方向被认为可能是维持潮间带海滩斜率准平衡的机制。

8.4.4　水位

Sallenger（2000）提出的风暴作用尺度（storm impact scale）模型（如 Stockdon 等，2007；Plant 和 Stockdon，2012；Masselink 和 van Heteren，2014）中已设法解决了水位尤其是潮汐效应的问题，该模型通常用于预测风暴对海滩和沙丘系统的作用。潮汐风暴潮（storm tides）被定义为与风暴相关的绝对水位，由相对于固定基准面（如平均海平面）进行测量。潮汐风暴潮必然反过来控制风暴作用尺度。Pye 和 Blott（2008）对英格兰西北部 Sefton 海岸在过去 50 年的沙丘正面侵蚀和增积进行了监测，发现 Formby Point 在 1958—1968 年有相对较高的沙丘侵蚀率，这与同期相对大量的潮汐风暴潮有关。而在七八十年代，由于大潮汐风暴潮的频率降低，在 Formby 的侵蚀速率变慢，北部和南部地区甚至出现相对较快增积。

在风暴群存在的情况下，正的风暴增水可能持续数天，并且它对应于甚至包含几个潮汐周期高潮（包括大潮高潮）的概率增加。例如，Vousdoukas 等（2012）得出结论，连续风暴事件期间观测到的形态变化表明，水动力强迫（尤其是潮汐和潮汐风暴潮）控制着风暴的作用（图 8.5）。Del Rio 等（2012）指出，在西班牙加的斯海岸，风暴群的影响异常严重的一个例子不仅与风暴事件持续时间长有关，还与一些风暴峰值与大潮条件的重合有关，从而导致该地区出现异常的累积效应。

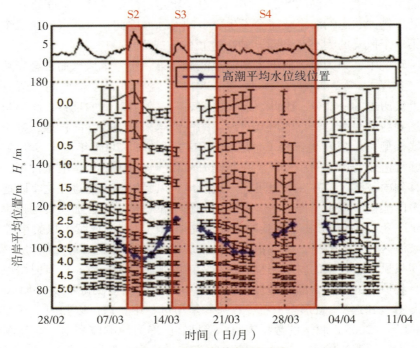

图 8.7 海滩响应的近岸变化

顶部：近海 H_s。底部：每条黑线代表不同等深线的平均沿岸位置（在左侧标记了每条等深线）。垂直条表示沿岸变化，由平均等深线位置的一个标准偏差表示。蓝线表示从内坝上的压力传感器测量的高潮平均水位线位置。离岸方向是向上。（改自 Coco 等，2014）

Coco 等（2014）分析了在一个风暴群事件里一个多月的每日海滩调查序列，得出的结论是，在大潮期间，上部海滩面（25 m³/m）上测量到的第一个最大侵蚀事件与大潮期间（图 8.7）（S2 事件，估计重现期为 10 年的风暴）非常高能的条件有关。特别是在 S2 期间报告了胚胎沙丘（等深线 3 m 以上）的侵蚀，并与水位的升高有关。持续时间长和幅度小的 S4 事件，导致海滩上部侵蚀，但侵蚀事件与高潮平均水位线位置相关。最后，在上滩面（4 月 5 日至 7 日）观察到的第二大侵蚀事件与非常低的波浪（H_s <1 m）有关，但也与大潮条件和相关的深达 4 m 的等深线有关。这一数据集使学者得出结论，根据 H_s 有潜在侵蚀能力的风暴对地形的影响会有限，这是因为在其他因素中，大浪高是与小潮相耦合。另一方面，由于大潮条件和波浪入射的缘故，基于 H_s 的"恢复"条件对形态有重要影响。

8.4.5 恢复期

恢复期较少在文献中被关注，甚至在大多数评估风暴群对海滩侵蚀累积影响的研究中被忽略（如 Splinter 等，2014a；Karunarathna 等，2014）。风暴群既取决于风暴的定义，也取决于"短"间隔的定义。然而，"短间隔"的定义要么太短而无法确保海滩恢复的时间间隔（如 Callaghan 等，2008；Karunarathna 等，2014；Senechal 等，2015），要么是任何少于 3 天的时间间隔。研究表明，风暴侵蚀的初始恢复可能非常快（如 List 等，2006；Roberts 等，2013），但如果前丘受到侵蚀，则完全恢复也可能持续数年（Birkemeier，1979；Wang 等，2006；Suanez 等，2012；Bramatao 等，2012；Houser 等，2015）。因此，根据定义，所谓的恢复时间（通常定义为两个连续风暴之间的平静期）总是比完全恢复所需的时间短。

从任何风暴中的恢复显然是下一次风暴先决条件的关键组成部分，但在某些情况下也可能影响海滩的长期响应（如 Houser 等，2009、2015；Roberts 等，2013）。因此，Forbes 等（2004）认为，在圣劳伦斯湾南部沿障壁海岸观察到的大的沿岸和年代际变化，可能反映了 1935 年之前大范围越流事件的恢复，可能是由 19 世纪后半叶的强烈风暴或风暴群引起的。Roberts 等（2013）分析了 46 个地点的 18 个基本每月 1 次的海滩剖面调查，发现海滩周期的时间尺度不是简单的季节性，而是与风暴作用的频率和强度以及风暴间恢复的持续时间有关。然而，这里出现的问题并不是完全恢复是否会真的发生在这个"恢复期"，而是什么可以被视为初始恢复以及哪个持续时间应该考虑。Morton 等（1995）定义了 4 类风暴后响应：持续侵蚀、部分恢复、完全恢复和过度恢复。这里的关键问题显然是确定部分恢复，以及是否短期的部分恢复在海滩对风暴群的响应中可被认为是正面的。事实上，恢复通常被认为是海滩的一个建设性过程；一些学者（如 Del Rio 等，2012）指出，同一风暴群内两次风暴之间海滩恢复的缺乏，也可以解释几个中等能量风暴的影响不高于单个高能量事件的影响。

海滩恢复通常发生在下降的海浪条件下。然而，最近的现场数据提供了在严重风暴群集条件后的平静期海滩侵蚀的证据（如 Coco 等，2014），或在高能条件下的持续存在的海岸线位置和/或海滩剖面的证据（如 Aagaard 等，2005；Quartel 等，2008；Senechal 等，2009；Coco 等，2014）。Almar 等（2010）利用视频数据报告了严重风暴条件下（$H_s > 8$ m）向岸传播的堆积型沙波。另外，在一系列风暴过程中产生的平静条件下裂流循环系统的维持，可能降低沙滩在非风暴条件下的恢复能力（如 Loureiro 等，2012）。连续风暴事件之间海滩恢复的速率也取决于潮差。Sedrati 和 Anthony（2007）在大潮滩上进行的密集的野外试验中，以及 Masselink 等（2014）根据长期观测（15 年），都报告了风暴条件下沙坝系统的形态弛豫。这两个研究都报道了缓慢的形态响应，这些是由在研究区域的大潮差引起的延长的弛豫时间导致的，该过程可能只在潮周期部分期间起作用。

事实上，同一个风暴群内的恢复期肯定主要取决于水动力条件，而水动力条件应相对于前期的条件（包括风暴和中等能量条件）加以考虑。例如，波浪和潮汐条件可能会有利于向岸泥沙输移，但恢复也将取决于海滩地貌和地质环境（如 Splinter 等，2011；Gallop 等，2012；Anthony，2013）。沉积物的局部可用性也取决于风暴作用尺度和侵蚀沉积物沉积的位置（Forbes 等，2004；Masselink 和 van Heteren，2014）。通常的（模态）海滩状态肯定也会相关，低能海岸比高能海岸更为脆弱（如 Qi 等，2010；Yu 等，2013；Masselink 和 van Heteren，2014）。最后是砂通过风沙输移及与植被的相互作用（如 Pries 等，2008；Priestas 等，2010；Suanez 等，2012；Seablom 等，2013）发生的与前丘的转移过程（如 Hesp，1988；Suanez 等，2012；Anthony，2013）。

8.5 结　　论

对风暴群的侵蚀响应常比组成风暴群的各组成风暴的总作用大得多。出现这种情况的原因有几个：① 海滩的平衡响应取决于先前的形态条件；② 海滩可能在风暴群内事件之间没有充分恢复；③ 剖面虽然恢复，但在风暴之间可能没有压实；④ 在风暴期间，近海沙坝的构造可能不相同，因此对风暴的防护罩作用可能不同；⑤ 组成群的风暴的潮汐条件可能不同。风暴群敏感性的一个结果是，即使验证数据（通常是剖面数据）可能只在每月或更长的时间间隔内可用，也不可能使用周平均或月平均波浪条件来模拟海岸线变化。需要数据集训练的经验或复合模型显然需要进行一些风暴序列训练，因此需要更长的训练数据集。目前，对风暴群条件下海滩恢复的观测研究还比较缺乏，这很可能是因为我们还不清楚即使是在单一风暴情况下海滩恢复的开始和结束时间。至关重要的是，我们未来的研究需更好地量化风暴恢复率之间的广泛差异，这似乎是理解风暴群作用的关键。

参考文献

[1] AAGAARD T, 1998. Rhythmic beach and nearshore topography: Examples from Denmark [J]. Geografisk Tidsskrift, 88, 55-60.

[2] AAGAARD T, KROON A, ANDERSEN S, et al., 2005. Intertidal beach change during storm conditions; Egmond, the Netherlands [J]. Marine Geology, 218, 65-80.

[3] ALLAN J C, KOMAR P D, 2002. Extreme storms on the Pacific Northwest Coast during the 1997-1998 El Niño and 1998-99 La Niña [J]. Journal of Coastal Research, 18 (1), 175-193.

[4] ALMAR R, CASTELLE B, RUESSINK B G, et al., 2010. Two-and three-dimensional double-sandbar system behaviour under intense wave forcing and a meso-macro tidal range [J]. Continental Shelf Research, 30 (7), 781-792.

[5] ALMEIDA L P, VOUSDOUKAS M V, FERREIRA O, et al., 2012. Thresholds for storm impacts on an exposed sandy coastal area in southern Portugal [J]. Geomorphology, 143-144, 3-12.

[6] ALMEIDA L P, MASSELINK G, RUSSELL P E, et al., 2015. Observations of gravel beach dynamics during high-energy wave conditions using a laser scanner [J]. Geomorphology, 228, 15-27.

[7] ANDERS F J, BYRNES M R, 1991. Accuracy of shoreline change rates as determinated from maps and aerial photographs [J]. Shore and Beach, 59, 17-26.

[8] ANTHONY E J, 2013. Storms, shoreface, morphodynamics, sand supply, and the accretion and erosion of coastal dune barriers in the southern North sea [J]. Geomorphology, 199, 8 – 21.

[9] ARPE K, LEROY S A G, 2009. Atlantic hurricanes-Testing impacts of local SSTS, ENSO, stratospheric QBO-Implications for global warming [J]. Quaternary International, 195, 4 – 14.

[10] BETTS N L, ORFORD J D, WHITE D, et al., 2004. Storminess and surges in the south-western approaches of the eastern North Atlantic: The synoptic climatology of recent extreme coastal storms [J]. Marine Geology, 210, 227 – 246.

[11] BIRKEMEIER W A, 1979. The effects of the 19 December 1977 coastal storm on beaches in North Carolina and New Jersey [J]. Shore and Beach, 47, 7 – 15.

[12] BIRKEMEIER W A, NICHOLLS R J, LEE G, 1999. Storms, storm groups and nearshore morphologic change [J]. In: Proc. Coastal Sediments '99. ASCE, New York, 1109 – 1122.

[13] BRAMATO S, ORTEGA-SáNCHEZ M, MANS C, et al., 2012. Natural recovery of a mixed sand and gravel beach after a sequence of short duration storm and moderate sea states [J]. Journal of Coastal Research, 28, 89 – 101.

[14] BRUNEAU N, CASTELLE B, BONNETON P, et al., 2009. Field observations of an evolving rip current on a meso-macrotidal inner bar and rip morphology [J]. Continental Shelf Research, 29, 1650 – 1662.

[15] BUTEL R, DUPUIS H, BONNETON P, 2002. Spatial variability of wave conditions on the French Atlantic Coast using in-situ data [J]. Journal of Coastal Research, SI36, 96 – 108.

[16] CALLAGHAN D P, NIELSEN P, SHORT A, et al., 2008. Statistical simulation of wave climate and extreme beach erosion [J]. Coastal Engineering, 55 (5), 375 – 390.

[17] CALLAGHAN D P, RANASINGHE R, ROELVINK D A, 2013. Probabilistic estimation of storm erosion using analytical, semi-empirical, and process based storm erosion models [J]. Coastal Engineering, 82, 64 – 75.

[18] CALLAGHAN D P, WAINWRIGHT D, 2013. The impact of various methods of wave transfers from deep water to nearshore when determining extreme beach erosion [J]. Coastal Engineering, 74, 50 – 58.

[19] CASELLA E, ROVERE A, PEDRONCINI A, et al., 2014. Study of wave runup using numerical models and low-altitude aerial photogrammetry: a tool for coastal management [J]. Estuarine, Coastal and Shelf Science, 149, 160 – 167.

[20] CASTELLE B, MARIEU V, BUJAN S, et al., 2014. Equilibrium shoreline modelling of a high-energy meso-macrotidal multiple-barred beach [J]. Marine Geology, 347, 85 – 94.

[21] CASTELLE B, MARIEU V, BUJAN S, et al., 2015. Impact of the winter 2013 – 2014 series of severe Western Europe storms on a double-barred sandy coast: beach and dune erosion and megacusp embayments [J]. Geomorphology, 238, 135 – 148.

[22] CASTELLE B, TURNER I L, RUESSINK B G, 2007. Impact of storms on beach erosion: Broadbeach (Gold Coast, Australia) [J]. Journal of Coastal Research, Special Issue, 50, 534 – 539.

[23] CIAVOLA P, ARMAROLI C, CHIGGIATO J, et al., 2007. Impact of storms along the coastline of Emilia-Romagna: The morphological signature of the Ravenna Coastline (Italy) [J]. Journal of Coastal Research, SI50.

[24] COCO G, SENECHAL N, REJAS A, et al., 2014. Beach response to a sequence of storms [J]. Geomorphology, 204, 493 – 501.

[25] COOPER J A G, JACKSON D W T, NAVAS F, et al., 2004. Identifying storm impacts on an embayed, high-energy coastline: examples from western Ireland [J]. Marine Geology, 210, 261 – 280.

[26] COX J C, PIRRELLO M A, 2001. Applying joint probabilities and cumulative effects to estimate storm-induced erosion and shoreline recession [J]. Shore and Beach, 69 (2), 5 – 7.

[27] DALON M M, HALLER M C, ALLAN J, 2007. Morphological characteristics of rip current embayments on the Oregon Coast [C]. In: Proc. Coastal Sediments '07. ASCE, New York, 2137 – 2150.

[28] DAVIDSON M A, LEWIS R P, TURNER I L, 2010. Forecasting seasonal to multi-year shoreline change [J]. Coastal Engineering, 57, 620 – 629.

[29] DAVIDSON M A, SPLINTER K D, TURNER I L, 2013. A simple equilibrium model for predicting shoreline change [J]. Coastal Engineering, 73, 191 – 202.

[30] DAWSON A, ELLIOTT L, NOONE S, et al., 2004. Historical storminess and climate'see-saws'in the North Atlantic region [J]. Marine Geology, 210, 247 – 259.

[31] DEL RIO L, PLOMARITIS T A, BENAVENTE J, et al., 2012. Establishing storm thresholds for the spanish gulf of Cadiz Coast [J]. Geomorphology, 143 – 144, 13 – 23.

[32] DONNELLY J P, BUTLER J, ROLL S, et al., 2004. A backbarrier overwash record of intense storms from Brigantine, New Jersey [J]. Marine Geology, 210, 107 – 121.

[33] DONNELLY J P, ROLL S, WENGREN M, et al., 2001. Sedimentary evidence of intense hurricane strikes from New Jersey [J]. Geology, 29 (7), 615 – 618.

[34] DONNELLY J P, WOODRUFF J D, 2007. Intense Hurricane activity over the past 5000 years controlled by El Niño and the West African monsoon [J]. Nature, 447, 465 – 468.

[35] EARLIE C S, YOUNG A P, MASSELINK G, et al., 2015. Coastal cliff ground motions and response to extreme storm waves [J]. Geophysical Research Letters, 2015, 42

(3), 847-854.
[36] FERREIRA O, 2005. Storm groups versus extreme single storms: predicted erosion and management consequences [J]. Journal of Coastal Research, SI 42, 221-227.
[37] FERREIRA O, 2006. The role of storm groups in the erosion of sandy coasts [J]. Earth Surface Processes and Landforms, 31, 1058-1060.
[38] FERRO C A T, SEGERS J, 2003. Inference for clusters of extreme values [J]. Journal. of the Royal Statistical Society: series B, 65 (2), 545-556.
[39] FORBES D L, PARKES G S, MANSON G K, et al., 2004. Storms and shoreline retreat in the southern gulf of ST Lawrence [J]. Marine Geology, 210, 169-204.
[40] FURMANCZYK K K, DUDZINSKA-NOWAK J, FURMANCZYK K A, et al., 2012. Critical storm thresholds for the generation of significant dune erosion at Daziwnow Spit, Poland [J]. Geomorphology, 143-144, 62-68.
[41] GALLAGHER E L, ELGAR S, GUZA R T, 1998. Observations of sand bar evolution on a natural beach [J]. Journal of Geophysical Research, 103, 3203-3215.
[42] GALLOP S L, BOSSERELLE C, ELIOT I, et al., 2012. The influence of linestone reefs on storm erosion and recovery of perched beach [J]. Continental Shelf Research, 47, 16-27.
[43] HANLEY J, CABALLERO R, 2012. The role of large-scale atmospheric flow and rossby wave breaking in the evolution of extreme windstorms over Europe [J]. Geophysical Research Letters, 39 (21), L21708.
[44] HANSEN J E, BARNARD P L, 2010. Sub-weekly to interannual variability of a high-energy shoreline [J]. Coastal Engineering, 57, 959-972.
[45] HARRIS D L, 1963. Characteristics of hurricane storm surge [R]. Technical paper No. 48 US Department of Commerce, Weather Bureau, Washington DC.
[46] HESP P A, 1988. Surf zone, beach and foredune interactions on the Australian south east coast [J]. Journal of Coastal Research, SI3, 15-25.
[47] HOUSER C, HAMILTON S, 2009. Sensitivity of post-hurricane beach and dune recovery to event frequency [J]. Earth, Surface Processes and Landforms, 34, 613-628.
[48] HOUSER C, WERNETTE P, RENTSCHLAR E, et al., 2015. Post-storm beach and dune recovery: Implications for barrier island resilience [J]. Geomorphology, 234, 54-63.
[49] IZAGUIRRE C, MÉNDEZ F J, MENÉNDEZ M, et al., 2010. Extreme wave climate variability in southern Europe using satellite data [J]. Journal of Geophysical Research, 115 (C4), C04009.
[50] IZAGUIRRE C, MÉNDEZ F J, MENÉNDEZ M, et al., 2011. Global extreme wave height variability based on satellite data [J]. Geophysical Research Letters, 38 (10), L10607.

[51] JIMENEZ J A, SANCHEZ-ARCILLA A, BOU J, et al., 1997. Analysing short-term shoreline changes along the Ebro Delta (Spain) using aerial photographs [J]. Journal of Coastal Research, 13 (4), 1256-1266.

[52] JONATHAN P, EWANS K, 2011. Modeling the seasonality of extreme waves in the Gulf of Mexico [J]. Journal of Offshore Mechanics and Arctic Engineering, 133, 021104-1: 021104-9.

[53] KARUNARATHNA H, PENDER D, RANASINGHE R, et al., 2014. The effect of storm clustering on beach profile variability [J]. Marine Geology, 348, 103-112.

[54] KEIM B D, MULLER R A, STONE G W, 2004. Spatial and temporal variability of coastal storms in the north Atlantic basin [J]. Marine Geology, 210, 7-15.

[55] KISH S A, DONOGHUE J F, 2013. Coastal response to storms and sea-level rise: Santa Rosa Island, Northwest Florida, USA [J]. Journal of Coastal Research, 63 (SPI), 131-140.

[56] KVAMSTO N G, SONG Y, SEIERSTAD I A, et al., 2008. Clustering of cyclones in the AROEGE general circulation model [J]. Tellus A, 60 (3), 547-556.

[57] KULMAR M, LORD D, SANDERSON B, 2005. Future directions for wave data collection in New South Wales [C] //Proceedings of Coasts and Ports: Coastal Living-Living Coast. Australian Conference.

[58] VAN DER LAGEWEG W I, BRYAN K R, COCO G, et al., 2013. Observations of shoreline-sandbar coupling on an embayed beach [J]. Marine Geology, 344, 101-114.

[59] LARSON M, CAPOBIANCO M, HANSON H, 2000. Relationship between beach profiles and waves at Duck, North Carolina, determined by canonical correlation analysis [J]. Marine Geology, 163, 275-288.

[60] LEE S, HELD I M, 1993. Baroclinic wave packets in models and observations [J]. Journal of Atmospheric Science, 60, 1490-1503.

[61] LEE G, NICHOLLS R J, BIRKEMEIER W A, 1998. Storm-driven variability of the beach-nearshore profile at Duck, North Carolina, USA, 1981-1991 [J]. Marine Geology, 148, 163-177.

[62] LI F, VAN GELDER P H A J M, RANASINGHE R, et al., 2014. Probabilistic modelling of extreme storms along the Dutch coast [J]. Coastal Engineering, 86 (Apr.), 1-13.

[63] LIST H J, FARRIS A S, SULLIVAN C, 2006. Reversing storm hotspots on sandy beaches: Spatial and temporal characteristics [J]. Marine Geology, 226, 261-279.

[64] LONG J W, PLANT N G, 2012. Extended Kalman Filter framework for forecasting shoreline evolution [J]. Geophysical Research Letters, 39 (13), L13603.

[65] LORD D, KULMAR M, 2000. The 1974 storms revisited: 25 years' experience in ocean wave measurement along the South-East Australian Coast [C] //Proceedings of 17th

International Conference on Coastal Engineering, Sydney.

[66] LOUREIRO C, FERREIRA O, COOPER J A, 2012. Extreme erosion on high-energy embayed beaches: Influence of megarips and storm grouping [J]. Geomorphology, 139 – 140, 155 – 171.

[67] LUCEÑO A, MENENDEZ M, MENDEZ F J, 2006. The effect of temporal dependence on the estimation of the frequency of extreme ocean climate events [J]. Proceedings of The Royal Society A, 462 (2070), 1683 – 1697.

[68] MAILIER P J, STEPHENSON D B, FERRO C A T, et al., 2006. Serial clustering of extratropical cyclones [J]. Monthly Weather Review, 134, 2224 – 2240.

[69] MASSELINK G, AUSTIN M, TINKER J, et al., 2008. Cross-shore sediment trans-port and morphological response on a macrotidal beach with intertidal bar morphology, Truc Vert, France [J]. Marine Geology, 251, 141 – 155.

[70] MASSELINK G, AUSTIN M, SCOTT T, et al., 2014. Role of wave forcing, storms and nao in outer bar dynamics on a high-energy macro-tidal beach [J]. Geomorphology, 226, 76 – 93.

[71] MASSELINK G, VAN HETEREN S, 2014. Response of wave-dominated and mixed-energy barriers to storms [J]. Marine Geology, 352, 321 – 347.

[72] MÉNDEZ F J, MENÉNDEZ M, LUCEÑO A, et al., 2008. Seasonality and duration in extreme value distribution of significant wave height [J]. Ocean Engineering, 35 (1), 131 – 138.

[73] MILLER J K, DEAN R G, 2004. A simple new shoreline change model [J]. Coastal Engineering, 51, 531 – 556.

[74] MORTON R A, PAINE J G, GIBEAUT J C, 1994. Stages and durations of post-strom beach recovery: southeastern Texas Coats, USA [J]. Journal of Coastal Research, 10, 884 – 908.

[75] MORTON R A, GIBEAUT J C, PAINE J G, 1995. Mesoscale transfer of sand during and after storms: Implications for prediction of shoreline movement [J]. Marine Geology, 126, 161 – 117.

[76] OGAWA H, DICKSON M E, KENCH P S, 2015. Hydrodynamic constraints and storm wave characteristics o a subhorizontal shore platform [J]. Earth Surface Processes and Landforms, 40 (1), 65 – 77.

[77] PINTO J G, GOMARA I, MASATO G, et al., 2014. Large-scale dynamics associated with clustering of extratropical cyclones affecting Western Europe [J]. Journal of Geophysical Research: Atmospheres, 119 (24), 13704 – 13719.

[78] PLANT N G, STOCKDON H F, 2012. Probabilistic prediction of barrier-island response to hurricanes [J]. Journal of Geophysical Research: Earth Surface: JGR, 117 (F3), F03015.

[79] PRIES A J, MILLER D L, BRANCH L C, 2008. Identification of structural and spatial features that influence storm-related dune erosion along a barrier-island ecosystem in the Gulf of Mexico [J]. Journal of Coastal Research, 24, 168 – 175.

[80] PRIESTAS A M, FAGHERAZZI S, 2010. Morphological barrier island changes and recovery of dunes after Hurricane Dennis, ST George Island, Florida [J]. Geomorphology, 114, 614 – 626.

[81] PYE K, BLOTT S J, 2008. Decadal-scale variation in dune erosion and accretion rates: An investigation of the significance of changing storm tide frequency and magnitude on the Sefton Coast, UK [J]. Geomorphology, 102, 652 – 666.

[82] QI H, CAI F, LEI G, et al., 2010. The response of three main beach types to tropical storms in South China [J]. Marine Geology, 275, 244 – 254.

[83] QUARTEL S, KROON A, RUESSINK B G, 2008. Seasonal accretion and erosion patterns of a microtidal sandy beach [J]. Marine Geology, 250, 19 – 33.

[84] RAO V B, DO CARMO A M C, FRANCHITO S H, 2002. Seasonal variations in the southern hemisphere storm tracks and wave propagation [J]. Journal of Atmospheric Science, 59, 1029 – 1040.

[85] RAUBENHEIMER B, GUZA R T, 1996. Observations and predictions of run-up [J]. Journal of Geophysical Research, 101 (C10), 25, 575 – 587.

[86] REGNAULD H, PIRAZZOLI P A, MORVAN G, et al., 2004. Impacts of storms and evolution of the coastline in western France [J]. Marine Geology, 210, 325 – 337.

[87] REGUERO B G, MÉNDEZ F J, LOSADA I J, 2013. Variability of multivariate wave climate in Latin America and the Caribbean [J]. Global and Planetary Change, 100, 70 – 84.

[88] REVELL D L, KOMAR P D, SALLENGER JR A H, 2002. An application of LIDAR to analyses of El Ninõ erosion in the Netarts Littoral Cell, Oregon [J]. Journal of Coastal Research, 18 (4), 792 – 801.

[89] ROBERTS T M, WANG P, PULEO J A, 2013. Storm-driven cyclic beach morphodynamics of a mixed sand and gravel beach along the Mid-Atlantic Coast, USA [J]. Marine Geology, 346, 403 – 421.

[90] ROELVINK J A, RENIERS A J H M, VAN DONGEREN A, et al., 2009. Modelling storm impacts on beaches, dunes and barrier islands [J]. Coastal Engineering, 56, 1133 – 1152.

[91] RÓŽ YOSKI G, LARSON M, PRUSZAK Z, 2001. Forced and self-organized shoreline response for a beach in the southern Baltic Sea determined through singular spectrum analysis [J]. Coastal Engineering, 43, 41 – 58.

[92] RUESSINK B G, HOUWMAN K T, HOEKSTRA P, 1998. The systematic contribution of transporting mechanisms to the cross-shore sediment transport in water depths of 3 to 9

m [J]. Marine Geology, 152, 295 – 324.

[93] RUESSINK B G, MILES J R, FEDDERSEN F, et al., 2001. Modeling the alongshore current on barred beaches [J]. Journal of Geophysical Research, 106 (C10), 22451 – 22463.

[94] RUESSINK B G, KURIYAMA Y, RENIERS A J H M, et al., 2007. Modeling cross-shore sandbar behavior on the time scale of weeks [J]. Journal of Geophysical Research. Earth Surface: JGR, 112 (F3), F03010.

[95] RUESSINK B G, PAPE L, TURNER I L, 2009. Daily to interannual cross-shore sandbar migration from a multiple sandbar system [J]. Continental Shelf Research, 29, 1663 – 1677.

[96] RUGGIERO P, KOMAR P D, ALLAN J C, 2010. Increasing wave heights and extreme value projections: The wave climate of the US Pacific Northwest [J]. Coastal Engineering, 57, 539 – 552.

[97] SALLENGER J R A H, 2000. Storm impact scale for barrier islands [J]. Journal of Coastal Research, 16, 890 – 895.

[98] SALLENGER A H, KRABILL W, SWIFT R, et al., 2003. Evaluation of airborne scanning lidar for coastal change applications [J]. Journal of Coastal Research, 19, 125 – 133.

[99] SEABLOM E W, RUGGIERO P, HACKER S D, et al., 2013. Invasive grasses, climate change, and exposure to storm-wave overtopping in coastal dune ecosystems [J]. Global Change Biology, 19, 824 – 832.

[100] SEDRATI M, ANTHONY E J, 2007. Storm-generated morphological change and longshore sand transport in the intertidal zone of a multi-barred macrotidal beach [J]. Marine Geology, 244, 209 – 229.

[101] SEMEDO A, SUSELJ K, RUTGERSSON A, et al., 2011. A global view on the wind sea and swell climate and variability from ERA – 40 [J]. Journal of Climate, 24, 1461 – 1479.

[102] SÉNÉCHAL N, GOURIOU T, CASTELLE B, et al., 2009. Morphodynamic response of a meso-to macro-tidal intermediate beach based on a long-term data-set [J]. Geomorphology, 107, 263 – 274.

[103] SÉNÉCHAL N, ABADIE S, GALLAGHER E, et al., 2011. The ECORS-Truc Vert' 08 nearshore field experiment: Presentation of a three-dimensional morphologic system in a macro-tidal environment during consecutive extreme storm conditions [J]. Ocean Dynamics, 61 (12), 2073 – 2098.

[104] SENECHAL N, COCO G, CASTELLE B, et al., 2015. Storm impact on the seasonal shoreline dynamics of a meso-to macrotidal open sandy beach [J]. Geomorphology, 228, 448 – 461.

[105] SHAND R, HESP P, SHEPHERD M, 2004. Beach cut in relation to net offshore bar migration [J]. Journal of Coastal Research, special issue, 39, 334 – 340.

[106] SHORT A D, TRENAMAN N L, 1992. Wave climate of the Sydney region, an energetic and highly variable ocean wave regime [J]. Australian Journal of Marine and Freshwater Research, 43, 765 – 791.

[107] SMITH R L, WEISSMAN I, 1994. Estimating the extremal index [J]. J. R. Statist. Soc. B., 56 (3), 515 – 528.

[108] SMITHERS S G, HOEKE R K, 2014. Geomorphological impacts of high-latitude storms waves on low-latitude reef islands-Observations of the December 2008 event on Nukutoa, Takuu, Papua New Guinea [J]. Geomorphology, 222, 106 – 121.

[109] SPLINTER K D, STRAUSS D R, TOMLINSON R B, 2011. Assessment of post-storm recovery of beaches using video imaging techniques: A case study at Gold coast Australia [J]. IEEE Transactions on Geoscience and Remote Sensing, 49 (12), 4704 – 4716.

[110] SPLINTER K D, CARLEY J T, GOLSHANI A, et al., 2014a. A relationship to describe the cumulative impact of storm clusters on beach erosion [J]. Coastal Engineering, 83, 49 – 55.

[111] SPLINTER K D, TURNER I L, DAVIDSON M A, et al., 2014b. A generalized equilibrium model for predicting daily to interannual shoreline response [J]. Journal of Geophysical Research, Earth Surface, 119, 1936 – 1958.

[112] STOCKDON H F, SALLENGER A H, LIST J H, et al., 2012. Estimation of shoreline position and change from airborne topographic lidar data [J]. Journal of Coastal Research, 18, 502 – 513.

[113] STOCKDON H F, SALLENGER J R A H, HOLMAN R A, et al., 2007. A simple model for the spatially-variable coastal response to hurricanes [J]. Marine Geology, 238, 1 – 20.

[114] SUANEZ S, CARIOLET J M, CANCOUËT R, et al., 2012. Dune recovery after storm erosion on a high-energy beach: Vougot Beach, Brittany (France) [J]. Geomorphology, 139 – 140, 16 – 33.

[115] SWANSON K L, PIERREHUMBERT R T, 1994. Nonlinear wave packet evolution on a baroclinically unstable jet [J]. Journal of Atmospheric Science, 51, 384 – 396.

[116] THOMPSON D W J, BARNES E A, 2014. Periodic variability in the large-scale southern hemisphere atmospheric circulation [J]. Science, 343, 641 – 645.

[117] THORNTON E B, HUMISTON R T, BIRKEMEIER W, 1996. Bar/trough generation on a natural beach [J]. Journal of Geophysical Research, 101 (C5), 12097 – 12110.

[118] THORNTON E B, MACMAHAN J H, SALLENGER J R A H, 2007. Rip currents, mega-cusps, and eroding dunes [J]. Marine Geology, 240, 151 – 167.

[119] VAN ENCKEVORT I M J, RUESSINK B G, 2003. Video observations of nearshore bar behaviour. Part 1: Alongshore uniform variability [J]. Continental Shelf Research, 23

(5), 501-512.
[120] VITOLO R, STEPHENSON D, COOK I, et al., 2009. Serial clustering of intense European windstorms [J]. Meteorologische Zeitschrift, 18, 411-424.
[121] VOUSDOUKAS M I, ALMEIDA L P M, FERREIRA O, 2012. Beach erosion and recovery during consecutive storms at a steep-sloping, meso-tidal beach [J]. Earth Surface Processes and Landforms, 37, 583-593.
[122] WANG P, KIRBY J H, HABER J D, et al., 2006. Morphological and sedimentological impacts of Hurricane Ivan and immediate poststorm beach recovery along the northwestern Florida barrier-island coast [J]. Journal of Coastal Research, 22, 1382-1402.
[123] WRIGHT L D, SHORT A D, 1984. Morphodynamic variability of surf zones and beaches: a synthesis [J]. Marine Geology, 56, 93-118.
[124] YATES M L, GUZA R T, O'REILLY W C, 2009. Equilibrium shoreline response: Observations and modeling [J]. Journal of Geophysical Research C. Ocean: JGR, 114 (C9), C09014.
[125] YU F, SWITZER A D, LAU A Y A, et al., 2013. A comparison of the post-storm recovery of two sandy beaches on Hong Kong island, southern China [J]. Quaternary International, 304, 163-175.

9 越流过程

Ana Matias[1] 和 Gerhard Masselink[2]

---

1 葡萄牙阿尔加维大学滨海环境调查中心；
2 英国普利茅斯大学海洋科学与工程学院。

9.1 简 介

本章的主要目的是概述与越流过程相关的流体动力学和地貌动力学的前沿知识。从短期角度着手（几秒到几天），重点关注越流期间的越流水力学、海岸影响、沉积物输移/沉积和地貌演变。本章不会讨论越流在障壁坝动力学的长期海岸演化（数年到数千年）中的作用，也不会讨论越流过程的数值模型问题（将在第 10 章中讲述）。

我们将首先定义越流和越流诱导的地貌形态、它们在世界范围内的出现，以及越流对障壁坝地貌动力学的重要性。第 9.2 节介绍了研究越流过程的综合方法，包括现场工作的数据收集和实验工作。越流期间水动力过程的知识现状详见第 9.3 节。流体动力学的描述是从越流过程中的海洋学条件到越流本身的运动学特征，这些特征通过越流深度、速度、流量和入侵等变量来量化。第 9.4 节提供了关于砾石障壁坝越流事件期间的小规模地貌动力学过程的详细信息，其中包括越浪堆积几何形状、体积和沉积学的特征，以及对越流沉积动力学的讨论。

9.1.1 越流的定义

文献中用于描述越流及其由此产生的沉积作用的术语差异很大。这里越流是指海水和沉积物在波浪爬升产生的障壁坝顶上的不连续输移（图 9.1）。当平均水位（包括潮位和/或风暴增水水位）高于坝顶，发生洪水淹没。

因此，越流本质上是一个波浪驱动的过程，与越流活动有关，还与风暴增水或春秋分大潮有关。越流事件集可以持续几分钟到几天，由一些通常持续的越流事件组成，这些事件持续时间不到一分钟。每秒越流事件的次数称为越流频率，两次连续越流事件之间的平均时间称为重现期。越流过程是连续过程的一部分，从障壁坝顶的冲流过程的延长开始，到障壁被淹没之前结束，这可能导致障壁坝顶的灾难性下切、溃决和/或入口打开。Orford 和 Carter（1982）引入了"漫顶"这个词：在这个过程中，冲流刚好在坝顶，并在快速渗透的情况下在冲流极限处造成垂直堆积（图 9.2a 和图 9.2c）。在波高升高或降低、潮汐阶段的升降、气象浪涌增减的条件下，可在障壁坝顶的同一地方发生漫顶和越流过程。Orford 和 Carter（1982）定义的漫顶不应被误认为是海岸工程结构的漫顶（图 9.2b）。海岸建筑物或海防的漫顶是因为海浪爬高至建筑物前面（Pullen 等，2007）。

越浪堆积（washover）是越流水流产生的地貌形态（图 9.3）。然而，并不是所有被称为越浪堆积的地貌形态都是由越流产生的，通常是由障壁坝淹没造成的。与越流相关的海岸地貌已在文献中被广泛描述。有两种主要的越浪堆积地貌类型：① 越浪堆积平原（图 9.1a）是宽阔的低洼裸露区域；② 越浪堆积叶是在特定位置切割沙丘区域的局地特征（图 9.1b），由口、通道和扇组成。其他作者给越浪堆积地貌形态起了不同的名字，例如，

（a）葡萄牙里亚福尔摩沙巴雷塔岛越流水流在障壁坝顶（左）流向坝后（右）的沙丘遗迹

（b）葡萄牙福尔摩沙巴雷塔岛的障壁坝顶的越流，受限于沙丘侵蚀形成的缺口地形

（c）2014年3月2日马绍尔群岛共和国罗伊–纳穆尔岛（Swarzenski，2014）的越流

图9.1　越流的图片

Alexandra Cunha 拍摄了照片（a）和（b），照片（c）是由 Peter Swarzenski 拍摄。

越浪堆积平原被称为越浪堆积坡道（Fisher 和 Simpson，1979）、越浪堆积片（如 Ritchie 和 Penland，1988）、越浪堆积坪（如 Holland 等，1991）和越浪堆积平台（如 Bray 和 Carter，1992）。这种术语的激增并没有促进在不同的越流研究之间的明晰比较。

9.1.2　越流的发生

越流是一种发生在各种环境中的自然过程：海洋海岸（如 Jennings 和 Coventry，2003）、河口海岸（如 Jennings 和 Coventry，1973）、障壁礁（如 Bayliss-Smith，1988）、海滨（如 Guillén 等，1994）和湖泊海岸（如 Davidson-Arnott 和 Fisher，1992）。然而，越流在障壁岛的发生是文献中最常见的描述。大多数研究并不是专门致力于研究实际的越流过程；相反，重点通常集中在代表风暴对海岸作用的越流上（如 Morton 和 Sallenger，2003）、障壁坝动力学中的一个重要过程（Oxford等，1995），或沿海沉积学的一个重要元素（如 Schwartz，1982）。已发表的对越流或越流引起的地貌形态的观察结果和测量结果包括在这些地区发生的事件：澳大利亚（如 Baldock 等，2008）、巴西（Silva 等，2014）、加拿大（如 Armon 和 McCann，1979）、哥伦比亚（如 Morton 等，2000）、丹麦（如 Kroon 等，2013）、法国（如 Stéphan 等，2010）、德国（如 Hofstede，1997）、爱尔兰（如 Orford 和 Carter，1982）、意大利（如 Armaroli 等，2012）、摩洛哥（如 Raji 等，2015）、墨西哥（如 Cooper 等，2007）、荷兰（如 Hoekstra 等，2009）、新西兰（如 Tribe 和 Kennedy，2010）、中华人民共和国（如 Qi 等，2010）、葡萄牙（如 Matias 等，2010）、马绍尔群岛共和国（Swarzenski，2014）、索罗曼群岛（Bayliss-Smith，1988）、西班牙（如 Benavente 等，2006）、泰国（Phantuwongraj 等，2013）、英国（如 Bradbury 和 Powell，1992）、美国（如 Leatherman，1976）和越南（Tuan 和 Verhagen，2008）。尽管难以在出版的材料中得到证明，但越流肯定在其他国家已经发生过或正在发生。尽管有越来越多的人在做关于世界各地越流过程的研究，但大多数与越流有关的沿海和地球科学调查都是在美国开展的（截至 2015 年，有 60% 以上的参考文献来自美国）。

(a) 葡萄牙福尔摩沙巴雷塔岛

(c) 漫顶和越流过程示意

(b) 葡萄牙阿尔布费拉腹丁坝漫顶

图 9.2　两个关于"漫顶"这个词的应用图示

图片改自 Orford 和 Carter，1982。

9.1.3　与越流有关的现象

与大风暴相关的越流可能是灾难性的（比如卡特里娜飓风对美国沿海地区的影响）；然而，从长远的角度来看（几百年），越流可以被认为是一个建设性的和自然的过程，有助于塑造、重塑和维护障壁坝系统。反复的越流过程对于海侵障壁岛的长期自然演化非常重要，在环境向陆地移动的同时，障壁结构中包含的砂的净体积通常保持不变（如 Dolan 和 Godfrey，1973）。通过"翻转"机制，越流有助于障壁岛向陆地迁移（如 Carter 和 Orford，1993）。翻转机制包括风暴波通过侵蚀障壁坝前部驱动的向岸泥沙输移，通过障壁坝顶转移，以及以越浪堆积的形式沉积在障壁坝后部（图9.3）。越流也有助于障壁坝演变为其他模式，如溃决（Kraus等，2002）、障壁坝崩溃（Pye和Blott，2009）、通道的形成（Vila-Concejo 等，2006）、潟湖入口的动力（Baldock 等，2008）和出口的关闭（Orford 等，1988）。在某些情况下，越流是盐沼发育的一个重要过程。在第4章中，我们已对障壁坝动力学中的越流和其他与风暴有关的过程作了详细的描述。

图 9.3　2014 年 12 月北海风暴增水后英国东英格兰的索尔特豪斯越浪堆积
照片由 MikePage 提供。

在发达地区发生的越流往往是一种灾害，具有重大的社会经济影响，例如对人命的伤害和损失，掩埋道路和小径，破坏私人财产、海滩设施、电力设备和基础设施，造成旅游活动下降，破坏下水道造成污染，造成盐、沙侵入农业土壤，抑制航道航行等。

9.2 研究越流过程的方法

砂质和砾石障壁坝上均发生过越流。在砂质环境中对越流的实地研究比砾石海滩更为常见（如 Leatherman，1976；Holland 等，1991）。然而，Lorang（2002）和 Orford 等（2003）报道了关于砾石障壁坝的重要实地研究。越流主要发生在风暴期间，越流发生时准确的现场测量是危险的，并且很难或不可能通过现有的设备获得数据。越流的测量主要有两种方式：野外测量和室内实验。

9.2.1 野外测量

对越流的实地观察有时在越流过程中进行，但更常见的是在越流发生之前和之后进行。对地面照片和垂直航空照片（如 Rodríguez 等，1994）的分析已用于确定、描述和测量越流。通过使用地形测量技术，如全站仪测量（如 Stone 等，2004）、GPS 测量（如 Matias 等，2009）或激光雷达测量（如 Stockdon 等，2009），对风暴前和风暴后障壁坝的形态进行测量，研究和评估越流诱发的地貌形态变化、泥沙淤积量和越流水的最大侵入。2000 年以前的大多数研究使用跨海岸剖面，从越浪堆积的特定位置推断出 m^3/m 的越流沉积。随着 DGPS 的出现，特别是激光雷达测量，三维越浪堆积形态数据变得容易获取，可以获得更精确的总沉积体积。在其他情况下，对越流沉积物沉积进行评估时，结合了越浪堆积周长和高程的平面测量技术，利用了柱状样和/或探地雷达获得的越浪堆积厚度（如 Carruthers 等，2013）。

现有的越流期间的数据集仅有 7 个：① 美国 Assateague 岛（Fisher 等，1974；Leatherman，1976；Fisher 和 Stauble，1977）；② 美国 Nauset 沙嘴（Leatherman 和 Zaremba，1987）；③ 美国 Trinity 岛（Holland 等，1991）；④ 西班牙 Trabucador 沙嘴（Guillén 等，1994）；⑤ 美国 Shoeldon's 沼泽障壁岛（Bray 和 Carter，1992）；⑥ 澳大利亚 Belongil 海滩（Baldock 等，2008）；⑦ 葡萄牙 Barreta 岛（Matias 等，2010）。野外调查均测量了越流过程中的形态变化，并测量了一些越流水动力。然而，这些数据集在质量和范围上是混合的，从使用粗糙方法的单一水动力测量到使用更复杂方法的更广泛测量。地形测量是使用在岛上横断面上叠加木桩网格，用自动水准尺和测量杆、全站仪和 GPS 测量高程站网格。越流水动力是通过双向电磁流量表、流量计测量的，测量方法是对在标尺、压力传感器和电容式波杆之间越流涌前端的标记物之间的木浮子进行计时。

9.2.2 室内实验

与野外工作相比，实验室的越流实验具有许多优势，包括控制水动力条件以确保越流的发生和后勤方面的优势（如更多的准备时间、招募研究人员的空间、充足的时间表、简化的设备安装和供电，以及为人员和设备提供安全的环境）。移动床面上的越流实验可在 8 个设施中进行：① 在 Hancock 和 Kobayashi（1994）、Tega 和 Kobayashi（1996，1999）和 Figlus 等（2010，2011）报道的美国特拉华大学的 DuPont 大厅；② 在 Obhrai 等（2008）所述的 HR Wallingford（英国）；③ 在 Donnelly（2008）描述的美国陆军工兵部队（US Army Corps of Engineers）Vicksburg 的海岸水力实验室；④ 在 Park 和 Edge（2010）所报道的美国得克萨斯农工大学（Texas A&M University，USA）；⑤ 在 Srinivas 等（1992）和 Pirrello（1992）所描述的美国佛罗里达大学海岸和海洋实验室的"大气–海洋"水池中；⑥ 在 Baldock 等（2005）所报道的昆士兰大学（澳大利亚）；⑦ Alessandro 等（2010）所报道的加泰罗尼亚理工大学（西班牙）的 CIEM；⑧ 在 Matias 等（2012，2013）描述的荷兰代尔夫特三角洲研究中心的三角洲水槽（图 9.4）。

（a）可看到"潟湖"的视角，把棚架放在 BARDEX 实验的砾石障壁坝上

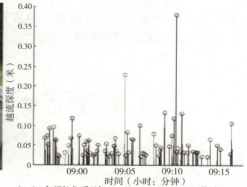

（b）在测试系列 D34（BARDEXII）期间记录的越流深度的时间序列，每个越流事件的峰值深度都标记为一个圆圈

（c）朝向桨叶的视角，在 BARDEX 实验的砾石障壁坝顶部被越流

（d）朝向桨叶的视角，越流发生在 BARDEXII 实验的砂质障壁坝上

图 9.4　BARDEX 和 BARDEXII 实验

在①到⑦设施中进行的实验被认为是小规模的实验，波高在 0.14～0.33 m 的范围内。有效波高达 1.0 m 大规模的越流实验在 BARDEX（障壁坝动力学实验）实验中进行。大多数实验使用砂粒大小沉积物在水槽内构造障壁坝，但 Obhrai 等（2008）、Bradbury 和 Powell（1992）以及 Matias 等（2012）用砾石大小的材料构造障壁坝。

所有实验都测量了越流前后的障壁坝剖面，从而能够准确地定量检测障壁坝的形态变化和越流沉积体积。形态测量使用各种设备（如激光扫描仪、超声剖面仪、机械剖面仪、摄影测量用摄像机），测量仪器位于固定位置或在水槽上移动。在 BARDEX 实验中，使用 45 个床层传感器（bed-level sensors，BLS）在 4 hz 频率下测量越流过程中的地面障壁坝形态演变。BLSs 为每一个离散的测量点提供了形态学演化的高分辨率测量，但仅在床层干燥时记录床层水平。

对越流的主要水动力变量（速度、深度和流量）的测量要困难得多，因此，数据集非常有限。使用摄像机和床层传感器进行相邻传感器的时间序列互相关以测量越流水的深度和速度。一些实验通过容器内的波浪计或通过跟踪维持一定水位所需的泵送速率，从障壁坝后容器的测量中推断出越流流量。

9.3 越流期间的水动力过程

9.3.1 海洋学条件

风暴期间的越流事件无疑是全球文献中描述最常见的情况。值得注意的是，正如 Hayes（1967）确定的那样，美国飓风期间障壁坝上发生了越流，并与 2005 年 8 月卡特里娜飓风期间人类新区的广泛洪水的背景高度相关。其他类型的风暴也造成了越流。引起越流的风暴浪高度可能会有显著的变化。现有的研究将风暴事件中风暴引起的砂质障壁坝的越流与高于 4 m（1975 年 3 月，美国马里兰州阿萨蒂格 Assateague 岛）（Leatherman，1976）至低于 9 m 的近海波浪高度（1991 年 10 月，美国马萨诸塞州 Devereaux 海滩）（FitzGerald 等，1994）关联起来。已经发现了砾石障壁坝的越流发生在从波浪高度为 3.5 m（英国 Hurst 沙嘴，Bradbury 和 Powell，1992）到 6.5 m 的风暴中（英国 Chesil 海滩，May 和 Hansom，2003）。风暴期间的水位对越流的发生至关重要。当风暴与近地点大潮重合时，特别是在与潮差相比浪涌增水相对较小的地区，风暴驱动的浪涌增水和爬升最高（Anthony，2013）。应强调的是，在非风暴条件下也可能发生越流。非风暴越流可能源于厄尔尼诺洪水（Morton 等，2000）、湖泊中的极端潮汐水位（Schwartz，1975）或严重的潟湖洪水（Nguyen 等，2006）。尽管如此，越流的位置和大小不仅取决于水动力强迫（波浪条件和水位），而且还受特定地点的地貌背景的控制。

9.3.2 越流的水力学

无论在风暴还是非风暴条件下,波浪爬升到障壁坝顶后,越流就开始越过障壁坝顶。关于所产生的水流的性质,以及在越流过程中海岸障壁坝的形态和沉积学演变的信息并不多。然而,一些主要水动力特性(速度、深度、流量、入侵)数据是可用的。Leatherman(1977)在 Assateague 岛(美国)获得的平均越流流速为 1.95 m/s,Leatherman 和 Zaremba(1987)在 Nauset 沙嘴(美国)测量的越流流速为 0.5~2.0 m/s,通过 Trabucador 沙坝(西班牙)的最大越流流速为 1.5 m/s(Guillén 等,1994),Holland 等(1991)在 Dernieres 群岛(美国)获得了 2.0 m/s 的平均速度,Bray 和 Carter(1992)在 Erie 湖(美国)的一个障壁坝处测量的越流流速为 1~3 m/s,Matias 等(2010)在 Barreta 岛(葡萄牙)测量的非风暴越流流速为 2.2~2.3 m/s。图 9.5 为现场实测的越流流速和越流深度的平均值和标准差。至于在水槽中的实验研究,在顶部的越流速度的测量也是有限的。Srinivas 等(1992)测量了砂质障壁坝上 0.8~1.2 m/s 的越流速度,Schüttrumpf 和 Oumeraci(2005)测量的不透水堤的越流速度高达 0.7 m/s,Donnelly(2008)在砂质障壁坝上测量到的涌水前沿速度小于 1.5 m/s,Matias 等(2014)测量了砾石障壁坝的平均越流速度为 3.3 m/s,Matias 等(2016)测量了砂质障壁坝上的平均越流速度为 2.0 m/s。

越流过程中进行的实地测量显示了一定范围的越流峰值深度:0.7m(Fisher 和 Stauble,1977)、0.45m(Fisher 等,1974;Leatherman 和 Zaremba,1987)、0.19m(Leatherman,1976)、0.15m(Matias 等,2010)、0.13m(Hhalland 等,1991)和 0.10m(Bray 和 Carter,1992)(图 9.5)。在通常情况下,由于规模很小,室内实验显示的深度非常浅,如 0.04~0.09m(Donnelly,2008),但是 BARDEX 和 BARDEXII 的实验除外,它们分别测量得到的最大越流深度为 0.77m(Matias 等,2014)和 0.46m(Matias 等,2016)。考虑到图 9.5 总结的所有可用的实地测量的数据集,大多数越流事件都是平均 Froude 数约为 1.5 的超临界流,显示了浅而快速的超临界湍流。然而,因为水流更深,Leatherman 和 Zaremba(1987)记录的是临界流,Fisher 等(1974)测量出的是亚临界流。越流流量只在实验中可直接测量。Tega 和 Kobayashi(1996)获得了 0.4~8.7 l/(m·s)的越流流量,而 Figlus 等(2010)记录了 17~20 l/(m·s)的流量。

自然地,越流水流参数在不同地点之间、同一地点的不同事件之间和同一事件集的不同事件之间都是高度可变的。如前所述,每个越流事件集都包括坝顶上的许多越流事件(以图 9.4b 为例),虽然平均值是表达和比较事件的简洁方式,但额外的统计特性(如 2% 的超越值)可能更合适。

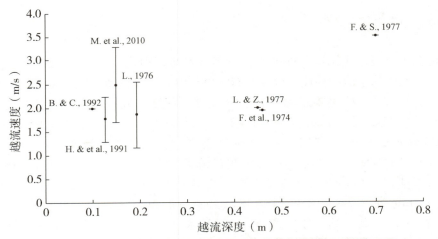

图 9.5　可用的实地测量数据集里越流深度和越流速度之间的关系

符号表示平均值，棒条表示速度的标准偏差。本图使用的数据集包括：Fisher 等，1974；Leatherman，1976；Fisher 和 Stauble，1977；Leatherman 和 Zaremba，1987；Holland 等，1991；Bray 和 Carter，1992；Matias 等，2010。

9.4　越流导致的沉积地貌动力过程

9.4.1　越流引起的地貌形态学变化

越流通过障壁岛引起泥沙的搬运和沉积，从而改变障壁坝的形态。图 9.6 展示了位于欧洲（法国、葡萄牙和意大利）和美国（佛罗里达州和马里兰州）的障壁坝由于越流造成的形态变化。在越流期间，大多数障壁坝的顶部会向陆地后退几十米（如法国的 Sillon de Talbert 后退 20 m；Stéphan 等，2010），坝顶高程降低（图 9.6a、图 9.6c 和图 9.6d）、稳定（图 9.6b 和图 9.6f）或增加（图 9.6e）。值得注意的是，越流会使堤防障壁坝跨岸剖面变得光滑。越流沉积的形状和体积是可变的。在平面视图中，孤立的越流形成明显的叶状，拉长了越浪堆积扇，而广泛的越流形成半直线的临海边缘和新月形的内陆边缘（图 9.7）。在更严重的情况下，几乎整个障壁岛都有普遍的侵蚀（图 9.7a），而堆积发生在障壁坝的中部到远端的边缘（图 9.7b），甚至在潟湖/水道/峡（图 9.7a）。

Morton 和 Sallenger（2003）指出，越浪堆积体积与越浪堆积类型有关，体积随着封闭扇、阶地到越浪堆积片的堆积类型的变化而增加。现有的研究报告显示，越浪堆积体积在数十到数百 m^3/m 之间。例如，在文献中发现的越浪堆积的最小野外测量值为 3 m^3/m（Leatherman，1976）；而大多数研究报告的沉积量在 10 m^3/m（FitzGerald 等，

1994）到 150 m³/m（Leatherman 和 Zaremba，1987）之间。Morton 和 Salenger（2003）在 Matagorda 半岛（美国德克萨斯州）测得异常高的沉积体积为 225 m³/m。关于障壁岛的大尺度（空间）和长尺度（时间）响应，请参阅第 4 章。

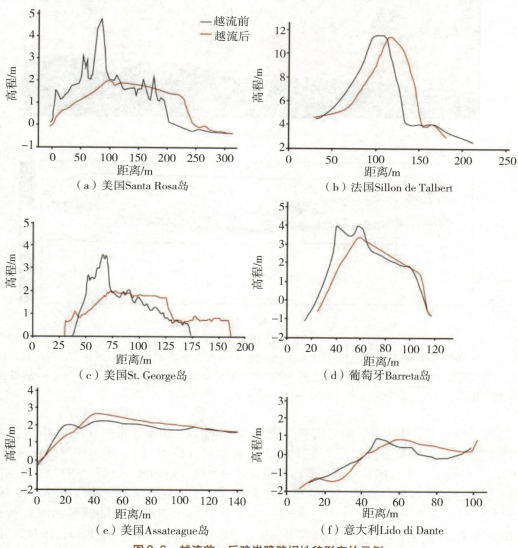

图 9.6　越流前、后跨岸障壁坝地貌形态的示例

（a）1995 年奥珀尔飓风前后，位于美国佛罗里达州 Santa Rosa 岛的剖面图，改自 Stone 等（2004）；（b）2008 年 3 月风暴前后，位于法国布列塔尼 Sillon de Talbert 的剖面图，改自 Stéphan 等（2010）；（c）2005 年丹尼斯飓风前后，美国佛罗里达州 St. George 岛剖面图，改自 Priestas 和 Fagherazzi（2010）；（d）2012 年 9 月秋分大潮前后，位于葡萄牙利亚福尔摩沙 Barreta 岛的剖面图，改自 Matias 等（2009）；（e）1976 年 8 月东北风暴前后，美国马里兰州 Assateague 岛的剖面图，改自 Fisher 和 Stauble（1977）；（f）2008 年 12 月风暴之前和之后，位于意大利艾米利亚-罗马涅地区 Lido di Dante 的剖面图，改自 Armaroli 等（2012）。海的一侧总是在左边。请注意，对于不同的示例，水平和垂直比例是不同的。

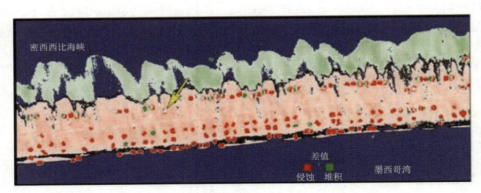

(a) 美国Dauphin岛

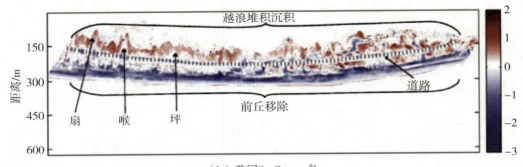

(b) 美国St. George岛

图 9.7 高程变化

(a) 2005 年卡特里娜飓风后，美国阿拉巴马州 Dauphin 岛的高程变化图，绿色为高程增加，红色为高程损失（Sallenger 等，2007）；（b) 2005 年丹尼斯飓风后，美国佛罗里达州 St. George 岛的高程变化图，高程单位为 m（来自 Priestas 和 Fagherazzi，2010）。

越流事件不会作为单一的越流事件发生，而是作为一组事件发生（图 9.4b）。这些多重事件在越浪堆积中被记录为整个沉积物的纹层（Leatherman 等，1977；Schwartz，1982），但是，这些纹层并不总是能在沉积岩芯中发现（Leatherman 等，1977）。最初的越流事件会侵蚀喉部和障壁坝后的预越流表面，导致重新激活的表面（Kochel 和 Dolan，1986）。在越流地层层序中可发现一组层状良好、亚水平向陆倾斜的沉积构造（Hobday 和 Jackson，1979；Nichol 和 Boyd，1993；Davidson-Arnott 和 Reid，1994）。同样常见的情况是基底砾石层的存在（Davidson-Arnott 和 Fisher，1992；Anthony 等，1996）。

9.4.2 越流期间的地貌动力学过程

野外测量和实验室观察显示，越流事件通常由 3 个不同的阶段组成：漫顶、轻微的越流和越流。这里给出的砾石和砂质障壁坝越流过程中障壁坝演化的细节和差异仅是基于在大规模 BARDEX 实验中进行的测量。关于反馈过程中有趣和有价值的见解均来自这些观察，但应该强调的是，如果没有补充的实地观察，这些见解不可能自动转移到现实世界。

在越流阶段开始时，浪涌开始超过障壁坝顶（图9.2a），而通过滩面输移的泥沙大部分沉积在障壁坝顶上。一旦水流穿过障壁坝，通常只是在风暴的峰值或高潮之前，沉积过程则类似于滩肩发育时，这就是Orford和Carter（1982）定义的海滩顶的漫顶（漫顶和越流的定义可以在适当的章节中找到）。砂质障壁坝在漫顶过程中可能经历几乎可以忽略的坝顶高度变化，或者浅层漫顶流沉积了一层薄砂。砾滩的水流一般较强，但由于入渗较严重，不会在早期阶段造成越流。砾石障壁在漫顶过程中，其顶部沉积通过提高障壁坝顶、抑制越流，对形态演化产生负反馈作用。这表明，砾石障壁比砂质障壁在漫顶和越流之间的临界值附近更有弹性，因为砾石障壁顶部的堆积延缓了越流的发生。

随着风暴的增加和/或潮汐的上升，轻微的越流通过越流频率和水流速度/深度的增加而开始和演变。沉积物被进一步输移到障壁坝中，并最终输移到障壁坝后坡上（图9.6d）。当越流侵入时间长时，障壁坝的后坡可能会发生沉积（图9.6b）。这些沉积物造成壁坝后障斜坡的不稳定性，导致其周期性地失效，并从淹没的障壁坝后方崩塌，形成一个大致平行于原始斜坡的陡峭推进表面（图9.8b）。潟湖的水位对控制障壁后沉积物的几何形状很重要，特别是在对地面障壁后沉积物和潟湖水位以下的沉积物之间发生截断作用时。

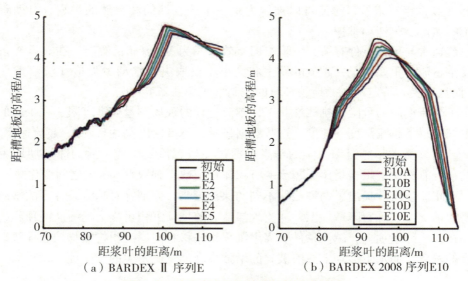

图9.8 越流实验系列的障壁坝跨岸断面

（a）BARDEX Ⅱ 测试系列 E 的剖面；（b）BARDEX 测试系列 E10 的剖面（来自 Matias 等，2014）。BARDEX 2008 和 BARDEX Ⅱ 的砾石和砂质剖面的对比以及反馈过程。

类似的砂和砾石障壁坝在越流过程中的实地记录是不存在的。这里描述的砾石和砂质障壁在强烈的越流阶段的行为对比仅仅是基于 BARDEX 实验的测量。图9.8 显示了砂质障壁（图9.8a，来自实验 BARDEX Ⅱ）和砾石障壁（图9.8b，来自实验 BARDEX 2008）在越流过程中地貌形态演化的差异。BARDEX Ⅱ 形态模仿了具有障壁后潟湖和无沙丘发育的砂质障壁坝，如葡萄牙的 Ria Formosa 障壁坝系统（图9.1a 和图9.2a）。类似地，BARDEX 2008 的形态模拟了英国德文郡 Slapton Sands 的砾石障壁坝（Austin

和 Masselink，2006）。在砾石障壁坝的情况下（图 9.8b），在越流期间，海滩表面开始变得平坦。但在砂质障壁坝上（图 9.8a），海滩面开始时陡峭，在越流期间仍然陡峭。砾石质障壁坝的沉积物向陆地运移，砂质障壁的沉积物向陆地运移至障壁后，并向近海运移至内破波带。这种离岸泥沙运动导致了水下沙坝的发展（图 9.8a），增强了波浪能量的耗散。砂质障壁坝上的内破浪带堆积提供了一个负反馈过程，这往往会阻碍进一步的越流。因此，BARDEX 越流实验提供了越流过程中正反馈和负反馈过程的例子。

9.5 结　论

越流是指海水和沉积物在坝顶上的不连续输移，导致越浪堆积平原和越浪堆积叶的发展。越流过程是连续过程体系的一部分，从漫顶开始（海浪爬升刚刚到达障壁坝顶）直到淹没（障壁坝顶持续被淹没结束）。与大风暴相关的越流可能是灾难性的；然而，从长远（数百年）来看，越流可以被认为是一个建设性的和自然的过程，有助于障壁坝系统的塑造、重塑和维护。

越流通常与风暴条件有关，风暴浪的有效波高为 3～9 m；然而，在非风暴条件下也会发生越流。重要的是，越流的发生和大小不仅取决于水动力强迫（波浪条件和水位），而且还受到特定地点的地貌环境的控制（见第 4 章）。

由于越流期间的危险和挑战性状况，越流过程的现场测量非常有限。在少数的现场研究中只获得了越流深度和速度。这些数据显示，越流深度高达 0.7 m，越流速度为 1～3.5 m/s。大多数关于越流动力学的信息是通过比较越流发生前、后的障壁坝地貌形态获得的，现有的研究报告指出，越流的沉积体积在数十到数百 m^3/m 之间变化。

原型实验室实验提出了两种截然不同的保护策略，分别针对越流条件下的砂质和砾石障壁坝情况。在砾石障壁坝上，冲流入渗造成的坝顶沉积可能会延缓从漫顶到越流的过渡。在砂质障壁坝上，越流条件下离岸沉积物输移和向岸沉积物输移均会导致近岸水下沙坝的发育，而水下沙坝上波浪破碎的增强会降低越流发生的可能性。

参考文献

[1] ALESSANDRO F, FORTES C J, ILIC S, et al., 2010. Wave storm induced erosion and overwash in large-scale flume experiments [C] //Proceedings of the HYDRALAB III Joint User Meeting. Hanover, Germany.

[2] ANTHONY E J, 2013. Storms, shoreface morphodynamics, sand supply, and the accretion and erosion of coastal dune barriers in the North Sea [J]. Geomorphology, 199, 8–21.

[3] ANTHONY E J, LANG J, OYÉDÉ L M, 1996. Sedimentation in a tropical, microtidal,

wave-dominated coastal-plain estuary [J]. Sedimentology, 43, 665 – 675.

[4] ARMAROLI C, CIAVOLA P, PERINI L, et al., 2012. Critical storm threshold for significant morphological changes and damage along the Emilia-Romagna Coastline, Italy [J]. Geomorphology, 143 – 144, 34 – 51.

[5] ARMON J W, MCCANN S B, 1979. Morphology and landward sediment transfer in a transgressive barrier island system, Southern Gulf of St. Lawrence, Canada [J]. Marine Geology, 31, 333 – 344.

[6] AUSTIN M J, MASSELINK G, 2006. Observations of morphological change and sediment transport on a steep gravel beach [J]. Marine Geology, 229, 59 – 77.

[7] BALDOCK T E, HUGHES M G, DAY K, et al., 2005. Swash overtopping and sediment over-wash on a truncated beach [J]. Coastal Engineering, 52, 633 – 645.

[8] BALDOCK T E, WEIR F, HUGHES M G, 2008. Morphodynamic evolution of a coastal lagoon entrance during swash overwash [J]. Geomorphology, 95, 398 – 411.

[9] BAYLISS-SMITH T P, 1988. The role of hurricanes in the development of reef islands, Ontong Java Atoll, Solomon Islands [J]. The Geographical Journal, 154, 377 – 391.

[10] BENAVENTE J, DEL RÍO L, GRACIA F J, et al., 2006. Coastal flooding hazard related to storms and coastal evolution in Valdelagrana Spit (Cadiz Bay Natural Park, SW Spain) [J]. Continental Shelf Research, 26, 1061 – 1076.

[11] BRADBURY A P, POWELL K A, 1992. The short term profile response of shingle spits to storm wave action [C] //Proceedings of the 23rd International Conference on Coastal Engineering. Venice, Italy.

[12] BRAY T F, CARTER C H, 1992. Physical processes and sedimentary record of a modern, transgressive, Lacustrine Barrier Island [J]. Marine Geology, 105, 155 – 168.

[13] CARRUTHERS E A, LANE D P, EVANS R L, et al., 2013. Quantifying overwash flux in barrier systems: An example from Martha's Vineyard, Massachusetts, USA [J]. Marine Geology, 343, 15 – 28.

[14] CARTER R W G, ORFORD J D, 1993. The morphodynamics of coarse clastic beaches and barriers: A short term and long term perspective [J]. Journal of Coastal Research, SI 15, 158 – 179.

[15] COOPER J A G, LEWIS D A, PILKEY O H, 2007. Fetch-limited barrier islands: Overlooked coastal landforms [J]. GSA Today, 17, 4 – 9.

[16] DAVIDSON-ARNOTT R G D, FISHER J, 1992. Spatial and temporal controls on overwash occurrence on a Great Lakes barrier spit [J]. Canadian Journal of Earth Sciences, 29, 102 – 117.

[17] DAVIDSON-ARNOTT R G D, REID H E C, 1994. Sedimentary processes and the evolution of the distal bayside of Long Point, Lake Erie [J]. Canadian Journal of Earth Sciences, 31, 1461 – 1473.

[18] DOLAN R, GODFREY P, 1973. Effects of Hurricane Ginger on the barrier islands of North Carolina [J]. Geological Society of America Bulletin, 84, 1329 – 1334.

[19] DONNELLY C, 2008. Coastal overwash: processes and modelling [D]. PhD, Lund University, Sweden.

[20] FIGLUS J, KOBAYASHI N, GRALHER C, et al., 2010. Wave-induced overwash and destruction of sand dunes [C] //Proceedings of the 32nd International Conference on Coastal Engineering, Shanghai, China.

[21] FIGLUS J, KOBAYASHI N, GRALHER C, et al., 2011. Wave overtopping and overwash of dunes [J]. Journal of Waterway, Port, Coastal, and Ocean Engineering, 137, 26 – 33.

[22] FISHER J J, SIMPSON E J, 1979. Washover and tidal sedimentation rates as environmental factors in development of a transgressive barrier shoreline [M]. In: S P Leatherman (eds) Barrier islands from the Gulf of St. Lawrence to the Gulf of Mexico. Academic Press, New York.

[23] FISHER J S, LEATHERMAN S P, PERRY F C, 1974. Overwash processes on Assateague Island [C] //Proceedings of the 14th International Conference on Coastal Engineering, Copenhagen, Denmark.

[24] FISHER J S, STAUBLE D K, 1977. Impact of Hurricane Belle on Assateague Island washover [J]. Geology, 5, 765 – 768.

[25] FITZGERALD D M, VAN HETEREN S, MONTELLO T M, 1994. Shoreline processes and damage resulting from the Halloween Eve Storm of 1991 along the North and South shores of Massachusetts, USA [J]. Journal of Coastal Research, 10, 113 – 132.

[26] GUILLÉN J, CAMP J, PALANQUES A, 1994. Short-time evolution of a microtidal barrier-lagoon system affected by storm and overwashing: The Trabucador Bar (Ebro Delta, NW Mediterranean) [J]. Zeitschrift fur Geomorphologie, 38, 267 – 281.

[27] HANCOCK M W, KOBAYASHI N, 1994. Wave overtopping and sediment transport over dunes [C] //Proceedings of the 24th Conference on Coastal Engineering. Kobe, Japan: ASCE.

[28] HAYES M O, 1967. Hurricanes as geological agents: Case studies of Hurricane Carla, 1961, and Cindy, 1963 [R]. Report of Investigation 61, Texas Bureau of Economic Geology.

[29] HOBDAY D K, JACKSON M P A, 1979. Transgressive shore zone sedimentation and syndepo sitional deformation in the Pleistocene of Zululand, South Africa [J]. Journal of Sedimentary Petrology, 49, 145 – 158.

[30] HOEKSTRA P, HAAF M, BUIJS P, et al., 2009. Washover development on mixed-energy, mesotidal barrier island system [M]. Coastal Dynamics 2009. Tokyo, Japan.

[31] HOFSTEDE J L A, 1997. Process-response analysis for the North Frisian supratidal

sands (Germany) [J]. Journal of Coastal Research, 13, 1 – 7.

[32] HOLLAND K T, HOLMAN R A, SALLENGER A H, 1991. Estimation of overwash bore velocities using video techniques [C]. Coastal Sediments '91. Seattle, Washington, USA: ASCE.

[33] JENNINGS J N, COVENTRY R J, 1973. Structure and texture of a gravelly barrier island in the Fitzroy Estuary, Western Australia, and the role of mangroves in the shore dynamics [J]. Marine Geology, 15, 145 – 167.

[34] KOCHEL R C, DOLAN R, 1986. The role of overwash on A mid-atlantic coast barrier island [J]. Journal of Geology, 94, 902 – 906.

[35] KRAUS N C, MILITELLO A, TODOROFF G, 2002. Barrier breaching processes and barrier spit breach, Stone Lagoon, California [J]. Shore and Beach, 70, 21 – 28.

[36] KROON A, KABUTH A K, WESTH S, 2013. Morphologic evolution of a storm surge barrier system [J]. Journal of Coastal Research, 65 (Special Issue 65) 4 529 – 534.

[37] LEATHERMAN S P, 1976. Quantification of overwash processes [D]. PhD, University of Virginia.

[38] LEATHERMAN S P, 1977. Overwash hydraulics and sediment transport [C]. Coastal Sediments '77. Charleston, South Carolina, USA.

[39] LEATHERMAN S P, WILLIAMS A T, FISHER J S, 1977. Overwash sedimentation associated with a large-scale northeaster [J]. Marine Geology, 24, 109 – 121.

[40] LEATHERMAN S P, ZAREMBA R E, 1987. Overwash and aeolian processes on a US Northeast coast barrier [J]. Sedimentary Geology, 52, 183 – 206.

[41] LORANG M S, 2002. Predicting the crest height of a gravel beach [J]. Geomorphology, 48, 87 – 101.

[42] MATIAS A, VILA-CONCEJO A, FERREIRA Ò, et al., 2009. Sediment dynamics of barriers with frequent overwash [J]. Journal of Coastal Reseach, 25 (3), 768 – 780.

[43] MATIAS A, FERREIRA Ò, VILA-CONCEJO A, et al., 2010. Short-term morphodynamics of non-storm overwash [J]. Marine Geology, 274, 69 – 84.

[44] MATIAS A, WILLIAMS J J, MASSELINK G, et al., 2012. Overwash threshold for gravel barriers. [J] Coastal Engineering, 63, 48 – 61.

[45] MATIAS A, MASSELINK G, KROON A, et al., 2013. Overwash experiment on a sandy barrier [J]. Journal of Coastal Research, SI 65, 778 – 783.

[46] MATIAS A, BLENKINSOPP C E, et al., 2014. Detailed investigation of overwash on a gravel barrier [J]. Marine Geology, 350, 27 – 38.

[47] MATIAS A, MASSELINK G, CASTELLE B, et al., 2016. Measurements of morphodynamic and hydrodynamic overwash processes in a large-scale wave flume [J]. Coastal Engineering, 113, 33 – 46.

[48] MAY V J, HANSOM J D, 2003. Coastal Geomorphology of Great Britain [M]. Geolog-

ical Conservation Review Series. Peterborough.

[49] MORTON R A, GONZALEZ J L, LOPEZ G I, et al., 2000. Frequent non-storm washover of barrier islands, Pacific coast of Colombia [J]. Journal of Coastal Research, 16, 82 – 87.

[50] MORTON R A, SALLENGER A H, 2003. Morphological impacts of extreme storms on sandy beaches and barriers [J]. Journal of Coastal Research, 19, 560 – 576.

[51] NGUYEN X T, DONNELLY C, LARSON M, 2006. A new empirical formula for coastal overwash volume [C] //Proceedings of the Vietnam-Japan Estuary Workshop 2006. Hanoi, Vietnam.

[52] NICHOL S L, BOYD R, 1993. Morphostratigraphy and facies architecture of sandy barriers along the Eastern Shore of Nova Scotia [J]. Marine Geology, 114, 59 – 80.

[53] OBHRAI C, POWELL K, BRADBURY A, 2008. A laboratory study of overtopping and breaching of shingle barrier beaches [C] //Proceedings of the 31st International Conference on Coastal Engineering. Hamburg, Germany.

[54] ORFORD J D, CARTER R W G, 1982. Crestal overtop and washover sedimentation on a fringing sandy gravel barrier coast, Carnsore Point, Southeast Ireland [J]. Journal of Sedimentary Petrology, 52, 265 – 278.

[55] ORFORD J D, CARTER R W G, FORBES D L, et al., 1988. Overwash occurrence consequent on morphodynamic changes following lagoon outlet closure on a coarse clastic barrier [J]. Earth Surface Processes and Landforms, 13, 27 – 35.

[56] ORFORD J D, CARTER R W G, JENNINGS S C, et al., 1995. Processes and timescales by which a coastal gravel-dominated barrier responds geomorphologically to sea-level rise: Story head barrier, Nova Scotia [J]. Earth Surface Processes and Landforms, 20, 21 – 37.

[57] ORFORD J D, JENNINGS S, PETHICK J, 2003. Extreme storm effect on gravel-dominated barriers [C]. Coastal Sediments '03. Florida: ASCE.

[58] PARK Y H, EDGE B L, 2010. An empirical model to estimate overwash [J]. Journal of Coastal Reseach, 26, 1157 – 1167.

[59] PHANTUWONGRAJ S, CHOOWONG M, NANAYAMA F, et al., 2013. Coastal geomorphic conditions and styles of storm surge washover deposits from southern Thailand [J]. Geomorphology, 192, 43 – 58.

[60] PIRRELLO M A, 1992. The role of wave and current forcing in the process of barrier island overwash [D]. MSc, University of Florida.

[61] PRIESTAS A M, FAGHERAZZI S, 2010. Morphological barrier island changes and recovery of dunes after Hurricane Dennis, St. George Island, Florida [J]. Geomorphology, 114, 614 – 626.

[62] PULLEN T, ALLSOP N W H, BRUCE T, et al., 2007. Wave overtopping of sea de-

fences and related structures: Assessment manual [M]. EurOtop. Die Küste, 73.

[63] PYE K, BLOTT S J, 2009. Progressive breakdown of gravel-dominated coastal barrier, Dunwich-Walberswick, Suffolk, UK: Processes and implications [J]. Journal of Coastal Reseach, 25, 589–602.

[64] QI H, CAI F, LEI G, et al., 2010. The response of three main beach types to tropical storms in South China [J]. Marine Geology, 275, 244–254.

[65] RAJI O, DEZILEAU L, VON GRAFENSTEIN U, et al., 2015. Extreme sea events during the last millennium in the northeast of Morocco [J]. Natural Hazards and Earth System Sciences, 15, 203–211.

[66] RITCHIE W, PENLAND S, 1988. Rapid dune changes associated with overwash processes on the deltaic coast of South Louisiana [J]. Marine Geology, 81, 97–122.

[67] RODRÍGUEZ R W, WEBB R M T, BUSH D M, 1994. Another look at the impact of Hurricane Hugo on the shelf and coastal resources of Puerto Rico, USA [J]. Journal of Coastal Research, 10, 278–296.

[68] SALLENGER A, WRIGHT C W, LILLYCROP J, 2007. Coastal-change impacts during Hurricane Katrina: An overview [C]. Coastal Sediments '07. New Orleans: ASCE.

[69] SCHÜTTRUMPF H, OUMERACI H, 2005. Layer thicknesses and velocities of wave overtopping flow at seadikes [J]. Coastal Engineering, 52, 473–495.

[70] SCHWARTZ R K, 1975. Nature and genesis of some storm washover deposits. Technical memoran-dum 61 [M]. Coastal Engineering Research Center.

[71] SCHWARTZ R K, 1982. Bedform and stratification characteristics of some modern small-scale washover sand bodies [J]. Sedimentology, 29, 835–849.

[72] SILVA A L C, SILVA M A M, GAMBÔA, et al., 2014. Sedimentary architecture and depositional evolution of the Quaternary coastal plain of Maricá, Rio De Janeiro, Brazil [J]. Brazilian Journal of Geology, 44 (2).

[73] SRINIVAS R, DEAN R G, PARCHURE T M, 1992. Barrier island erosion and overwash study: volume 1 [M]. Coastal and Ocean Engineering Department, University of Florida.

[74] STÉPHAN P, SUANEZ S, FICHAUT B, 2010. Franchissement et migration des cordons de galets par rollover. impact de la tempête du 10 mars 2008 dans l'évolution récente du sillon de Talbert (Côtes-d'Armor, Bretagne) [J]. Norois, 215, 59–75.

[75] STOCKDON H, DORAN K S, SALLENGER A H, 2009. Extraction of lidar-based dune-crest elevations for use in examining the vulnerability of beaches to inundation during hurricanes [J]. Journal of Coastal Reseach, 59–65.

[76] STONE G, LIU B, PEPPER D A, et al., 2004. The importance of extratropical and tropical cyclones on the short-term evolution of barrier islands along the northern Gulf of Mexico, USA [J]. Marine Geology, 210, 63–78.

[77] SWARZENSKI P, 2014. Assessing the vulnerability of pacific atolls to climate change [C]. Sound Waves, March/April 2014, 1 – 3.

[78] TEGA Y, KOBAYASHI N, 1996. Wave overwash of subaerial dunes [C] //Proceedings of the 25th International Conference on Coastal Engineering. Orlando, Florida, USA, 4148 – 4160.

[79] TEGA Y, KOBAYASHI N, 1999. Numerical modeling of overwashed dune profiles [J]. Coastal Sediments '99. New York: ASCE.

[80] TRIBE H M, KENNEDY D M, 2010. The geomorphology and evolution of a large barrier spit: Farewell Spit, New Zealand [J]. Earth Surface Processes and Landforms, 35, 1751 – 1762.

[81] TUAN T Q, VERHAGEN H J, 2008. Breach initiation by the response of coastal barriers during storm surges [C] //Proceedings of the 7th International Conference on Coastal and Port Engineering in Developing Countries (COPEDEC 2008). Dubai, United Arab Emirates: PIANC.

[82] VILA-CONCEJO A, MATIAS A, PACHECO A, et al., 2006. Quantification of inletrelated hazards in barrier island systems. An example from the Ria Formosa (Portugal) [J]. Continental Shelf Research, 26, 1045 – 1060.

10　海岸风暴作用于地貌形态的建模

Ap van Dongeren[1]，Dano Roelvink[1,2]，Robert McCall[1]，
Kees Nederhoff[1]和Arnold van Rooijen[1,3]

1　荷兰三角洲研究院；
2　荷兰联合国教科文组织国际水文计划研究所；
3　澳大利亚西澳大学。

10.1　简　介

这章讨论风暴对海岸作用的地貌动力学模拟。我们将给出模型类别的概述、每个类别解析的物理过程以及在前几章讨论的不同海岸环境中的适用性。我们将讨论海岸风暴作用建模的最新进展、应用实例，并展望建模的挑战和未来的机遇。

任何模型都是现实的概要化的表示。现实世界通常过于复杂，无法用模型来表示，因此，建模的挑战意义在于在某种程度上捕捉现实，使模型仍然有价值（即仍然解决基本过程），但又不会太复杂和难以使用。一般来说，对于有许多时空尺度和细节的海岸来说也是这样。对于每一个海岸环境，我们需要问这样的问题：控制风暴作用的相关和主导过程是什么？是否需要直接模拟这些过程，或者用某种方式表示它们，甚至可以完全忽略它们？这样就有了"直接模拟""表征模拟"或"略去"的分类。

本章采取的方法略偏向于砂质海岸。这是有充分理由的，因为过去对这类海岸的过程进行了最深入的研究。中纬度的砂质海岸保护着投资高的海岸地区（欧洲、美国东岸），因此受到最多的关注。然而，如前几章所示，随着经济的发展、气候变化的影响以及这些海岸类型提供的生态系统服务越来越受到重视，人们越来越关注其他类型的海岸。本章也讨论了这些海岸类型。

关于海岸风暴建模，特别是对砂质海岸的作用的模拟，可以确定两种一般类型的模型类别：经验模型和基于过程的模型。我们会发现有"纯"经验模型，但没有实用的"纯"基于过程的模型。到目前为止，每一个基于过程的模型都包括一些通过经验闭合的过程表示。我们注意到，除了这两个模型，Roelvink 和 Brøker（1993）还命名了描述性或概念性模型（如 Sallenger，2000），但由于这种类型不提供定量响应信息，因此不包括在内。

10.1.1　经验模型

经验模型通常使用观测值来与海岸对作用力的响应联系起来。因此，纯粹的经验模型是"黑箱"模型，不考虑或不结合潜在的物理过程。这类模型的例子有 Dean（1977）、Van de Graaff（1977）、Vellinga（1986）和 Van Gent 等（2008），它们将风暴后的剖面形状与稳定的波浪特性和沉积物特性联系起来，而与风暴前的状态无关。

这种模型依赖于在野外或实验室进行的观察。现场观测通常是稀疏的，可能不包括所有的强迫参数，这就需要简化响应模型，从而限制了预测价值。实验室数据通常更易受控制，即在已知条件下能获取更多强迫和响应参数的定量数据。因为，实验室实验是在明确（和隐含）的假设和限制下进行的。通常，实验室数据是在水槽中获得，水槽假设了波浪和水位强迫、海岸的初始状态及其响应的沿岸均匀性。这意味着海岸响应过程被认为是一个一维（1D）过程。此外，经验模型仅对获得的数据范围有效，因此，经验模型严格受限于海岸剖面、沉积物特征和作用因子范围（波高和水位）。另外，泥沙输移不符合流体动力学的 Froude 尺度，这导致了所谓的垂直扭曲尺度模型。关于这方面的讨论，我们可以参考 Vellinga（1986）和 Van Thiel de Vries（2009）。这些模型的优点是计算速度快，缺点是它们的适用性受到严格限制。

另一种经验模型是描述剖面随时间演化的卷积模型（Kriebel，1982；Kriebel 和 Dean，1993；Madsen 和 Plant，2001）。该模型基于简单的解析方程来预测沿岸均匀的、随时间变化的海滩和沙丘剖面对水位和破碎波高的风暴尺度变化的响应。潜在的假设是，对于给定的波浪条件和特征侵蚀时间尺度，海岸剖面将指数式地趋向于平衡状态。Yates 等（2009）提出了一个预测美国西海岸海岸线位置的模型，其中预测的海岸线变化是预先状态（海岸线位置）和平衡能量状态的函数，然而，它们并不包括整个剖面。Yates 等（2011）将模型扩展到风暴情况，并表明它也适用于其他地点。Davidson 等（2013）同时为澳大利亚东海岸开发了一个类似的模型。这些模型也将在本章中讨论。

10.1.2 基于过程的模型

基于过程的模型依赖这样一个原则，即海岸响应受波浪动力学和沉积物输运动力学的已知物理过程控制。这种模式要求充分了解海岸系统及其控制过程，以便将相关的主导过程纳入模式。这也意味着它们通常比经验模型复杂得多，计算量也更大。然而，由于它们是基于普适的物理原理，所以适用更加普遍。例如，可以无缝地模拟海岸强迫的各种物理状态（如 Sallenger，2000）：海岸形状、强迫力和响应的沿岸非均匀性均可以考虑在内；可以模拟不同的海岸环境；可以对海岸影响区内的建筑物等方面进行建模。

在现实和实践中，"纯"基于过程的模型，即完全依赖物理过程公式的模型是不可行的。在海岸风暴影响的情况下，这将需要对 Navier-Stokes 方程的直接数值模拟（direct numerical simulations，DNS），包括在一系列时间尺度（从湍流的时间尺度到风暴事件的时间尺度）上的三维沉积物输运。因此，只有一部分物理过程可被直接模拟，而其余的被表征化或忽略。模型开发人员的工作是分析过程，并确定哪些是要直接建模的基本过程，哪些可以或必须通过表征形式来建模。后者的原因可能是过程未知或计算成本太高。

即使参数化了计算量最大的过程，基本过程的模拟对计算量的要求也可能很高。在实践中，这导致了基于过程模型的两个版本：剖面（一维）模型和区域（二维）模型。与经验模型类似，剖面模型隐含地假设海岸性质、强迫力和响应的沿岸一致性。然而，它们更普遍地适用于包括各种 Sallenger 状态、波浪的定向传播、海堤的存在、海岸性质和形状的跨岸变化以及与时间相关的强迫力和响应。在海岸强烈弯曲、由浪涌或水位引起的海岸强迫力变化、从一种海岸类型过渡到另一种海岸类型的情况下，需要用二维模型。一维和二维模型的示例将在以下章节中详细介绍。一个更彻底的讨论可以在 Ciavola 等（2015）中找到。

10.1.2.1 一维（剖面）模型

世界各地都在使用许多 1DV 半经验模型。为了讨论，我们将研究包括陆地剖面和水下剖面侵蚀体积计算的模型。因此，仅模拟水下剖面的剖面模型，如 UNIBEST-TC（Reniers 等，1995）、LITPROF（Brøker-Hedegaard 等，1991）和 COSMOS（Nairn 和 Southgate，1993），在这方面的应用有限。在这里，我们将讨论国际知名的模型 SBEACH、DUROSTA 和 CSHORE，它们包括了陆地部分。

SBEACH（Larson 和 Kraus，1989；Larson 等，1990；Larson 等，2004a）是一个 1DV 半经验时间相关沙丘侵蚀模型，它使用基于时间平均过程的波浪变形和基于经验的沉积物输移。它将稳态流体动力学方法与非稳态地貌动力学方法相结合，假设地貌动力学时间尺度比流体动力学时间尺度慢，因此，波浪有足够的时间来调整。干沙丘通过波浪冲击和被侵蚀的泥沙质量之间的经验关系供应沉积物（Overton 和 Fisher，1988），在 Nishi 和 Kraus（1996）、Larson 等（2004b）及 Palmsten 和 Holman（2011）的创新研究中亦是如此。虽然在技术上它是一个基于过程的模型，但在很大程度上是基于经验公式。

这一类中的另一个模型以 DUROSTA（Steetzel，1993）为代表，也称为 UNITBEST-DE。它解决了时变水动力条件下的波浪变形（折射、波浪破碎）、沿岸和跨岸波生流、沉积物输移和形态变化等过程。虽然严格来说是一维模型，但它确实考虑了波浪倾角、沿岸流梯度和海岸曲率的参数化影响。沙丘侵蚀是通过使用波浪增水的估计值外推近沙丘沉积物输移至干沙丘表面上来表示的。

最后，第三种模型是 CSHORE（Kobayashi 等，2009），该模型是美国工程师协会为海洋和大湖海岸开发的，用于长直海岸的情况。在这种情况下，沿岸输移的梯度可以忽略不计，波浪是沉积物悬浮的主要生成机制。在 CSHORE 波浪中，水流和沉积物输移是通过一个迭代的向陆推进过程同时计算的。模型开发侧重于近岸破碎波环境中基于过程的沉积物输运公式。此后，该模型扩展到两个水平维度，具体见下文。

上述模型在水动力强迫和海岸响应方面均假定沿岸条件的一致，并已成功应用于相对未受干扰的海岸。然而，如上所述，它的一般适用性有许多限制条件，这恰是二维区域模型适用的地方。

10.1.2.2 二维（区域）模型

在复杂的海岸环境中，经验模型和基于过程的一维剖面模型是不够的。这种复杂性有多种形式。海岸可能：

- 具有沿岸变化的地形，例如，如果沙丘高程在自然沙丘系统中显示出空间变化；
- 具有沿岸变化的水深，例如，它可能位于深水航道的前方，或者与附近的潮汐汊道相关联；
- 具有很强的弯曲性，例如在障壁岛顶部的情况；
- 受沿岸变化的波浪和水位条件的影响；
- 显示出海岸类型之间的过渡，例如，基岩岬角到有天然屏障的湾顶海滩；
- 部分被植被覆盖；
- 包括从坚硬的海岸保护（工程）过渡到砂质（较软）环境；
- 包括分散分布的建筑。

对荷兰海岸（主要是砂质海岸）的分析显示，由于上述原因，估计其 40% 的沿岸

图 10.1　不符合沿岸一致性假设的荷兰海岸区域（用红色标出）
由荷兰三角洲研究院的 M. Boers 博士提供。

长度违反了沿岸一致性的假设（图 10.1）。

　　这些情况需要一个基于二维过程的模型，包括风暴时间尺度上的流体力学和地貌动力学。我们将讨论这种类型的两个二维模型。

一个模型是 C2Shore（Johnson 和 Grzegorzewski，2011；Slath-Grzegorzewski 等，2013）。该模型是 CShore 模型的扩展，并与频谱波模型 STWAVE（Smith 等，2001）和环流模型（Westerink 等，1994）相结合，后者计算海流和（潮汐和浪涌增水）水位。Johnson 和 Grzegorzewski（2011）介绍了模型公式及其在飓风卡特里娜（Katrina）下美国密西西比河的船岛（Ship Island）的应用。他们发现海滩侵蚀和海岸线后退被很好地预测到了，但是岛屿背风面的沉积被严重高估了。他们注意到水力边界条件存在很大的不确定性，并且在观测中缺乏对沙的保护数据。Sleath-Grzegorzewski 等（2013）应用该模型研究了船岛（Ship Island）恢复的效果。

另一个被广泛使用的模型是 XBeach（Roelwink 等，2009），该模型旨在模拟风暴和飓风对复杂海岸的水动力和形态影响。该模型有两种模式：静力或"拍岸浪"模式和非静力模式。在静力模式中，水动力过程被分为短波时间尺度的运动和长波时间尺度的运动，如水流和长（次重力）波。原理草图如图 10.2 所示。利用波动方程求解短波运动，该方程求解的是波群尺度上的短波包络（波振幅）变化（深蓝色线），而不是单个短波本身的时间轨迹（黑线）。它采用了一种用于波群的耗散模型（Roelvink，1993；Dalyet 等，2012）和一个卷浪模型（Svendsen，1984；Nairnet 等，1990；Stive 和 de Vriend，1994）来表示破碎后存储在表面的动量。这些变化，通过辐射应力梯度（Longuet-Higgins 和 Stewart，1962、1964）对水柱施加一个力，并驱动更长周期的波（次重力波）和非定常流，这些由非线性浅水方程（如 Phillips，1977；Svendsen，2003）进行解释。次重力波运动通常包括与波群（浅蓝色线）一起传播（并与之结合）入射波的，以及通常在海上传播（红色线）的自由分量。

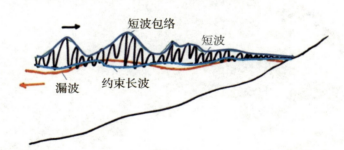

图 10.2　短波运动的原理草图（黑色）、短波包络（深蓝色）、
入射的束缚长波（浅蓝色）和反射的自由长波（红色）

图片由 Ad Reniers 博士提供。

在波浪和水流条件下水动力驱动沉积物的输移，这就是 Van Rijn 等（2007a、2007b）和 Van Thiel-Van Rijn（Van Thiel de Vries，2009）的输移方程。沉积物输移包括了沙丘前缘崩塌（滑塌）的经验公式。根据输移梯度计算出更新的水深。Roelvink 等（2009）对该模型作了完整描述。

该模型适用于 10 km × 10 km 数量级的空间尺度，包括波浪变浅区和破波带、障壁岛和障壁后潟湖系统（如果存在）。它允许模拟"硬"结构，如海堤和建筑物。该模型边界是曲线拟合的，可以被从实测的或更大区域模型获得的边界条件来驱动。该模型已在一系列分析、实验室和现场测试案例中得到验证（Roelvink 等，2009；Van Thiel de

Vries，2009；Van Dongeren 等，2009），并应用于许多海岸环境，这将在下文中讨论。

在非静力模式下，由波浪和水流引起的深度平均流量是用非线性浅水方程计算的，但包括一个非静力项，因此，弥散的短波运动（图10.2中的黑线）得以解决。深度平均归一化动态压力的计算方法类似于单层SWASH模型（Zijlema 等，2011）。深度平均动态压力是通过假设表面动态压力为零且随深度呈线性变化，由表面和底床动态压力的平均值计算得出的。非静力模式的主要优点是包括入射波带（短波）爬升和相关的越流，这在陡坡如砾石海滩上尤其重要。另一个优点是波浪的不对称性和偏度可以通过模型来解决，而不需要使用近似的局地模型或经验公式。最后，在主要过程是衍射的情况下，由于在短波平均模式中被忽略，因此需要波浪解析建模。当使用非静力模型时，需要更高的空间分辨率来解析短波。在显式数值方案中，这将导致更小的时间步长，使得这种模式的计算成本更高。

10.1.3 基于过程的模型的应用

在本节中，我们将讨论基于过程的模型（以XBeach为例）在各种海岸环境中的适用性：砂质、砾石、珊瑚礁、植被和城市化海岸。我们将展示模型的优点和缺点，以及进一步开发基于过程的模型的必要性。

10.1.3.1 砂质海岸

XBeach 在各种砂质海岸得到了广泛的应用和测试。XBeach 的第一个应用是关于飓风"伊万"（Ivan）对佛罗里达州圣玫瑰岛的作用。这个障壁岛是墨西哥湾国家海岸的一部分，这里植被稀疏，没有城市化。飓风"伊万"（Ivan）于2004年9月16日在该岛以西登陆，飓风眼以东出现最大的向岸的风力、波浪和浪涌增水。McCall 等（2010）表明，该岛受到一系列碰撞、越流和淹没状况的影响，首先导致近岸沙丘侵蚀和沉积，随后是越流侵蚀以及在岛上和岛后的以典型的越流堆积扇形式的沉积（图10.3）。

该岛这部分的道路和停车场为主的小型基础设施被摧毁。该模型由基于现场数据和大尺度数值模型结果的波浪和浪涌增水时间序列驱动，能够预测形态的变化。模型的技能性很高（解释了66%的方差，最大偏差为 -0.21 m），尽管这些结果是使用薄层水流泥沙输移限制器获得的，该限制器在极端高流量（Froude数）的情况下最大化了泥沙输移，该流量超出了 Van Thiel-Van Rijn 泥沙输移公式的校准范围。为了改进这一不完整的公式，在飓风"桑迪"（Sandy）条件下纽约长岛障壁上越流和决口的情况下，De Vet 等（2015）移除了薄层水流限制器，并使用了一种基于物理的方法，更好地近似于底床粗糙度及波浪偏度和不对称性。

Lindemer 等（2010）将该模型应用于钱德勒群岛（美国路易斯安那州），这是一个位于密西西比河鸟足状海岸的离岛（几乎是残余的）障壁岛屿，它在风暴期间完全被淹没。Lindemer 等（2010）作者指出，侵蚀和水道形成模式的定性预测良好，但侵蚀的幅度预测不足。具体来说，XBeach 正确预测了滩肩的侵蚀和变成水下的区域，但仍保持为陆地的区域没有被很好地预测。这归因于风暴前地形的不确定性（来源于较老的数据）以及由于泥沙粒径变化和植被的存在而导致的不完整沉积物输移公式，他们

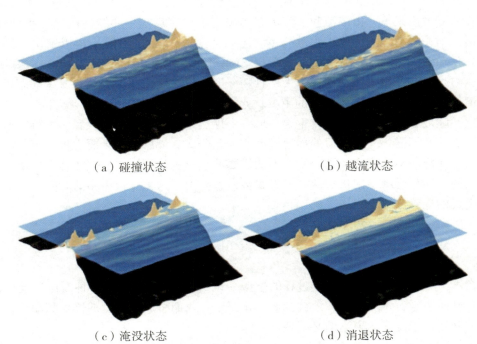

(a) 碰撞状态　　(b) 越流状态

(c) 淹没状态　　(d) 消退状态

图 10.3　飓风"伊万"（Ivan）对佛罗里达州圣玫瑰岛地貌动力影响的 4 个阶段
墨西哥湾在前面，圣玫瑰湾在后面。转载自 McCall 等，2010，海岸工程，经 Elsevier 许可。

发现水动力强迫的不确定性对淹没状况的影响很小。

Splinter 和 Palmsten（2012）评估了 XBeach 和两个参数模型在澳大利亚东海岸风暴作用下的表现。他们发现 XBeach 可以再现沙丘趾部退缩和干海滩体积的变化，但只有在仔细校准其参数的情况下。在没有校准的情况下，由 Palmsten 和 Holman（2012）提出的经验模型在沙丘趾部后退时表现最佳，但低估了干海滩体积的变化。

Van Dongeren 等（2009）概述了 8 个欧洲海滩上风暴引起的海滩剖面变化，包括与现成模型模拟结果的比较。结果表明，尽管在大多数情况下，平均水位线附近的侵蚀和较低海滩面的沉积被高估，但 XBeach 还是善于预测海岸剖面的。在该研究中包含的关于海滩的后续论文中，Vousdoukas 等（2012）对模型进行了广泛校准，以预测法罗（葡萄牙）附近中潮、陡坡海滩对风暴事件的形态响应。他们发现，在海滩坡度较陡的情况下，在为消散的海滩得到的默认参数集的模拟高估了形态变化，导致布列尔能力得分（Brier skill scores，BSS）（Van Rijn 等，2003）为 0.2～0.72。低于零的值被标记为"坏"；在 0～0.3 范围内，"差"；0.3～0.6，"合理"；0.6～0.8，"好"；0.8～1.0，"优秀"。因此，在这种情况下，计算值是介于差与好之间。Armaroli 等（2013）将该模型应用于亚得里亚海沙滩，该沙滩由离岸防波堤保护。他们发现，海滩上部和沙丘趾部的侵蚀是可以被合理预测的，但该模型没有再现沙丘的坡度，因为它没有考虑生物因素（如植物根部），这解释了为何观察到的沙丘坡度较陡。Dissanayake 等（2014）应用该模型评估了风暴对英国西北部塞夫顿海岸的影响。XBeach 被嵌套在一个面积更大的模型，预测海滩变化相当准确，BSS 评分为 0.8 及以上。

Callaghan 等（2013）使用 XBeach 估计风暴侵蚀量的概率。与其他的（和计算更经济的）风暴侵蚀模型如 Kriebel 和 Dean（1993）的卷积模型和半经验的 SBEACH 模型相比，XBeach 模型在澳大利亚的一个案例研究中表现良好，前提是有完整的侵蚀量数据集用于校准 XBeach。XBeach 在物理上对真实行为的预测优势抵消了相对较高的计算需求。

Splinter 等（2014）预测了作用于澳大利亚黄金海岸的一系列相对较小的风暴的累积作用。在这种情况下，4 个群集的风暴比 1 个单一的标准事件（年度概率为每年 1/100）造成更多的侵蚀。XBeach 可以再现观测到的干海滩侵蚀量的大约 20%、海岸线后退至大约 10%。他们表明，风暴顺序的人为变化不会影响总侵蚀量。Karunarathna 等（2014）同时分析了澳大利亚新南威尔士海滩上风暴群的影响。他们使用 XBeach 来估计风暴后的剖面。由于剖面观测往往在事件发生后太长时间才进行，所以仅包括部分海滩恢复阶段。因此，该模型被用来填补数据空白，从而使分析更加准确。他们还发现，一系列风暴造成的侵蚀始终高于 1 个可比较的单一事件（就波浪动力而言），且风暴之间的时间间隔和中期的恢复速度也发挥了作用。

以上表明，风暴作用模型表现良好，但一些物理过程需要注意，如植被存在时的侵蚀、波浪驱动的向岸的沉积物输移、薄层流条件下的沉积物输移和地形粗糙度的影响。

10.1.3.2　砾石海岸

尽管砾石海滩作为成本效益高、可持续的海防形式被广泛使用，但与砂质海滩相比，针对砾石海滩地貌动力学的研究相对较少（Mason 和 Coates，2001），尤其是其对高能波浪条件的地貌动力学响应（Poate 等，2013）。由于缺乏对基本过程的理解，很少有基于过程的模型能够模拟砾石海滩的地貌动力学，应用和验证风暴影响的模型更少。

砾石海滩在 3 个重要方面不同于风暴期间的砂质海滩。第一，砾石海滩通常很陡（$\beta = 0.05 \sim 0.20$），具有反射性，并且具有非常窄的破波带，导致相对次重力带的入射波带起到主要的强迫作用。第二，砾石海滩的渗透性相对较高，导致波浪在冲流时的渗透损失较大，进而导致上冲和回流量的不对称。第三，砾石海滩上的泥沙输运主要由冲流带中的推移质和席状流输移控制，这是由于砾石相对较高的沉降速度和耗散破波带的缺乏导致冲流带中的高能量情况（Buscombe 和 Masselink，2006）。

Van Gent（1995a、1995b、1996）提出了第一个基于数值过程的模型，用于砾石海滩风暴影响的地貌动力学模拟。该模型模拟了可渗透海滩内浅水波和地下水的波内运动，并使用临界运动阈值沿上坡或下坡方向移动底床上的颗粒。在从低到高能量的条件下，使用来自物理模型实验和美国的一个阶地防波堤的数据来验证该模型。

Pedrozo-Acuña 等（2006、2007）修改了一个现有的 Boussinesq 波浪模型（COUL-WAVE；Lynett 等，2002），并将其应用到处于轻度高能强迫条件下的砾石海滩。尽管该模型不包括地下水过程，但发现如果上冲中的沉积物摩擦系数相对于回流增加，则该模型能够相对较好地再现物理模型实验中观察到的阶地建造状况。地下水过程，以及冲流带加速和卷破波下泥沙流态化的影响被假设为造成泥沙摩擦系数的明显差异的原因。

Williams 等（2012）和 Jamal 等（2014）应用了 XBeach 的修改版本，分别模拟砾

石海滩在越流和阶地建造条件下的地貌动力学响应。两项研究都发现砾石海滩的渗透性在形态变化模拟中很重要。虽然研究中使用的 XBeach 模型都没有明确计算入射冲流，但 Jamal 等（2014）发现，需要对底床回流进行额外的参数化，以减少拍岸浪方法所主导的离岸向输送。

最新的基于过程的模型被成功应用于模拟风暴对砾石海滩的影响，该模型是 XBeach-G（McCall 等，2014），是 XBeach 的衍生模型，包括入射波带和次重力波带的非静力计算（Smit 等，2010）和地下水模型，以考虑冲流渗透损失（McCall 等，2012）。通过与物理模型实验期间收集的数据以及在 6 个天然砾石海滩收集的数据进行比较，该模型已被证明能够模拟风暴流体动力学，包括波浪爬高和漫顶（Masselink 等，2015）。此外，只需极少的校准，从阶地建造到障壁翻转（rollover），该模型在预测砾石障壁处于各种受力条件及其障壁响应类型（图 10.4）下的地貌动力学响应方面具有相当高的能力（McCall 等，2015）。

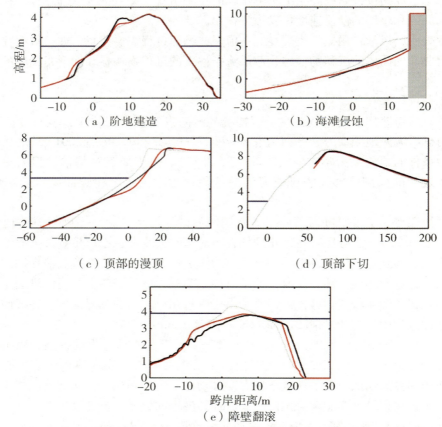

图 10.4　5 个不同事件和位置的观测（黑色）和模拟（红色）的风暴后海滩剖面示例
风暴前的剖面以灰色显示，而最大静止水位由蓝线表示。根据知识共享属性许可，改自 McCall 等（2015）。

10.1.3.3 珊瑚和岩石平台海岸

尽管世界上可能高达 80% 的海岸线（Emery 和 Kuhn，1982）包含/包括热带珊瑚礁的水下珊瑚礁结构，但很少有人研究（与沙滩相比）珊瑚礁环境中的近岸水动力过程。珊瑚礁的野外和模拟研究（见 Van Dongeren 等，2013 年的综述）表明，珊瑚礁表现出与沙滩相似的过程，但有两个重要区别：珊瑚礁的坡度通常更陡、更粗糙，其次是相对平坦的礁顶和潟湖。因此，这里的破波带比沙滩离海岸线远得多，这使波浪的产生、传播和衰减区之间有了明确的区别。此外，由于潟湖动量的存在，波浪引起的环流和增水之间发生分离。根据 Jonsson（1966），XBeach 模型必须通过在波动方程中引入底部摩擦引起的耗散项来扩展。这就引入了一个自由参数 f_w，该参数由 Lowe 等（2007）使用现场数据进行约束。

风暴对珊瑚礁海岸的作用很重要。特别是在小（环礁）岛屿上，（涌浪）波浪引起的爬高、漫顶和淹没不仅造成洪水灾害，而且还造成含水层的盐化。Damlamianet 等（2013）使用 XBeach 为法属波利尼西亚的 5 个环礁制作了淹没风险地图，此前还对短波和长波在礁坪上的传播和消散进行了仔细校准，并伴随着广泛的敏感性研究。Quataert 等（2015）在 Roi-Namur（夸贾林，马绍尔群岛共和国）上使用 XBeach 进行了模拟爬高。虽然波浪变化和平均水位（由于波增水）预测正确，但对最极端的上涨事件预测不足。造成这种情况的一个可能原因是，在静力拍岸浪模型中，短波没有被考虑在内，这意味着在这些情况下应该使用非静力模型。

10.1.3.4 植被海岸

海岸线，尤其是热带间的海岸线，可能有不同类型的植被覆盖，如海带、海草和红树林。这种植被会影响波浪、水流和水位对腹地的影响，并可能有助于降低水力负荷，从而降低洪水风险。植被降低波高的机制是众所周知的（Dalrymple 等，1984；Løvås，2000；Løvås 和 Tørum，2001；Mendez 和 Losada，2004）。然而，植被对平均水位（或波浪引发的增水）的影响不太为人所知，只有少数理论研究（Dean 和 Bender，2006）和实验研究（Wu 等，2011）表明，在某些水动力条件下，植被的存在导致海岸附近的平均水位较低。Mazda 等（2006）、Quartel 等（2007）、Bao（2011）和 Phan 等（2015）记录了风暴期间红树林植被的影响，Moller 等（1999、2014）记录了盐沼植被的影响。

因此，植被的减少减小了波浪增水、漫顶和对形态的影响。Van Rooijenet 等（2015）在 XBeach 运用了一个更完整的植被消散公式，并使用来自不同物理实验的数据测试了该模型。图 10.5 显示了无植被的常规情况下的波高转换和波诱导增水（黑线代表模型结果，圆圈代表观测结果），其中，波浪由于深度引起的破碎而衰减，这导致辐射应力梯度和相抵的波生增水。在植被出现后，短波高度不仅会因破碎而衰减，还会因在冠层的消散（蓝线和正方形）而衰减。Van Rooijenet 等（2015），使用 Mendez 和 Losada（2004）的公式对此进行了非常精确的建模，这在数值模型中被广泛使用和实现。短波高度变化本身对辐射应力梯度的空间分布有影响，因此对波生增水的剖面也有影响，如中间面板的蓝线所示。然而，这一结果与观测值之间仍然存在不匹配（见蓝线），这是由于波浪偏度的影响，导致向岸方向的合力作用于植被场，从而减少了波增水。将这些影响纳入动量方程可以得出一个预测，表明植被可以显著减少甚至消除波增水（中间面板的红线）。

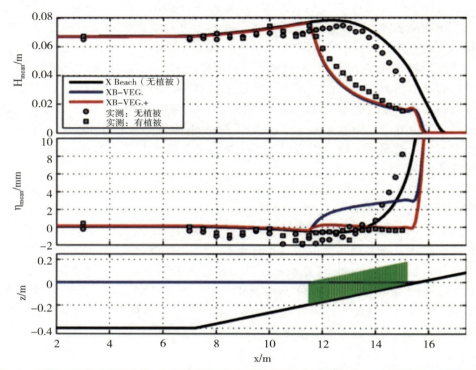

图 10.5　观测（正方形和圆形）和模拟的波高（顶部面板）和平均水位（中间面板）的示例结果
对平均水位的影响由红线和蓝线之间的差异来表示。图由荷兰三角洲研究院的 Arnold van Rooijen 提供。

10.1.3.5　城市化/硬结构海岸

在前几节中，讨论了自然海岸系统。然而，在城市化的环境中，海岸可能包含坚硬的元素，如沙丘脚护岸、海堤、丁坝和建筑物。如图 10.6 所示，在存在结构的情况下，对于砂质海岸的特定情况，沙丘侵蚀和越流在垂直岸线方向和沿岸方向都受到强烈影响。

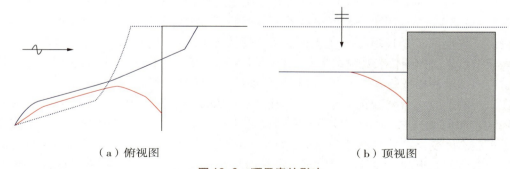

图 10.6　硬元素的影响
蓝线表示没有建筑物的海岸的响应，红线表示存在建筑物时的响应。图由 Kees Nederhoff 提供。

在砂质海岸的情况下,风暴期间从沙丘上侵蚀下来的泥沙沉积在近岸区域,这有助于减少波浪对残余沙丘的影响和侵蚀。当在垂直岸线方向上沙丘表面与硬元素相交时,从沙丘到近岸的部分沉积物供应被阻断,而由结构前面的波浪袭击引起的初始离岸输送能力保持不变。因此,冲刷坑可能会形成(WL·代尔夫特水力学,1987)。侵蚀(冲刷)的量可以变化很大,这取决于(除其他因素外)波浪是否在结构上反射、漫顶或破碎,以及沉积物的特性(Sumer 和 Fredsoe,2002)。总的来说,泥沙截断的一个积极影响是,跨岸侵蚀体积将减少。Irish 等(2013)使用无形态变化的 Bousssinesq 型模型表明,在飓风"桑迪"期间,新泽西州湾顶附近的海堤将沿岸横断面的动量通量减少了至少 50%。XBeach 模型用于随后的数值研究,其中包括形态变化(Smallegan 等,2015)。

硬结构的影响除了在跨岸方向外,沿岸相互作用也会出现。坚硬的结构会增加邻近海岸的侵蚀量(WL·代尔夫特水力学,1993)。这种效果有两个驱动因素:

(1)沉积物从"砂质"向"坚硬"横截面的沿岸交换是由波浪增水差异驱动。由于沉积物供应的中断,硬结构横截面的耗散较小,因此,波浪在结构正前方破碎,而不是在软横截面的离岸一定距离处破碎。这引发了沿岸波浪增水的差异,从而引发了沿岸沉积物的迁移。

(2)局部较高的波浪将冲击软截面,导致更多的侵蚀。由于较弱的软横截面(由于驱动因素1)和建筑周围的衍射,这些波浪更有能量,这增加了离岸沉积物的输运(Nederhoff 等,2015)。

建筑物的沿岸效应已在实验室实验和飓风"桑迪"的后报中重现。Boers 等(2011)在实验室研究表明,沙丘-堤坝的过渡导致邻近海岸的侵蚀增加了 27%,如果堤坝出现裂口,这一比例可能会增加 88%。Nederhoff 等(2015)对飓风"桑迪"对美国新泽西州布里克市奥斯本营地一栋公寓楼的影响进行了后报分析,见图 10.7。建筑物的存在导致邻近海岸的侵蚀量增加,在 266 m 的长度上最大值为 +32%(52 m³/m)。值得注意的是,这种侵蚀增加的模式仅发生在一侧,与入射波的倾角有关。

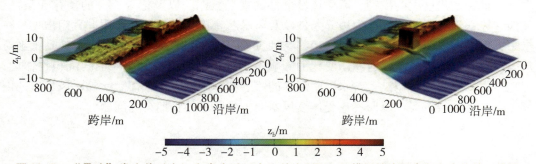

图 10.7 "桑迪"发生前(左)和发生后(右)的由 XBeach 模拟的床面高程和水位的三维图
图由 Kees Nederhoff 提供。

10.1.4 实操（业务化）模型

尽管模拟风暴对形态的作用的计算成本仍然很高，但将这种模型纳入实操（业务化）模型的做法已成为现实。Haerens 等（2012）展示了欧盟资助的欧洲一些业务化的风暴早期预警系统的建设项目（MICORE）成果。Vousdoukas 等（2012）展示了来自同一项目的法罗（葡萄牙）案例研究站点的结果，其中嵌套的 XBeach 模型被现有的运作的波浪预测模型强制生成风暴影响的每日预测，而 Harley 等（2011）展示了意大利 Emilia-Romagna 海岸的系统。在 Van Dongeren 等（2014）和 Van Verseveld 等（2015）的一些案例研究中，这一方法加剧了淹没、波浪冲击和形态变化造成的损害。Barnard 等（2014）在更大的范围内，将数百个 XBeach 横断面模型纳入南加州海岸的业务化地貌动力学预报系统，目的是预测悬崖坍塌情况。该模型系统确定了易受一系列当前和未来海洋海岸灾害作用的沿海地区。

10.2　结　论

本章概述了海岸风暴建模模型类别和每个类别所模拟的物理过程，以及在不同海岸环境中的适用性，如砂质、砾石和珊瑚/岩石海岸和具有坚硬结构和植被的海岸。显然，风暴对这些海岸的作用过程是复杂的，并且由许多子过程组成，如波浪消散、沙丘崩塌、离岸/沿岸和向岸输运。这意味着要仔细理解每一个独立的过程，最好在受控的实验室环境中进行。有了这些数据和认识，就可以校准公式化了的动力过程。目前已经收集了许多实验结果，但还需要更多的实验数据，以便进一步测试风暴作用于海岸的模型。验证原型尺度上的模型，需要风暴事件的现场数据，以及记录充分的预存在条件、波浪、风和浪涌增水的水动力边界条件以及风暴后直接测量的风暴作用。我们预见，在未来，更多在风暴时间尺度上起作用的物理过程将在模型中实现。人们可以想到植被对形态变化的影响、建筑物对海岸变化的影响、砾石和沙子组成的海滩上的沉积物输运，但也可以想到腹地的淹没、含水层中海水的渗透和基础设施的破坏。此外，风暴后的恢复过程也将变得重要，以回答遭受连续风暴袭击的海岸的长期行为问题。

参考文献

[1] ARMAROLI C, GROTTOLI E, HARLEY M D, et al., 2013. Beach morphodynamics and types of foredune erosion generated by storms along the Emilia-Romagna Coastline, Italy [J]. Geomorphology, 199 (Oct. 1), 22-35.

[2] BAO T Q, 2011. Effect of mangrove forest structures on wave attenuation in coastal Vietnam [J]. Oceanologia, 53 (3), 807-818.

[3] BARNARD P L, VAN ORMONDT M, ERIKSON L H, et al., 2014. Development of the Coastal Storm Modeling System (SoSMos) for predicting the impact of storms on high-energy, active-margin coasts [J]. Natural Hazards, 74 (2), 1095 – 1125.

[4] BOERS M, VAN GEER P, VAN GENT M, 2011. Dike and dune revetment impact on dune erosion [C] //Procedings of the Coastal Sediments 2011, Miami, FL.

[5] BRØKER-HEDEGAARD I, DEIGAARD R, FREDSØE J, 1991. Onshore/offshore sediment transport and morphological modeling of coastal profiles [C]. Coastal Sediments '91, 643 – 657.

[6] BUSCOMBE D, MASSELINK G, 2006. Concepts in gravel beach dynamics [J]. Earth-Science Reviews, 79, 33 – 52.

[7] CALLAGHAN D P, RANASINGHE R, ROELVINK D, 2013. Probabilistic estimation of storm erosion using analytical, semi-empirical, and process based storm erosion models [J]. Coastal Engineering, 82, 64 – 75.

[8] CIAVOLA P, FERREIRA O, VAN DONGEREN A, et al., 2015. Prediction of storm impacts on beach and dune systems [M]. In: P. Quevauviller (eds) Hydrometeorological Hazards: Interfacing Science and Policy, First Edition. John Wiley & Sons, Ltd.

[9] DALRYMPLE R A, KIRBY J T, HWANG P A, 1984. Wave diffraction due to areas of energy dissipation [J]. J. Waterw. Port Coast. Ocean Eng., 110 (1), 67 – 79.

[10] DALY C, ROELVINK J A, VAN DONGEREN A R, et al., 2012. Validation of an advective-deterministic approach to short wave breaking in a surf-beat model [J]. Coastal Engineering, 60 (Feb.), 69 – 83.

[11] DAMLAMIAN H, KRUGER J, TURAGABECI M, et al., 2013. Cyclone wave inundation models for Apataki, Arutua, Kauehi, Manihi and Rangiroa Atolls, French Polynesia [R]. SPC SOPAC Technical Report (PR176), September.

[12] DAVIDSON M A, SPLINTER K D, TURNER I L, 2013. A simple equilibrium model for predicting shoreline change [J]. Coastal Engineering, 73, 191 – 202.

[13] DEAN R G, 1977. Equilibrium beach profiles: US Atlantic and the Gulf Coasts [R]. Department of Civil Engineering, Ocean Engineering Report No. 12, University of Delaware, Newark, DE.

[14] DEAN R G, BENDER C J, 2006. Static wave setup with emphasis on damping effects by vegetation and bottom friction [J]. Coastal Engineering, 53 (2), 149 – 156.

[15] DE VET P L M, MCCALL R T, DEN BIEMAN J P, et al., 2015. Modeling dune erosion, overwash and breaching at Fire Island (NY) during Hurricane Sandy [C] //Procedings of the Coastal Sediments 2015, San Diego, USA.

[16] DISSANAYAKE P, BROWN J, KARUNARATHNA H, 2014. Modeling storm-induced beach/dune evolution: Sefton Coast, Liverpool Bay, UK [J]. Marine Geology, 357, 225 – 242.

[17] DOLAN R, DAVIS R E, 1992. An intensity scale for Atlantic coast northeast storms [J]. Journal of Coastal Research, 8 (4), 840 – 853.

[18] EMERY K O, KUHN G G, 1982. Sea cliffs: Their processes, profiles, and classification [J]. Geological Society of America Bulletin, 93 (7), 644 – 654.

[19] HAERENS P, CIAVOLA P, FERREIRA O, et al., 2012. Online operational early warning system prototypes to forecast coastal storm impacts [C] //Proceedings of the 33rd International Contereure. Coastal Engineering 2012, Santander, Spain.

[20] HARLEY M, ARMAROLI C, CIAVOLA P, 2011. Evaluation of XBeach predictions for a real-time warning system in Emilia-Romagna, Northern Italy [J]. Journal of Coastal Research, SI 64, 1861 – 1865.

[21] IRISH J L, LYNETT P J, WEISS R, et al., 2013. Buried relic sea-wall mitigates Hurricane Sandy's impacts [J]. Coast. Eng., 80 (Oct.), 79 – 82.

[22] JAMAL M H, SIMMONDS D J, MAGAR V, 2014. Modeling gravel beach dynamics with XBeach [J]. Coastal Engineering, 89, 20 – 29.

[23] JOHNSON B D, SLEATH-GRZEGORZEWSKI A, 2011. Modeling nearshore morphological evolution of Ship Island during Hurricane Katrina [C] //Proceedings of the Coastal Sediments 2011, Miami, Florida, USA.

[24] JONSSON I G, 1966. Wave boundary layers and friction factors [C] //Procedings of the Tenth Conference on Coastal Engineering. ASCE, Tokyo, Japan.

[25] KARUNARATHNA H, PENDER D, RANASINGHE R, et al., 2014. The effects of storm clustering on beach profile variability [J]. Marine Geology, 348, 103 – 112.

[26] KOBAYASHI N, PAYO A, JOHNSON B D, 2009. Suspended sand and bedload transport on beaches [M]. In: Handbook of Coastal and Ocean Engineering. World Scientific. Chapter 28, 807 – 823.

[27] KRIEBEL D L, 1982. Beach and dune response to hurricanes [D]. Unpublished MS thesis, Department of Civil Engineering, University of Delaware, Newark, NJ, USA.

[28] KRIEBEL D L, DEAN R G, 1993. Convolution method for time-dependent beach-profile response [J]. Journal of Waterway, Port, Coastal, and Ocean Engineering, 119 (2), 204 – 226.

[29] LARSON M, KRAUS N C, 1989. SBEACH: Numerical model for simulating storm-induced beach change; report 1 [J]. Empirical foundation and model development. Technical Report CERC – 89 – 9, Coastal Engineering Research Center, US Army Engineer Waterways Experi-ment Station, Vicksburg, Mississippi.

[30] LARSON M, KRAUS C N, BYRNES M R, 1990. SBEACH: Numerical model for simulating storm-induced beach change; report 2 [J]. Numerical formulation and model tests. Technical Report CERC – 89 – 9, Coastal Engineering Research Center, US Army Engineer Waterways Experiment Station, Vicksburg, Mississippi.

[31] LARSON M, WISE R A, KRAUS N C, 2004. Modeling dune response due to overwash transport [C]. Proc. Coast. Eng., Lisbon, Portugal, 2133-2145.

[32] LARSON M, ERIKSON L, HANSON H, 2004. An analytical model to predict dune erosion due to wave impact [J]. Coastal Engineering, 51 (8-9), 675-696.

[33] LINDEMER C A, PLANT N G, PULEO J A, et al., 2010. Numerical simulation of a low-lying barrier island's morphological response to Hurricane Katrina [J]. Coastal Engineering, 57 (11-12), 985-995.

[34] LONGUET-HIGGINS M S, STEWART R W, 1962. Radiation stress and mass transport in gravity waves with application to 'surf-beats' [J]. J. Fluid Mech., 8, 565-583.

[35] LONGUET-HIGGINS M S, STEWART R W, 1964. Radiation stress in water waves, a physical discussion with applications [J]. Deep Sea Res., 11, 529-563.

[36] LØVÅS S M, 2000. Hydro-physical conditions in kelp forests and the effect on wave damping and dune erosion: A case study on laminaria hyperborea [D]. PhD thesis, University of Trondheim, Norwegian Institute of Technology, Trondheim, Norway.

[37] LØVÅS S M, TØRUM A, 2001. Effect of the kelp laminaria hyperborea upon sand dune erosion and water particle velocities [J]. Coastal Engineering, 44 (1), 37-63.

[38] LOWE R J, FALTER J L, KOSEFF J R, et al., 2007. Spectral wave flow attenuation within submerged canopies: Implications for wave energy dissipation [J]. Journal of Geophysical Research, 112, C05018.

[39] LYNETT P J, WU T R, LIU P L F, 2002. Modeling wave runup with depth-integrated equations [J]. Coastal Engineering, 46 (2), 89-107.

[40] MADSEN A J, PLANT N G, 2001. Intertidal beach slope predictions compared to field data [J]. Marine Geology, 173, 121-139.

[41] MASON T, COATES T T, 2001. Sediment transport processes on mixed beaches: A review for shoreline management [J]. Journal of Coastal Research, 17 (3), 645-657.

[42] MASSELINK G, MCCALL R, POATE T, et al., 2015. Modeling storm response on gravel beaches using XBeach-G [J]. Maritime Engineering, 167 (4), 173-191.

[43] MAZDA Y, MAGI M, IKEDA Y, et al., 2006. Wave reduction in a mangrove forest dominated by Sonneratia SP [J]. Wetlands Ecology and Management, 14 (4), 365-378.

[44] MCCALL R T, VAN THIEL DE VRIES J S M, PLANT N G, et al., 2010. Two-dimensional time dependent hurricane overwash and erosion modeling at Santa Rosa Island [J]. Coastal Engineering, 57 (7), 668-683.

[45] MCCALL R, MASSELINK G, ROELVINK J, et al., 2012. Modeling overwash and infiltration on gravel barriers [C] //Proceedings of the 33rd International Conference on Coastal Engineering, Santander, Spain.

[46] MCCALL R T, MASSELINK G, POATE T G, et al., 2014. Modeling storm hydrody-

namics on gravel beaches with XBeach-G [J]. Coastal Engineering, 91, 231 – 250.

[47] MCCALL R, MASSELINK G, POATE T, et al., 2015. Modeling storm morphodynamics on gravel beaches with XBeach-G [J]. Coastal Engineering, 103, 52 – 66.

[48] MENDEZ F J, LOSADA I J, 2004. An empirical model to estimate the propagation of random breaking and nonbreaking waves over vegetation fields [J]. Coastal Engineering, 51 (2), 103 – 118.

[49] MöLLER I, SPENCER T, FRENCH J R, et al., 1999. Wave transformation over salt marshes: A field and numerical modeling study from North Norfolk, England [J]. Estuarine, Coastal and Shelf Science, 49 (3), 411 – 426.

[50] MöLLER I, KUDELLA M, RUPPRECHT F, et al., 2014. Wave attenuation over coastal salt marshes under storm surge conditions [J]. Nature Geoscience, 7 (Oct.).

[51] NAIRN R B, ROELVINK J A, SOUTHGATE H N, 1990. Transition zone width and implications for modeling surfzone hydrodynamics [C] //Procedings of the 22nd International Conference on Coastal Engineering, Am. Soc. Of Civ. Eng., New York.

[52] NAIRN R B, SOUTHGATE H N, 1993. Deterministic profile modeling of nearshore processes. Part 2. Sediment transport and beach profile development [J]. Coastal Engineering, 19 (1 – 2), 57 – 96.

[53] NEDERHOFF C M, LODDER Q J, BOERS M, et al., 2015. Modeling the effects of hard structures on dune erosion and overwash: A case study of the impact of hurricane sandy on the New Jersey Coast [C] //Procedings of the Coastal Sediments 2015, San Diego, CSA.

[54] NISHI R, KRAUS N C, 1996. Mechanism and calculation of sand dune erosion by storms [C]. Proc. Int. Conf. on Coastal Engineering, 1 (25).

[55] OVERTON M F, FISHER J S, 1988. Laboratory investigation of dune erosion [J]. Coastal and Ocean Engineering, 114 (3), 367 – 373.

[56] PALMSTEN M, HOLMAN R A, 2011. Infiltration and instability in dune erosion [J]. Journal of Geophysical Research, 116, C10.

[57] PALMSTEN M L, HOLMAN R A, 2012. Laboratory investigation of dune erosion using stereo video [J]. Coastal Engineering, 60 (1), 123 – 135.

[58] PEDROZO-ACUÑA A, SIMMONDS D, OTTA A, et al., 2006. On the cross-shore profile change of gravel beaches [J]. Coastal engineering, 53 (4), 335 – 347.

[59] PEDROZO-ACUÑA A, SIMMONDS D J, CHADWICK A J, et al., 2007. A numerical-empirical approach for evaluating morphodynamic processes on gravel and mixed sand-gravel beaches [J]. Marine Geology, 241, 1 – 18.

[60] PHAN L K, VAN THIEL DE VRIES J S M, STIVE M J F, 2015. Coastal mangrove squeeze in the Mekong Delta [J]. Journal of Coastal Research, 31 (2), 233 – 243.

[61] PHILLIPS O M, 1977. The Dynamics of the Upper Ocean [M]. Cambridge Univ. Press,

New York.

[62] POATE T, MASSELINK G, DAVIDSON M, et al., 2013. High frequency in-situ field measurements of morphological response on a fine gravel beach during energetic wave conditions [J]. Marine Geology, 342, 1 –13.

[63] QUARTEL S, KROON A, AUGUSTINUS P G E F, et al., 2007. Wave attenuation in coastal mangroves in the Red River Delta, Vietnam [J]. Journal of Asian Earth Sciences, 29 (4), 576 –584.

[64] QUATAERT E, STORLAZZI C, VAN ROOIJEN A, et al., 2015. The influence of coral reefs and climate change on wave-driven flooding of tropical coastlines [J]. Geoph. Res. Letters, 42, 6407 –6415.

[65] RENIERS A J H M, ROELVINK J A, WALSTRA D J R, 1995. Validation study of unibest-TC model [R]. Report H2130, Delft Hydraulics, Delft, The Netherlands.

[66] ROELVINK D, RENIERS A, VAN DONGEREN A, et al., 2009. Modeling storm impacts on beaches, dunes and barrier islands [J]. Coastal Engineering, 56, 1133 –1152.

[67] ROELVINK J A, 1993. Surf beat and its effect on cross-shore profiles [D]. PhD thesis. Delft University of Technology, Delft, Netherlands.

[68] ROELVINK J A, BRØKER I, 1993. Cross-shore profile models [J]. Coastal Engineering, 21, 163 –191.

[69] SALLENGER A H, 2000. Storm Impact Scale for Barrier Islands [J]. Journal of Coastal Research, 16 (3), 890 –895.

[70] SLEATH-GRZEGORZEWSKI A S, JOHNSON B D, WAMSLEY T V, et al., 2013. Sediment transport and morphology modeling of Ship Island, Mississippi. USA, during storm events [C] //Procedings of the Coastal Dynamics 2013, Bordeaux, France.

[71] SMALLEGAN S M, IRISH J L, DEN BIEMAN J P, et al., 2015. Numerical investigation of developed and undeveloped barrier island response to Hurricane Sandy [C] // Proc. Coastal Structures & Solutions to Coastal Disasters, Boston, Massachusetts.

[72] SMIT P, STELLING G, ROELVINK J, et al., 2010. XBeach: Non-hydrostatic model: Validation, verification and model description [R]. Tech. rep., Delft University of Technology.

[73] SMITH J M, SHERLOCK A R, RESIO D T, 2001. STWAVE: Steady-state spectral wave model user's guide for STWAVE Version 4 [R]. Special Report ERDC/CHL –01 –01 US Army Engineer Research and Development Center, Vicksburg, MS.

[74] SPLINTER K D, PALMSTEN M L, 2012. Modeling dune response to an East Coast Low [J]. Marine Geology, 329 –331, 46 –57.

[75] SPLINTER K D, CARLEY J T, GOLSHANI A, et al., 2014. A relationship to describe the cumulative impact of storm clusters on beach erosion [J]. Coastal Engineering, 83, 49 –55.

[76] STEETZEL H J, 1993. Cross-shore Transport during Storm Surges [D]. PhD thesis. Delft University of Technology.

[77] STIVE M J F, DE VRIEND H J, 1994. Shear stresses and mean flow in shoaling and breaking waves [C] //Procedings of the 24th International Conference on Coastal Engineering, Am. Soc. of Civ. Eng., New York.

[78] SUMER B, FREDSOE J, 2002. The mechanics of scour in the marine environment [M]. In: Advanced Series on Ocean Engineering, World Scientific, 17th edition.

[79] SVENDSEN I A, 1984. Mass flux and undertow in the surfzone [J]. Coastal Engineering, 8, 347 – 365.

[80] SVENDSEN I A, 2003. Introduction to nearshore hydrodynamics [M]. Advanced Series on Ocean Engineering: Volume 24, World Scientific, Singapore.

[81] SYMONDS G, HUNTLEY D A, BOWEN A J, 1982. Two dimensional surf-beat: long wave gener-ation by a timevarying break point [J]. Journal of Geophysical Research, 87 (C1), 492 – 498.

[82] VAN THIEL DE VRIES J S M, 2009. Dune erosion during storm surges [D]. PhD thesis, Delft University of Technology, Delft.

[83] VAN DE GRAAFF J, 1977. Dune erosion during a storm surge [J]. Coastal Engineering, 1, 99 – 134.

[84] VAN DONGEREN A, BOLLE A, VOUSDOUKAS M, et al., 2009. MICORE: Dune erosion and overwash model validation with data from nine European field sites [C] //Procedings of Coastal Dynamics, Tokyo, Japan.

[85] VAN DONGEREN A R, LOWE R, POMEROY A, et al., 2013. Numerical modeling of low-frequency wave dynamics over a fringing coral reef [J]. Coastal Engineering, 73 (Mar.), 178 – 190.

[86] VAN DONGEREN A R, CIAVOLA P, VIAVATTENE C, et al., 2014. RISC-KIT: resilience-increasing strategies for coasts-toolkit [C] //Proceedings 13th International Coastal Symposium, Durban, South Africa.

[87] VAN GEER P, DE VRIES B, VAN DONGEREN A, et al., 2012. Dune erosion near sea walls: Model-data comparison [C] ////Procedings of the International Conference on Coastal Engineering, 1 – 9.

[88] VAN GENT M, 1995a. Wave interaction with berm breakwaters [J]. Journal of Waterway, Port, Coastal, and Ocean Engineering, 121 (5), 229 – 238.

[89] VAN GENT, M, 1995b. Wave interaction with permeable coastal structures [D]. PhD thesis, Delft University of Technology.

[90] VAN GENT M, 1996. Numerical modeling of wave interaction with dynamically stable structures [C] //Proceedings of 25th Conference on Coastal Engineering, Orlando, Florida.

[91] VAN GENT MRA, VAN THIEL DE VRIES J S M, COEVELD E M, et al., 2008. Large-scale dune erosion tests to study the influence of wave periods [J]. Coastal Engineering, 55, 1041 – 1051.

[92] VAN RIJN L C, WASLTRA D J R, GRASMEIJER B, et al., 2003. The predictability of cross-shore bed evolution of sandy beaches at the time scale of storms and seasons using process-based profile models [J]. Coastal Engineering, 47 (3), 295 – 327.

[93] VAN RIJN L, 2007a. Unified view of sediment transport by currents and waves. Initiation of motion, bed roughness, and bed-load transport [J]. J. Hydraul. Eng., 133 (6), 649 – 667.

[94] VAN RIJN L, 2007b. Unified view of sediment transport by currents and waves. II: Suspended transport [J]. J. Hydraul. Eng., 133 (6), 668 – 689.

[95] VAN ROOIJEN A A, MCCALL R T, VAN THIEL DE VRIES J S M, et al., 2016. Modeling the effect of wave-vegetation interaction on wave setup [J]. J. Geophys. Res. Oceans, 121.

[96] VAN VERSEVELD H C W, VAN DONGEREN A R, PLANT N G, et al., 2015. Modeling Multi-hazard hurricane damages on an urbanized coast with a Bayesian network approach [J]. Coastal Engineering, 103, 21 – 35.

[97] VELLINGA P, 1986. Beach and dune erosion during storm surges [D]. PhD thesis. Delft University of Technology. Delft Hydraulics Communication No. 372.

[98] VOUSDOUKAS M, FERREIRA Ò, ALMEIDA L, et al., 2012. Toward reliable storm hazard forecasts: XBeach calibration and its potential application in an operational early-warning system [J]. Ocean Dynamics, 62, 1001 – 1015.

[99] WESTERINK J J, BLAIN C A, LUETTICH R A, et al., 1994. Adcirc: An advanced three-dimensional circulation model for shelves, coasts, and estuaries [R]. Technical Report DRP – 92 – 6 US Army.

[100] WILLIAMS J, DE ALEGRÍA-ARZABURU A R, MCCALL R T, et al., 2012. Modeling gravel barrier profile response to combined waves and tides using XBeach: Laboratory and field results [J]. Coastal Engineering, 63, 62 – 80.

[101] WL DELFT HYDRAULICS, 1987. Systematic research into the effect of dune base defenses (Dutch: systematisch onderzoek naar de werking van duinvoetverdedigingen) [R]. Technical report, M2051-part 2.

[102] WL DELFT HYDRAULICS, 1993. Effect of objects on dune erosion (Dutch: effect bebouwing duinafs-lag) [R]. Technical report, H1696, Delft.

[103] WU W, OZEREN Y, WREN D, et al., 2011. Phase I report for SERRI Project No. 80037: investigation of surge and wave reduction by vegetation [J]. Laboratory Publication, 1, 315.

[104] YATES M L, GUZA R T, O'REILLY W C, 2009. Equilibrium shoreline response: Ob-

servations and modeling [J]. Journal of Geophysical Research, 114, C09014.

[105] YATES M L, GUZA R T, O'REILLY W C, et al., 2011. Equilibrium shoreline response of a high wave energy beach [J]. J. Geophys. Res., 116, C04014.

[106] ZIJLEMA M, STELLING G, SMIT P, 2011. Swash: an operational public domain code for simulating wave fields and rapidly varied flows in coastal waters [J]. Coastal Engineering, 58 (10), 992 – 1012.

11　为应对海岸风暴冲击作准备：海岸带管理方法

José　Jiménez[1], Clara Armaroli[2] 和 Eva Bosom[3]

1　西班牙巴塞罗那理工大学海洋工程实验室；
2　意大利费拉拉大学物理与地球科学系；
3　西班牙巴塞罗那理工大学海洋工程实验室。

11.1 简　　介

海岸风暴会引发一系列的潜在危害，如海岸被侵蚀和被淹没。同时，近几十年来沿海地区的不断发展，受海岸风暴和其他自然灾害影响的人数、各种活动和经济日益增加。这两个因素的结合，导致沿海地区自然灾害的发生越来越频繁，危害也越来越大（如 Zhang 等，2000；Jimerez 等，2012）。然而，正如 Kron（2012）所论述，灾害是极端自然事件的消极影响及对其积极响应（包括有所准备的响应）的共同作用的结果。因此，海岸管理人员最重要的是彻底了解现有潜在灾害的来源，评估海岸损害过程的预期程度以及有关的海岸脆弱性和风险。

近几十年来，海岸脆弱性在认识和管控海岸风险方面已经成为一个重要的概念且深入人心，这是因为学界对海岸风险强度及其后果越来越重视（Alcántara-Araya，2002；Gaolalis 等，2007）。此外，最近几年许多学者也强调了将脆弱性纳入海岸体系管理框架之中的工具的重要性。

数十年来，学者发展了不同的概念和方法以描述在不同空间尺度上海岸风暴的脆弱性。其中，我们强调一种由美国地质调查局（USGS）提出的量化海岸变化相对大小的方法，这种海岸变化很有可能会发生在美国海岸的飓风期间。该框架基于 Sallenger（2000）提出了"风暴作用尺度"这一概念，对热带、温带风暴对天然屏障岛的影响进行了分类。这一概念模型也被其他学者用于推导风暴引发的风险指标，以表征非飓风条件下的海岸脆弱性。因此，遵循类似的方法，Mendoza 和 Jiménez（2008、2009）发展了一种基于海岸指标的方法，以分别评估地中海地区风暴作用下洪水和侵蚀的脆弱性。该框架还可应用于区域尺度，以评估典型风暴对加泰罗尼亚（西班牙）地区的海岸脆弱性。我们还可以在 Jiménez 等（2009）、Almeida 等（2012）和 Armaroli 等（2012）中看到使用这一概念模型对风暴影响进行海岸风险评估的其他例子。

在小空间尺度上，Villatoro 等（2014）分析了欧洲不同环境下开放海滩被淹没和被侵蚀的风险，并提出了一个由风暴引起的海岸洪水和侵蚀的风险评估框架。近期对现有沿海地区自然灾害风险评估方法的综述可见于 Cirella 等（2014）、Rangel-Buitrago 和 Anfuso（2015）。

Ferreira 等（2009）在分析了欧洲不同的海岸风暴风险评估策略后，将它们分为策略应对方法和实操（业务化）方法两类。策略应对方法基本上是为海岸管理的长期规划而设计的，它通常以描述发生海岸风暴事件危害的概率为基础。另一方面，实操方法是基于对海岸状况的实时预测，应用于发生海岸风暴时的应急计划。因此可以认为，这两种方法分别是离线和在线两个方面的风暴引起的风险管理办法。对于离线方法，它的目标是预测一个给定的海岸灾害（或者海岸灾害的组合）所带来的潜在损害，并决定在何处集中力量去预防、对抗或应对其带来的后果。总的来说，该方法的目标是使得风险管理资源的使用达到最优化。而在线方法的目的，是让海岸管理人员针对海岸灾害做出实时决策，以便将给定灾害的实际影响降到最低限度。

Barnard 等（2009）提出了一个综合方法应用的案例，这是由美国地质调查局（USGS）发展的模型框架，该框架同时适用于离线或在线方法，用来预报太平洋海岸风暴增水带来的影响。该方法已考虑的灾害有：海岸洪水、淹没、侵蚀和海崖坍塌。

这两种方法不是相互独立的，事实上，当两者嵌套混合使用时，在海岸风险管理中具有很高的效率。因此，对两种方法理想的综合利用应首先考虑对整个海岸开展区域尺度的分析，以辨别出一些容易受风暴影响的敏感地点。然后，针对这些敏感的地点建立一套在线系统，以期对任何风暴事件所带来的特定影响都可被详细分析。本质上，这两种方法以一种相异却互补的方式来预计风暴的影响。第一种方法用来预测由整体的沿海气候所引起的海岸灾害最有可能发生的位置，而第二种方法用来预测给定风暴在具体（敏感的）区域带来的影响。这两种方法的嵌套结合已被欧盟资助的科研项目 RISC-KIT 所采用（Van Dongeren 等，2014）。

因此，这一章节的主要目的是，从一个海岸管理者的立场去应对海岸风暴的作用。因此，这一章节的内容旨在帮助管理者做好关于灾害风险减小（disaster risk reduction, DRR）措施设计的决策，并根据这些目的合理分配资源。章节的最后，介绍了两种不同而又互补的方法来预计海岸风暴的影响。第一种方法由海岸脆弱性评估框架组成，应用于区域尺度（约 100 km）；第二种方法由应用于局地尺度（1 km）的早期预警系统组成。对于这两种方法，我们会详细地说明需要考虑到的主要方面，以及结合真实案例进行具体分析。

11.2　海岸脆弱性评估框架

11.2.1　总体框架

在这一工作背景下，海岸脆弱性被定义为海岸受风暴影响而受损的潜在可能性。这项评估能够量化风暴作用的差异性，风暴作用是由风暴灾害的强度以及海岸环境应对这些自然灾害的适应能力刻画的。因此，高脆弱性地区被认为更容易受重大自然灾害的影响。应当注意，在这里我们提到的"脆弱性"，并不包括海岸区域社会经济层面的脆弱性，我们主要探讨的是地貌层面的脆弱性。

图 11.1 由 Bosom 和 Jiménez（2011）提出，展示了一个评估风暴作用下海岸脆弱性的方法框架。它包含 3 个主要方面：
- 风暴气候的特性描述（强迫力的定义）；
- 风暴灾害的评估（灾害定量化）；
- 海岸脆弱性评估（脆弱性定量化）。

这类分析的应用可采用刻画风暴强迫力的多元方法，如真实的波浪状况（Prasad 等，2009）或风暴分级（Mendoza 和 Jiménez，2009）；概率方法被强烈推荐（如

Jiménez 等，2009；Bosom 和 Jiménez，2011），用于估计在整个风暴气候中海岸风暴灾害发生的概率。这种方法可提供一种不同海岸段之间脆弱性的"公平"的比较，以识别出最敏感的地区，从而被优先完成灾害风险削减化（disaster risk reduction，DRR）的工作。既然如此，灾害事件发生的可能性是一个标准化的指标，一旦它被决策者选用，在海岸上任意地方的脆弱性都可被用来互相比较。

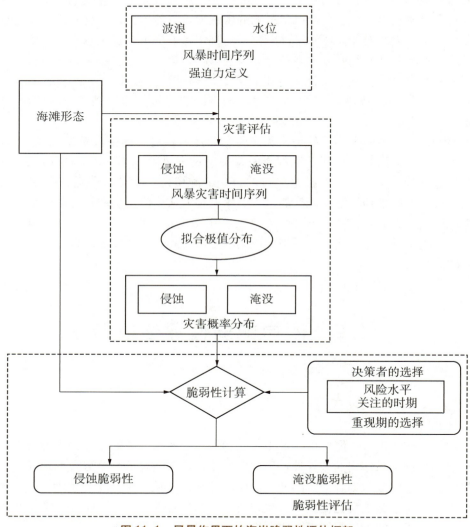

图 11.1　风暴作用下的海岸脆弱性评估框架

11.2.2　如何描述风暴引发的灾害

所有的脆弱性评估框架的关键点之一是，我们如何去正确地评估风暴诱发的灾害。第一个有待我们解决的任务，就是我们应该选择怎样的海岸灾害作为我们分析时对象。当一个极端风暴事件作用于一个砂质海岸，它会产生不同的动力地貌过程响应，这响应受控于风暴特征和海岸的地貌两种因素（如 Morton，2002；Morton 和 Sallenger，2003）。这些过程在不同海岸环境的详尽分析可参见于本书的其他章节（如第四至第七章）。总的来说，运用开放的沉积海岸作为原型，这个框架的最简版本应该包括两项最重要的风暴诱导海岸危害过程：风暴淹没和侵蚀。

当我们评估与给定发生概率的事件作用有关的灾害量级时，在分析工作中引入不确定度的要点之一是事件发生概率的赋值。基于这个问题的本质，风暴灾害不仅仅取决于一个风暴变量（如波高、周期、持续时间），波况与水位高度情况的不同组合也会导致相似的灾害幅度。基于这点事实，我们强烈推荐使用以下所谓的响应办法（详见 Garrity 等，2006）。在这个方法中，波浪和水位时间序列被用来计算那些我们感兴趣的灾害参数，比如海岸线后退、爬高和漫顶（见本书第二、四和第九章）。然后，我们将极值的概率分布拟合到所得到的风险数据集上。从这里开始，我们感兴趣的灾害参数（与所选择的给定概率相关）将直接从其概率分布中计算出来。当风暴波和水位变量（如 H_s、T_p 和持续时间）部分相关或相关性较差时，特别推荐这种方法。这是美国联邦紧急事务管理局（FEMA）洪水研究指南中推荐的方法（Divoky 和 McDougal 等，2006）。Callaghan 等（2008、2013）与 Corbella 和 Stretch（2012）在风暴诱发侵蚀中应用了这个方法，而 Jiménez 等（2009）与 Bosom 和 Jiménez（2010、2011）则在脆弱性评估框架内充分应用它来表征风暴诱发的侵蚀和淹没。

11.2.3　如何量化脆弱性

一旦已知风暴灾害，评估的剩余工作就是确定海岸的脆弱性，这要考虑海岸应对风暴作用的能力。海滩的响应能力是由海滩的宽度来刻画的，海滩越宽，海滩完全被侵蚀的可能性越小。在洪水的情况下，海滩和/或沙丘的高度是一个很好的指标：海滩越高，淹没的可能性越小。

这种作用和响应能力之间的平衡可以用简单的侵蚀和淹没的中间变量 EV 和 IV 来表示，它们的关系表示为：

$$EV = \Delta x / BW \qquad (式 11.1)$$
$$IV = \xi / B_{max} \qquad (式 11.2)$$

其中，Δx 为风暴导致海岸线退却的距离，BW 为海滩宽度，ξ 为风暴导致的总水位，B_{max} 为海滩/沙丘的最大高度。

通过定义灾害下海滩的最优状态和失效状态，每个灾害导致的脆弱性被表述为这些中间变量的函数。这些状态分别定义了零脆弱性和最大脆弱性对应的脆弱性尺度的极限。

对于侵蚀风险，最优状态（零脆弱性）是在给定发生概率的风暴作用下海滩宽度明显大于侵蚀作用。而在另一个极端，失效状态（最大脆弱性）对应的是比风暴侵蚀作用更窄的海滩宽度，这会导致腹地的暴露（如 Jiménez 等，2011）。对于淹没灾害而言，最优状态对应的是海滩显著高于风暴增水期间达到的总水位，而失效状态对应的是海滩/沙丘低于目标水位，因此在风暴期间会发生显著的漫顶。

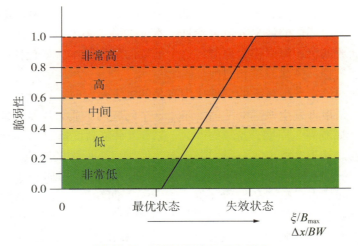

图 11.2　计算脆弱性的函数关系

图 11.2 显示了将脆弱性值与这些中间变量联系起来的潜在函数关系。所求的脆弱性值被按比例量化为从最小值 0（对应在最优状态下的安全海滩）到最大值 1（对应在失效状态下的极度脆弱海滩）。

11.2.4　如何选择要分析的概率

正如前面所说，该框架的主要目标是评估沿海地区在极端事件（风暴）影响下的脆弱性程度。这将使绘制沿海地区的脆弱性成为可能，并可与利益相关者根据目标安全水平给定的概率相关联。在这种情况下，对分析中如何定义极端事件及其发生概率进行讨论是有意义的。极值可以根据事件的特征简单地定义和/或量化（如 Beniston 和 Stephenson, 2004）：
- 它们是如何罕见地发生，这涉及发生频率的概念；
- 它们发生的强度，这涉及阈值超越的概念；
- 它们所产生的影响（如在社会、经济和/或环境方面）。

基于这样的背景，一个极端事件有可能在沿海地区造成地貌和/或社会经济后果。正如所料，不同的地点受风暴的影响是不同的，可能会有不同的重现期（T_r）。因此，极端事件的定义取决于发生的地点。关于在分析中要考虑的概率的选择，尽管对发生地点有依赖性，还有一种可能性是分析给定的通用超出概率。这是在欧盟 EU Floods Directive（EC, 2007）中采用的方法，该方法明确地给出，洪水灾害分布图和洪水风险图将识别出至少 100 年 1 次事件的中等洪水的可能性、极端或低可能性事件的地区。

另一种方法是根据近海岸建筑物的生命周期或设计生命周期的概念选择 T_r。在这里，我们将海滩设想为在风暴影响下保护内陆的一种海岸屏障。在此情况下，生命周期是指海滩在"设计"条件下预计继续提供保护的时间，这个"设计"条件与目标风暴相对应（如 Reeve, 2010）。因此，我们可以利用这个关系预测超越概率（P）、生命周期（L）和重现期（T_r）：

$$P = 1 - \left(\frac{L}{1-T_r}\right)^L \qquad (式11.3)$$

为了选择合适的 T_r 值，我们可以将 L 固定为期望的海滩最小生命周期，而将 P 固定为在该生命周期内可接受的事件发生概率，并作为区域重要性的函数。对于我们高度重视的地区，超过了海滩对风暴的保护能力将会有显著的后果，应采用相对较长的生命周期和较低的事件发生概率。

表 11.1　推荐的海岸保护措施的最小生命周期（Puertos del Estado，2001）

措施类型	重要性	最小生命周期（年）
对大洪水的防御*	高	50
边缘保护和防御	中	25
人工育滩和保护	低	15

＊失效情况下会导致腹地淹没的重要防御工作。

从可操作性的角度来看，生命周期的选择和可接受的超出概率决定了要分析的重现期。对于第一个要素生命周期，参考了分析的预期时间范围：海岸将提供目前的保护水平多久？在给出一个典型的保守答案之前（如很长一段时间），我们必须考虑到沉积海岸通常受到沿岸过程的影响，这影响了它们的稳定性，因而当前的海滩形态（以及相应的保护水平）不一定是稳定的。在对海滩和海岸保护措施的类比中，表 11.1 显示了这些工程的预期生命周期作为其失效预期后果重要性的函数（Puertos del Estado，2001）。第二个变量超出的概率，也取决于灾害影响的重要性。表 11.2 显示了海岸防护工程允许的最大失效概率的建议值，并作为预期后果的函数。

表 11.2　推荐的根据其重要性分类的海岸保护措施失效概率的最大值（Puertos del Estado，2001）

重要性	最大概率
非常高	0.0001
高	0.01
中	0.10
低	0.20

11.2.5　加泰罗尼亚海岸脆弱性评估框架

在上一小节所述的一般方法已应用在辨别加泰罗尼亚沿岸风暴灾害敏感性热点中（西班牙地中海东北海岸，图 11.3）。这一地区可以看作是大多数地中海海岸线的一个很好的例子，它具有高度的地质多样性，并受到巨大的人类活动压力。其 600 km 长的海岸线由悬崖、沙滩、海岸平原和三角洲等各种环境组成。在这仅占 22.8% 的领土上，集中了当地沿海地区行政单位（comarcas）约 62% 的人口和 65% 的国内生产总值（GDP）。加泰罗尼亚海岸在社会经济和环境方面的详细描述可参见 Brenner 等（2006）。

侵蚀是加泰罗尼亚沉积海岸的主要过程。近几十年来，约 70% 的海滩被侵蚀，平均速率约为每年 0.7 m（CIIRC，2010）。直接影响是海滩休闲容量的减少（Valdemoro 和 Jiménez，2006）和内陆地区在风暴作用下的暴露增加（Jiménez 等，2011）。由于这种情况，再加上加泰罗尼亚沿海地区不断加快的城市化进程，尽管此处风暴灾害引发的危险性没有任何上升的趋势，但也可以解释过去 50 年观察到的海岸破坏的显著增加（Jiménez 等，2012）。

图 11.3　加泰罗尼亚海岸

　　Bosom 和 Jiménez（2011）提出了一个框架，以单个海滩作为基本评估单元，用概率方法评估海岸对风暴作用的脆弱性。根据响应方法计算侵蚀、淹没等风暴诱发的灾害强度，然后计算其在海岸边每个位置/海滩上的极值分布（详见 Bosom 和 Jiménez，2011）。利用 Mendoza 和 Jiménez（2006）参数化侵蚀模型的适应性修改版本，将侵蚀灾害量化为最大风暴诱发的海岸线蚀退。淹没灾害参数化为波浪诱发爬高的函数，可利用 Stockdon 等（2006）的模型计算。选择爬高作为主要的洪水灾害指标，是因为与爬高幅度相比，风暴增水对总水位的贡献是次要的（Mendoza 和 Jiménez，2008、2009）。利用现有的后报数据，对该地区约 50 年间发生的所有风暴计算了这两种灾害（Reguero 等，2012）。利用广义极值法（GEV）拟合所得值，计算出局地的极值概率分布。

　　最后，对每种灾害的海岸脆弱性进行评估，通过将其量级与根据关系式 11.1 和关系式 11.2 刻画的海滩响应能力的一个变量进行比较。在获得风暴诱发灾害的概率分布后，就可评估与任何事件发生概率相关的脆弱性。

　　因此，对于 50 年重现期这种相对较低频的灾害（可以认为是代表中、低重要性的暴露），划分高和非常高脆弱性的海岸类型的百分比，在风暴引发的侵蚀和洪水上几乎是同样的（分别为 28% 和 31%）。然而，这并不一定意味着沿海地区同样容易受到这两种灾害的影响。事实上，所使用的方法允许检测出由于波浪气候条件和地貌异质性的组合而导致的脆弱性的高空间变异性。

在上述提到的 50 年重现期中，加泰罗尼亚海岸北部被确定为受到侵蚀的最脆弱地区，这主要是由于该地区的强烈风暴气候和相对狭窄的海滩的存在。另一方面，由于温和至强烈的风暴气候，加上典型的陡峭的海滩斜坡，加泰罗尼亚海岸北部和中部地区是受洪水侵袭最脆弱的地区。

图 11.4 显示了在 comarcas 的 3 个不同重现期（10 年、50 年和 100 年）下海岸脆弱性的小尺度空间变化。所观察到的脆弱性和重现期之间存在着直接关系，这种关系表明更频繁的灾害（低重现期）比更不频繁的灾害（高重现期）导致更低的脆弱性。这是

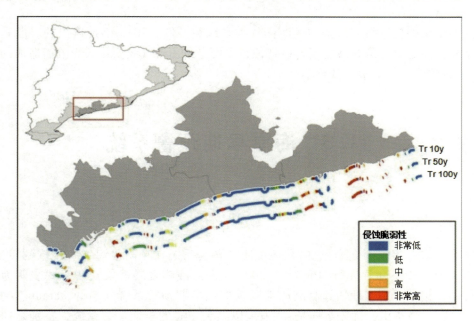

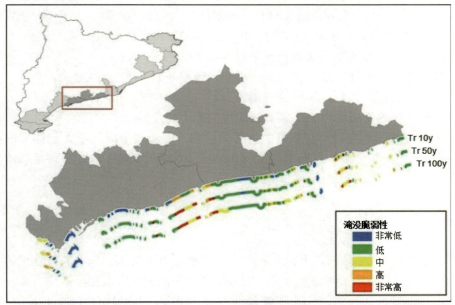

图 11.4　加泰罗尼亚海岸对风暴侵蚀（顶部）和淹没（底部）的脆弱性与不同的重现期有关

在相对狭窄海岸延伸带的预期情况，在这些地区，风暴引发的灾害的强度超过了海岸的弹性复原能力。在侵蚀方面，高度和极高度脆弱海岸线的百分比从 10 年重现期的 12% 增加到最高重现期（100 年）的 26%。在有洪水的情况下，这些值是相似的，10 年和 100 年重现期，分别是 12% 和 24%。

从计算得到的脆弱性指数的空间分布来看，现有的热点区域可以很容易地被辨认出其值明显高于邻近区域。图 11.4 显示了这两种灾害热点的存在，而有些地区表现为仅针对单一风暴引起的灾害热点。这种分析将使管理人员能够根据具体的预期损害，作出减少风险措施的决定。

这些结果是根据研究区当前的海洋气候和地貌条件（2010 年）得出的。但是，方法框架允许在必要时从容地更新这些特征，以便考虑由于气候变化的影响而造成的海岸演变和/或波浪气候的潜在变化。

11.3 海岸早期预警系统

11.3.1 概论

常言道"凡事预则立"，这清楚地说明了预警系统在预防沿海灾害领域的重要性。这在《2005—2015 年兵库行动框架》（2007 年国际战略发展框架）中正式表明为第二优先行动，包括识别、评估和监测风险以及加强早期预警系统（early warning systems，EWSs）。该文件指出，优先事项是："发展以人为中心的早期预警系统，特别是预警系统对那些处于危险中的人来说是及时和可理解的。"因此，在 DRR 指标中，EWSs 发挥着至关重要的作用（Lavell 等，2012）。以人为本的警报系统应包括：
- 风险知识（系统地收集数据并进行风险评估）；
- 监测预警服务（发展灾害监测和早期预警服务）；
- 传播和通信（通信风险信息和预警）；
- 应对灾害的反应能力（国家和社区反应能力的发展）。

EWSs 的总体目标是及时提供有关灾害的信息，以便被暴露的个人能够采取必要的行动来拯救他们的生命并将影响最小化（Basher，2006）。EWSs 信息必须足够清晰和准确，以便转化为有效的行动。

11.3.2 海岸早期预警系统

到目前为止，大多数海岸 EWSs 主要关注"水动力"灾害。这些系统在世界各地的一些著名的例子主要是预测增水成分，如威尼斯潟湖的 alta 增水预报系统（Ferrarin 等，2013；Mariani 等，2015）、英国气象局/EA 联合洪水预报中心（Stephens 和 Cloke，2014）、美国国家飓风中心预报系统中的风暴增水（Morrow 等，2015）和孟加拉国风暴增水 EWSs（Dube 等，2009）。不同的作者都强调了这些早期预警系统显著减少灾害影响和生命损失的能力（如 Paul，2009；Spencer 等，2014；Stephens 和 Cloke，2014）。

海岸风暴灾害预报及其相关警报，很少包括地貌形态成分，即海滩和沙丘对风暴波和流的响应（Vousdoukas 等，2012；Harley 等，2016）。在砂质海岸沿线，海滩特征（坡度、高程和宽度）以及沉积物量和沙丘系统高程之间的相互作用代表了对向陆地地区洪水的额外保护（Armaroli 等，2012）。风暴的作用很大程度上受海滩和沙丘的行为以及这两种形态如何能够吸收海浪能量的影响。因此，一个完整的灾害评估应该将强迫力成分和形态响应一起考虑。欧洲 FP7 MICORE 项目首次尝试为沿海地区实施可操作的预警系统，包括风暴期间的海滩响应，该项目为欧洲不同的沿海地区创建了 9 个 EWSs 原型（Ciavola 等，2011）。这些 EWSs 的目的是为沿海风暴的地貌形态影响提供可靠的预测，以支持民防减灾战略。该系统旨在为决策者提供一套有用的信息，包括 5 个模块（Haerens 等，2012）：

- 由气象和海洋模型导出的强迫力分量的观测模块；
- 模拟海滩对海浪和流的响应的预报模块；
- 决策支持模块，包括有助于决策制定的工具和结果；
- 基于特定阈值的预警模块；
- 为决策者显示警告和其他信息的可视化模块。

11.3.3 艾米利亚-罗马涅海岸预警系统

艾米利亚-罗马涅地区位于亚得里亚海（Adriatic）北部的意大利海岸（图 11.5），由长度超过 130 km 的沙滩组成。该地区的特点是低高度和高度的人群聚居。第二次世界大战后，这里的沿海地区经历了密集的开发，在 20 世纪 70 年代达到顶峰。城市住宅区增加，旅游业成为该地区最重要的经济活动之一。

该地区为微潮环境，最大大潮潮差约为 90 cm（Armaroli 等，2012）。海岸的波浪气候能量较低，91% 的有效波高（H_s）在 1.25 m 以下（Ciavola 等，2007）。风暴的主要方向为东-东北（bora 风）和东南（scirocco 风）。一年重现期风暴的特征是 H_s 为 3.3 m，峰值周期为 7.7 s。风暴增水水平是控制风暴期间总水位的重要因素，十年重现期风暴增水约为 1 m（Masina 和 Ciavola，2011）。

目前，受保护的海滩占了海岸线的近 60%（由丁坝、防波堤、水下屏障、人工堤防、堤坝和碎石堆斜坡保护）。艾米利亚-罗马涅的海岸线大部分暴露在风暴中，事实上，整个区域的海滩近 80% 是永久蚀退的，直接暴露在风暴中的海浪作用和高浪涌增水中。这是一个被高度侵蚀的海岸，由于河流沉积物供应的减少而导致长期沉积物短缺以及大量丁坝、突堤打断了沿岸沉积物的运输。此外，由于海岸地势低洼，该地区极易受到高水位的影响，这可能导致内陆村庄的大面积淹没。Armaroli 等（2012）和 Perini 等（2016）发现该海岸即使是在低重现期（即 10 年）的风暴面前，也显得特别脆弱。因此，改进现有的预防、缓解和备灾措施，是该区域管理人员面临的关键问题。

为此，在艾米利亚-罗马涅大区设计并实施了 EWSs，其最终目标是支持沿海风暴影响的民防减灾战略。系统采用 MICORE 项目内部开发的五模块结构（图 11.6），具体

图 11.5 亚得里亚海（Adriatic Sea）北部的艾米利亚－罗马涅（Emilia-Romagna）地区

描述如下。

观测模块描述了风暴期间的强迫力及其向海岸线的传播，由一系列嵌套的数值模式组成，其中包括 Emilia-Romagna 气象海洋预报系统（Russo 等，2013）。它包括（Harley 等，2016）：

（1）大气模式 COSMO – I7（7km 分辨率，www.cosmo-model.org）提供了大气强迫力。

（2）SWAN 模型（网格分辨率从地中海的 25 km 和意大利地区的 8 km，到艾米利亚－罗马涅海岸的 800 m（Valentini 等，2007），生成和传播波浪。

（3）整个亚得里亚海的海洋模型 ROMS（Haidvogel 等，2008），网格分辨率为 2 km，提供了大气强迫的水位响应。该系统提供 3 天的海浪和水位预报。Russo 等（2013）提供了对 Emilia-Romagna 气象海洋预报系统的完整描述。

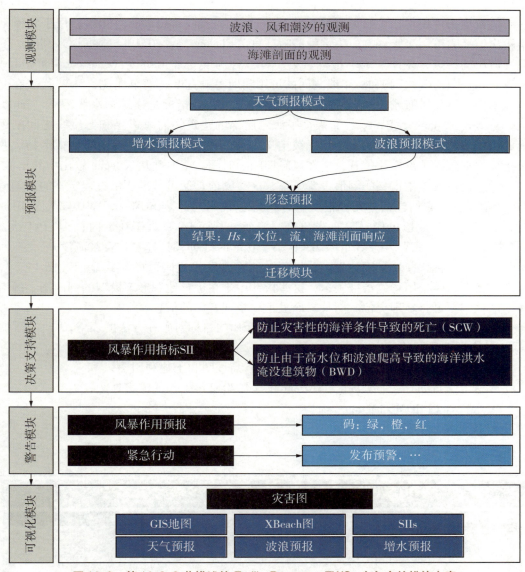

图 11.6 第 11.3.3 节描述的 Emilia-Romagna EWSs 中包含的模块方案

预测模块采用地貌动力学数值模型 XBeach（Roelvink 等，2009）进行设计，沿着选定的海岸剖面图以一维模式运行。该模块由位于每个选定站点附近的特定网格节点上的观测模块（波浪和水位）的输出提供数据。目前，该系统应用于沿埃米利亚－罗马涅海岸线的 22 个剖面，其中 11 个位于 Lido di class 地区，并首次在该地区进行了测试。XBeach 通过 Lido di class 海滩定期调查收集的现场数据进行了广泛的测试和校准（参见 Harley 等，2016 发布的模型设置的详细信息）。需要考虑的一点是，这个模块需要有实际海滩形态的真实表达，这通常是一个限制条件。因此，海滩剖面图是结合 2010 年激光雷达测量的地形数据和 2006 年激光雷达测量的水深数据组成的。Lido di class 是一个例外，在那里，人们会定期对 11 个剖面进行调查（几乎每两个月一次，而且在大风暴之后)。

决策支持模块包括一组风暴作用指标(storm impact indicators,SIIs),用于将模型链输出转换为可用于紧急响应决策的清晰信息(Ciavola 等,2011)。根据埃米利亚-罗马涅海岸的特点,设计了两个指标。第一种被称为安全通道宽度(safe corridor width,SCW),它表征了沙丘脚和海岸线之间的可用陆地海滩宽度。简单地说,SCW 代表在受到风暴作用时可供海滩使用者使用的逃生通道。第二个指标是建筑物水线距离(building waterline distance,BWD),它表征了海滩后部的建筑物向海边界和海岸线之间的距离的可用的陆地海滩宽度。这个指标被定义为风暴期间建筑物淹没/损坏的指示物。两个指标中都包含了海岸线位置,它在风暴期间随时间演变,并从 XBeach 输出中导出。

预警模块根据预定义的阈值设置警报,这些阈值是通过基准测试过程定义的。阈值与 SII 值有关,它们包括:无警报状态("绿色代码"),当 SCW 和 BWD 都大于 10 m 时;中度灾害("橙色代码"),当 SCW 大于 5 m,而 BWD 大于 0 m 时;"红色代号"(最高危险),当 SCW 小于 5 m 及 BWD 小于 0 m 时(即预计建筑物会被淹没)。

最后,可视化模块是网站界面,模型链的输出以"代码"的形式显示(图 11.7)。这 3 个级别的警报用彩色指针表示,这些指针用于在运行地貌形态模型的剖面图上的沿海地区地图上进行地理定位。网页界面显示一系列有用的信息:

- SII 名称,以及它们的定义和包含每个 SII 的目标对象和方法的表格;
- 模型链运行的地点;
- 各种底图(如航空照片、激光雷达数字高程图和土地利用图);
- 基于 Ciavola 等(2008)和 Armaroli 等(2012)工作的灾害地图;
- SWAN 和 ROMS 预报;
- 实测潮汐和波浪;
- 帮助菜单。

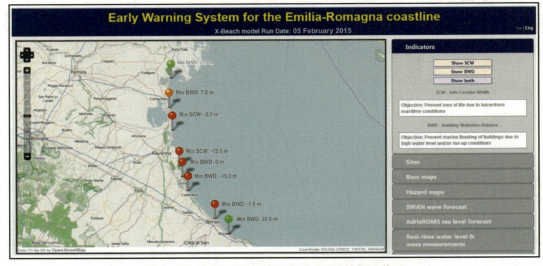

图 11.7　Emilia-Romagna 海岸 EWS 的网页截图

埃米利亚－罗马涅海岸 EWS 首先在 Lido di Dante 和 Classe 进行了测试，然后扩展到沿海的其他 7 个地点（Harley 等，2016），因为它被认为是一种用于民事保护目的的有用工具。在该功能中心里，EWS 的输出结果与气象和海况预报一起被评估。ER 职能中心由 3 个不同区域机构的人员组成，即 ARPA–SIMC、地质服务和民防部门。ARPA–SIMC 提供水文气象和海洋状态（波浪和水位）预报。当天气预报生成时，会根据以下几个标准发出警报：

- 预计水位；
- 预见的风暴持续时间；
- （在已经受到之前风暴的影响下）沿海地区的状况；
- 早期预警系统的输出。

一旦发出警报，所有信息将被发送到参与沿海风险管理的所有区域办公室。

在 2012 年 10 月 31 日的一场风暴中对该系统的性能进行了测试，该风暴对该地区的海岸线造成了广泛的破坏（Harley 等，2016）。测试是基于对整个业务链的技能评估。试验发现，由于 ROMS 模型对风暴增水预测不足，以及 XBeach 模型对地貌形态动力影响的预测过高，系统对风暴作用的预测失败了。换句话说，尽管 EWS 是用于民防目的的强大工具，但它们需要根据许多事件仔细校准。此外，为了加强整体预测的可靠性，链条的每个组成部分都应该单独评估，也应该作为一个整体来评估。

作为持续校准的一个例子，2015 年 2 月 5 日在该地区发生了有记录以来最强风暴之一的作用后，意大利区域地质、地震和土壤服务部门对该地区的 EWS 进行了定性评估。整个沿海地区受到侵蚀和/或洪水的影响，一些家庭从他们的家中撤离（Perini 等，2015）。该系统的性能相当有效，在 8 个研究地点中有 6 个都发出了 EWS 警报（图 11.7）。改进后的系统性能允许整个区域的终端用户将 EWS 视为早期干预链的关键组成部分，因为它经历了模型预测的不断改进。

11.4 结　　论

本章提出的"两步法"解决沿海地区风暴作用的评估，使海岸管理者能够预测潜在的损害，并优化 DRR（灾害风险削减化）的资源配置。它将大空间尺度、基于概率的分析与小型空间尺度、实时预测相结合。

这种方法的第一步包括以一种强有力的方式确定风暴对沿海敏感地区的影响，即采用一个共同的比较基础。为了实现这一点，我们建议以某一给定强度的灾害发生概率作为分析的基础。管理人员将根据要管理的海岸的特点以及目标安全水平来选择这个灾害发生概率。所提出的框架可用于处理任何风暴引起的灾害。这里已经用沉积海岸的两个最重要的灾害,侵蚀和淹没，来阐明了这一点。这两种灾害需要进行单独的评估，因为每种灾害对风暴特征的依赖性不同，而且每种灾害造成的损害也不同。

这一阶段评估的主要结果是，在给定的发生概率下，识别出对风暴作用敏感的海岸地区。这将使海岸管理者能够确定出那些预计会有较大风暴造成损害的地区（至少从地貌角度来看），并就管理风暴风险的资源分配做出更有力的决定。这些信息还将有助于初步选择应考虑 DRR 措施的区域。

该方法的第二步包括提供关于特定地点和特定事件的灾害和预期损害的及时信息。从这个意义上说，它本身就是一个 DRR。这将通过为先前确定的敏感海岸区段开发 EWSs 来实现，目的是帮助受影响的个人采取行动，将影响最小化。

EWSs 是一个集观测、预报、决策、预警和可视化模块为一体的过程链。与任何链条一样，系统的可靠性都由最薄弱的环节控制，因此，这一标准意味着所有系统组件都必须仔细校准，无论是作为单独的元素还是作为整个系统的一部分。应用这一阶段的 EWS 的主要结果是创造预报信息，这将有助于为风暴风险管理作出实时决策。

这两种方法已在不同类型的沿海环境中实施，并证明了它们在适合于相关的灾害条件下的实用性和多功能性。无论如何，决策者必须意识到，要正确管理沿海地区的风暴风险，就需要为这些系统提供真实数据，因此，这些数据必须与适当的数据采集/监测网络相结合。

参考文献

[1] ALCáNTARA-ARAYA I, 2002. Geomorphology, natural hazards, vulnerability and prevention of nat-ural disasters in developing countries [J]. Geomorphology, 47, 107 – 124.

[2] ALMEIDA L P, VOUSDOUKAS M V, FERREIRA Ó, et al., 2012. Thresholds for storm impacts on an exposed sandy coastal area in southern Portugal [J]. Geomorphology, 143 – 144, 3 – 12.

[3] ARMAROLI C, CIAVOLA P, PERINI L, et al., 2012. Critical storm thresholds for significant morphological changes and damage along the Emilia-Romagna coastline, Italy [J]. Geomorphology, 143 – 144, 34 – 51.

[4] BARNARD P L, REILLY B, VAN ORMONDT M, et al., 2009. The framework of a coastal hazards model: A tool for predicting the impact of severe storms [R]. US Geological Survey Open-File Report 2009 – 1073, 19 p.

[5] BASHER R, 2006. Global early warning systems for natural hazards: Systematic and people-centred. Philosophical Transactions of the Royal Society A: Mathematical [J], Physical and Engineering Sciences, 364, 2167 – 2182.

[6] BENISTON M, STEPHENSON D B, 2004. Extreme climatic events and their evolution under changing climatic conditions [J]. Global and Planetary Change, 44, 1 – 9.

[7] Bosom E, 2014. Coastal vulnerabilityto storms at different time scales [D]. Universitat Politècnica de Catalunya BarcelonaTech, Barcelona.

[8] BOSOM E, JIMéNEZ J A, 2010. Storm-induced coastal hazard assessment at regional scale: Application to Catalonia (NW Mediterranean) [J]. Advances in Geosciences, 26, 83 – 87.

[9] BOSOM E, JIMéNEZ J A, 2011. Probabilistic coastal vulnerability assessment to storms

at regional scale-application to Catalan beaches (NW Mediterranean) [J]. Natural Hazards and Earth System Sciences, 11, 475 – 484.

[10] BRENNER J, JIMéNEZ J A, SARDá R, 2006. Definition of homogeneous environmental man-agement units for the Catalan coast [J]. Environmental Management, 38, 993 – 1005.

[11] CALLAGHAN D P, NIELSEN P, SHORT A, et al., 2008. Statistical simulation of wave climate and extreme beach erosion [J]. Coastal Engineering, 55, 375 – 390.

[12] CALLAGHAN D P, RANASINGHE R, ROELVINKD, 2013. Probabilistic estimation of storm erosion using analytical, semi-empirical, and process based storm erosion models [J]. Coastal Engineering, 82, 64 – 75.

[13] CIAVOLA P, ARMAROLI C, CHIGGIATO J, et al., 2007. Impact of storms along the coastline of Emilia-Romagna: The morphological signature on the Ravenna coastline (Italy) [J]. Journal of Coastal Research, SI 50, 540 – 544.

[14] CIAVOLA P, ARMAROLI C, PERINI L, et al., 2008. Evaluation of maximum storm wave run-up and surges along the Emilia-Romagna coastline (NE Italy): A step towards a risk zona-tion in support of local CZM strategies. Integrated Coastal Zone Management-The Global Challenge [M]. Research Publishing Services, Singapore.

[15] CIAVOLA P, FERREIRA O, HAERENS P, et al., 2011. Storm impacts along European coastlines. Part 2: Lessons learned from the MICORE project [J]. Environmental Science and Policy, 14, 924 – 933.

[16] CIIRC, 2010. Estat de la zona costanera a Catalunya. Resum Executiu. Generalitat de Catalunya, Barcelona.

[17] CIRELLA G T, SEMENZIN E, CRITTO A, et al., 2014. Natural hazard risk assessment and management methodologies review: Europe. In: I. Linkof (eds) Sustainable Cities and Military Installations [M]. Springer, 329 – 358.

[18] CORBELLA S, STRETCH D D, 2012. Predicting coastal erosion trends using non-stationary statis-tics and process-based models [J]. Coastal Engineering, 70, 40 – 49.

[19] DIVOKY D, MCDOUGAL W G, 2006. Response-based coastal flood analysis [C] // Proceedings of the 30th International Conference on Coastal Engineering, ASCE, 5291 – 5301.

[20] DUBE S, JAIN I, RAO A, et al., 2009. Storm surge modelling for the Bay of Bengal and Arabian Sea [J]. Natural Hazards, 51, 3 – 27.

[21] EC, 2007. Directive EC of the European Parliament and of the Council of 23 October 2007 on the assessment and management of flood risks [J]. Official Journal, 288, 27 – 34.

[22] FERRARIN C, ROLAND A, BAJO M, et al., 2013. Tide-surge-wave modelling and forecasting in the Mediterranean Sea with focus on the Italian coast [J]. Ocean Modelling, 61, 38 – 48.

[23] FERREIRA O, CIAVOLA P, ARMAROLI C, et al., 2009. Coastal storm risk assess-

ment in Europe: Examples from 9 study sites [J]. Journal of Coastal Research, 1632 – 1636.

[24] GADDIS E B, MILES B, MORSE S, et al., 2007. Full-cost accounting of coastal disasters in the United States: Implications for planning and preparedness [J]. Ecological Economics, 63, 307 – 318.

[25] GARRITY N J, BATTALIO R, HAWKES P J, et al., 2006. Evaluation of the event and response approaches to estimate the 100-year coastal flood for Pacific coast sheltered waters [C] //Proceedings of the 30th International Conference on Coastal Engineering, ASCE, 1651 – 1663.

[26] HAERENS P, CIAVOLA P, FERREIRA Ó, et al., 2012. Online operational early warning system prototypes to forecast coastal storm impacts (CEWS) [C] //Proceedings of the 33rd International Conference on Coastal Engineering, ASCE, management, 45.

[27] HAIDVOGEL D B, ARANGO H, BUDGELL W P, et al., 2008. Ocean forecasting in terrain-following coordinates: Formulation and skill assess-ment of the Regional Ocean Modeling System [J]. Journal of Computational Physics, 227, 3595 – 3624.

[28] HARLEY M, VALENTINI A, ARMAROLI C, et al., 2016. Can an early-warning system help minimize the impacts of coastal storms? A case study of the 2012 Halloween storm, northern Italy [J]. Natural Hazards and Earth System Sciences, 16, 209 – 222

[29] JIMéNEZ J A, CIAVOLA P, BALOUIN Y, et al., 2009. Geomorphic coastal vulnerability to storms in microtidal fetch-limited environments: Application to NW Mediterranean & N Adriatic Seas [J]. Journal of Coastal Research, SI 56, 1641 – 1645.

[30] JIMéNEZ J A, GRACIA V, VALDEMORO H I, et al., 2011. Man-aging erosion-induced problems in NW Mediterranean urban beaches [J]. Ocean & Coastal Management, 54, 907 – 918.

[31] JIMéNEZ J A, SANCHO A, BOSOM E, et al., 2012. Storm-induced dam-ages along the Catalan coast (NW Mediterranean) during the period 1958 – 2008 [J]. Geomorphology, 143 – 144, 24 – 33.

[32] KRON W, 2012. Coasts: The high-risk areas of the world [J]. Natural Hazards, 66, 1363 – 1382.

[33] LAVELL A, OPPENHEIMER C, HESS J, et al., 2012. Climate change: New dimensions in disaster risk, exposure, vulnerability and resilience [C]. In: C. Field, V. Barros, T. Stocker, D. Qin, D. Dokken, K. Ebi, et al. (eds) Managing the risks of extreme events and disasters to advance climate change adaptation. A special report of Working Groups I and II of the Intergovernmental Panel on Climate Change (IPCC), 25 – 64, Cambridge University Press, Cambridge.

[34] MARIANI S, CASAIOLI M, CORACI E, et al., 2015. A new BOLAM-MOLOCH suite for the SIMM forecasting system: Assessment over two HyMeX intense observation periods [J]. Nat-ural Hazards and Earth System Sciences, 15, 1 – 24.

[35] MASINA M, CIAVOLA P, 2011. Analisi dei livelli marini estremi e delle acque alte

lungo il litorale ravennate [J]. Studi Costieri, 18, 87 – 101.
[36] MCFADDEN L, NICHOLLS R J, PENNING-ROWSELL E, 2007. Managing coastal vulnerability [J]. Elsevier, 19, 24 – 27
[37] MENDOZA E T, JIMéNEZ J A, 2006. Storm-induced beach erosion potential on the Catalonian coast [J]. Journal of Coastal Research, SI 48, 81 – 88.
[38] MENDOZA E T, JIMéNEZ J A, 2008. Clasificación de tormentas costeras para El litoral Catalán (Mediterráneo NO) [J]. Ingeniería Hidráulica en México, 23, 21 – 32.
[39] MENDOZA E, JIMéNEZ J A, 2009. Regional geomorphic vulnerability analysis of Catalan beaches to storms [J]. Proceedings of the Institution of Civil Engineers. Maritime Engineering, 162 (3), 127 – 135.
[40] MEUR-FéREC C, DEBOUDT P, MOREL V, 2008. Coastal risks in France: An integrated method for evaluating vulnerability [J]. Journal of Coastal Research, 24, 178 – 189.
[41] MORROW B H, LAZO J K, RHOME J, et al., 2015. Improving storm surge risk communica-tion: Stakeholder perspectives [J]. Bulletin of the American Meteorological Society, 96, 35 – 48.
[42] MORTON R A, 2002. Factors controlling storm impacts on coastal barriers and beaches: A pre-liminary basis for near real-time forecasting [J]. Journal of Coastal Research, 18, 486 – 501.
[43] MORTON R A, SALLENGER A H, 2003. Morphological impacts of extreme storms on sandy beaches and barriers [J]. Journal of Coastal Research, 19, 560 – 573.
[44] PAUL B K, 2009. Why relatively fewer people died? The case of Bangladeshs Cyclone Sidr [J]. Natural Hazards, 50, 289 – 304.
[45] PERINI L, CALABRESE L, LORITO S, et al., 2015. Costal flood risk in Emilia-Romagna (Italy): The sea storm of February 2015 [C] //Coastal and Maritime Mediterranean Confer-ence, Theme 3: Risk management in the Mediterranean, Ferrara, Italy, 44, 225 – 230.
[46] PERINI L, CALABRESE L, SALERNO G, et al., 2016. Evaluation of coastal vulnerability to flooding: Comparison of two different methodologies adopted by the Emilia-Romagna region (Italy) [J]. Natural Hazards and Earth System Sciences, 16, 181 – 194
[47] PRASAD K V S R, ARUN KUMAR S V V, VENKATA RAMU CH, et al., 2009. Significance of nearshore wave parameters in identifying vulnerable zones during storm and normal condi-tions along Visakhapatnam coast, India [J]. Natural Hazards, 49, 347 – 360.
[48] PUERTOS DEL ESTADO, 2001. ROM 0.0. General Procedure and Requirements in the Design of Har-bor and Maritime Structures [M]. Spanish Ministry of Public Works, Madrid.
[49] RANGEL-BUITRAGO N, ANFUSOG, 2015. Review of the existing risk assessment methods [C]. In: N. RANGEL-BUITRAGO & G. ANFUSO, GIORGIO (eds) Risk

Assessment of Storms in Coastal Zones: Case Studies from Cartagena (Colombia) and Cadiz (Spain), Springer International Publish-ing, 7 – 13.

[50] REEVE D, 2010. Risk and Reliability: Coastal and Hydraulic Engineering [M]. Spon Press, London.

[51] REGUERO B G, MENéNDEZ M, MéNDEZ F J, et al., 2012. A Global OceanWave (GOW) calibrated reanalysis from 1948 onwards [J]. Coastal Engineering, 65, 38 – 55.

[52] ROELVINK D, RENIERS A, VAN DONGEREN A P, et al., 2009. Modelling storm impacts on beaches, dunes and barrier islands [J]. Coastal Engineering, 56, 1133 – 1152.

[53] RUSSO A, COLUCCELLI A, CARNIEL S, et al., 2013. Operational models hierarchy for short term marine predictions: The Adriatic Sea example [C] //Proceedings of OCEANS-Bergen 2013 MTS/IEEE, 1 – 6, IEEE.

[54] SALLENGER A H, 2000. Storm impact scale for barrier islands [J]. Journal of Coastal Research, 16, 890 – 895.

[55] SARDá R, AVILA C, MORA J, 2005. A methodological approach to be used in integrated coastal zone management process: The case of the Catalan Coast (Catalonia, Spain). Estu-arine [J]. Coastal and Shelf Science, 62, 427 – 439.

[56] SPENCER T, BROOKS S M, MÖLLER I, 2014. Floods: Storm surge impact depends on setting [J]. Nature, 505 (7481), 26.

[57] STEPHENS E, CLOKE H, 2014. Improving flood forecasts for better flood preparedness in the UK (and beyond) [J]. The Geographical Journal, 180, 310 – 316.

[58] STOCKDON H F, HOLMAN R A, HOWD P A, et al., 2006. Empirical parameterization of setup, swash, and runup [J]. Coastal Engineering, 53, 573 – 588.

[59] STOCKDON H F, SALLENGER A H, HOLMAN R A, et al., 2007. A simple model for the spatially variable coastal response to hurricanes [J]. Marine Geology, 238, 1 – 20.

[60] VALDEMORO H I, JIMéNEZ J A, 2006. The influence of shoreline dynamics on the use and exploitation of Mediterranean tourist beaches [J]. Coastal Management, 34, 405 – 423.

[61] VALENTINI A, DELLI PASSERI L, et al., 2007. The sea state forecast system of ARPA-SIM [J]. Bollettino di Geofisica Teorica e Applicata, 48, 333 – 350.

[62] VAN DONGEREN A, CIAVOLA P, VIAVATTENE C D E, et al., 2014. RISC-KIT: Resilience-Increasing Strategies for Coasts-toolkit [J]. Journal of Coastal Research, SI 70, 366 – 371.

[63] VILLATORO M, SILVA R, MéNDEZ F J, et al., 2014. An approach to assess flooding and erosion risk for open beaches in a changing climate [J]. Coastal Engineering, 87, 50 – 76.

[64] VOUSDOUKAS M, FERREIRA O, ALMEIDA L P, et al., 2012. Toward reliable

storm-hazard forecasts: XBeach calibration and its potential application in an operational early-warning system [J]. Ocean Dynamics, 62, 1001 – 1015.

[65] ZHANG K, DOUGLAS B C, LEATHERMAN S P, 2000. Twentieth-century storm activity along the US east coast [J]. Journal of Climate, 13, 1748 – 1761.

12 风暴侵蚀灾害评估

Roshanka Ranasinghe[1] 和 **David Callaghan**[2]

---

1 荷兰代尔伏特联合国教科文组织 – IHE 研究所；
2 澳大利亚布里斯班昆士兰大学土木工程学院。

12.1 引　　言

海岸风暴侵蚀灾害常常被表示为海岸侵蚀量和/或与其相关的偶发性海岸线蚀退现象（Hoffman 和 Hibbert，1987；Li 等，2014a；Woodroffe 等，2014；Wainwright 等，2015）。对当前以及未来海岸侵蚀量的准确评估，是海岸带管理者、规划者和工程师们的一项关键任务。这些评估也是海岸风险评估、海岸退缩线确定、海岸保护措施设计乃至制定短期和长期海岸带管理/规划策略的首要工作。随着当下可预见的气候变化所导致的风暴浪特征、发生频率的变化（IPCC，2013），以及人类沿海社区（包括相关的开发项目与基础设施）面积的不断增大，如今对于风暴侵蚀灾害的量化比以往任何时候都更加重要。

当我们要以海岸的管理、规划为目的对风暴侵蚀灾害展开研究时，第一个要解决的关键问题就是如何准确定义风暴侵蚀灾害这个概念。在实践中，大多数的项目管理者、规划者需要对预定义重现期的风暴侵蚀量（如 100 年一遇、50 年一遇等）或超出水平（如 1%、10%、99% 的超越概率）进行估算。而对于重现期的适当定义至少应当考虑建筑物的设计寿命，并且如果相关的话，还应将经济周期纳入考虑范围。准确了解风暴侵蚀量的重现期（或者超越概率）的分布情况对于制定风险告知的现场决策而言至关重要。然而，大多数传统采取的确定风暴侵蚀灾害的方法，实际上都只是得到一个在指定重现期或超越等级的风暴浪事件中产生的风暴侵蚀量作为结果。因此，在需要的结果与计算出的结果之间存在一个显著的差异，关于这方面的内容将在本章的下一节内容进行讨论。第二个需要在风暴侵蚀灾害研究中解决的问题是如何根据需要来量化风暴侵蚀量，这主要是通过某些类型的建模活动来完成的，模型的复杂程度取决于多种变量，如可用数据、资金、模型、建模技能等。本章节中，大部分内容将对目前可用于量化风暴侵蚀灾害的各种方法（及它们的局限性、优势）进行总结。

最后，尤其在基于当代的风险告知决策制定框架下，如何通过获取的风暴侵蚀量估计值来制定有效的海岸管理/规划战略，是我们需要解决的问题。这些内容将在本章第 12.4 节中进行阐述。

12.2　诊断难题

历史上，大多数的海岸管理/规划决策都是基于指定重现期风暴浪波高所造成的侵蚀量来制定的，这种想法可能是从更加古老、成熟的洪水治理领域"借"来的。在这里，对于能够承受一定年限重现期（如 100 年）的洪水缓解措施，预测的洪水高度就是根据拥有相同重现期的河流流量下所测量/模拟得到的洪水高度来设计的。并且这种设计方式因为洪水的高度显著地受河流流量的控制，然而对于风暴侵蚀量而言就并非如此了。海岸对波浪作用力的响应是一个高度非线性、多变量影响的过程。给定波高的风暴事件可能造成侵蚀的沙量可能取决于许多其他因素，包括风暴事件持续时间、波浪入射方向、波周期、事件前的海岸剖面形状（即堆积剖面与侵蚀剖面）、同时发生的风暴潮水位、风暴事件发生时的潮汐状态、近海的水深地形特征如珊瑚礁/岛屿等。简而言之，两个风暴事件即使具有相同的波高重现期，它们所导致的侵蚀量完全不同的可能性仍然更大。比方说，1997 年 5 月于澳大利亚悉尼发生了一个 10 年重现期的波高的风暴，但与之相关的侵蚀量的重现期却为 4 年（图 12.1）。这是一个仅基于一次 10 年重现期的风暴波高所制定的海岸管理/规划策略无法缓解具有相同重现期的风暴侵蚀事件的例子。所以，实际上现在的相关行业从业人士们已经开始逐渐认识到，这种设计海岸防护措施的历史传统方法是不合适的，它可能会导致防护措施的设计功能不足（Wainwright 等，2014）。

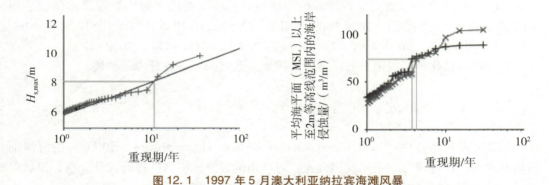

图 12.1　1997 年 5 月澳大利亚纳拉宾海滩风暴
近海有效波高峰值为 8.1 m 或 10 年重现期波高处（左图），由此导致的 4 年重现期侵蚀量为 73m³/m。

一种用于设计抵御指定重现期风暴侵蚀事件的适应/防护措施的更好方法是，直接使用该重现期的风暴侵蚀量作为诊断依据。然而，在一些海岸剖面调查历史记录较长且时间分辨率较高（至少每个月一次）的地方，就可以对实测得到的风暴侵蚀量进行统计分析，进而确定此处风暴侵蚀量的重现期分布（Callaghan 等，2008a），然后推断出更高的重现期侵蚀量设计。然而，世界上除了少数的几个地方以外（澳大利亚东南部纳拉宾的莫鲁亚海滩、日本的波崎海滩、美国北卡罗来纳州杜克海滩），这样理想的数据并不存在。因此，另一种也是唯一的一种选择就是应用海岸剖面模型对大量不同的风暴条件进行多次模拟，并对预测侵蚀量进行后处理，从而计算风暴侵蚀量的重现期分布。这种方法的困难主要在于需要能对常用海岸剖面模型如 XBeach（Roelvink 等，2009）或 SBEACH（Larson，1988；Wise 等，1996）进行上千次单独模拟的计算能力。尽管如此，能够绕开这个难题的方式也在慢慢出现，我们将在 12.3.3 节和 12.3.4 节中进一步讨论。

12.3 量化风暴侵蚀量以服务海岸管理和规划

风暴侵蚀量常用海岸剖面模型来测算（另见第 10 章）。对于海岸管理的目的而言，需要计算的不仅仅是水下部分剖面的侵蚀量，陆地部分的剖面侵蚀量也要进行计算，并且通常需要将沙丘包含进去（如果存在的话）。因此，诸如 UNIBEST-TC（Reniers 等，1995）、LITPROF（Brøker-Hedegaard 等，1991）和 COSMOS（Nairn 和 Southgate，1993）这些仅对水下部分剖面进行模拟的模型在这个方面的应用较为有限。常用于计算风暴侵蚀（包含陆地部分剖面）的通用模型包括经验模型（Kriebel 和 Dean，1993）、半经验模型（SBEACH，Larson，1988；Wise 等，1996）以及完全基于过程的模型（XBeach，Roelvink 等，2009）3 种。此外，在世界的一些地区，存在着用于海岸管理目的但仅适用于特定地点的经验模型，如荷兰的 DUROS（Vellinga，1986）、DUROSTA（Steatzel，1993）、DUROS+（van Gent 等，2008）和 DUNERULE（van Rijn，2009）。

本节将对量化风暴侵蚀量的模型方法按照大致时间顺序进行总结概述。

12.3.1 外推波浪超越特性的海岸剖面模型应用

外推波浪超越特性（extrapolated wave exceedance characteristics，EWEC）的海岸剖面模型应用，在这种方法中，我们首先要对可用的近海波浪数据进行统计分析，以获取不同持续时间的风暴事件的外推风暴浪波高重现期值，如下所示：

（1）根据近海波浪时间序列数据，确定其中有效波高（H_s）超过预定阈值（常为 2.5～3 m，具体数值取决于当地情况）的独立波浪风暴。

（2）通过如下方式估算波高超越曲线：①对每个风暴测定超越波高值，这个值指的是超出它的持续时间为 1 h、6 h、12 h、24 h、48 h 和 72 h 的值；②将各个风暴持续时间内的波高按照升序排列，并指定一个经验重现期（每个风暴持续时间内的最大波高处即被指定为经验重现期 N，其中，N 是一个以年为单位的记录长度，需要指定第二个以及随后的风暴事件重现期，即 $N/2$、$N/3$…以此类推）；③利用指数函数（对数 - 线性坐标图上的直线），将风暴信息外推至极端事件水平。

（3）通过外推波高 - 频率 - 持续时间曲线来估算特定重现期的风暴浪波高（图 12.2）。

50 年或 100 年重现期的波高常被应用于风暴侵蚀灾害的研究中，随后即可根据需要将波高持续时间从图 12.2 中提取出来（常需要通过专家判断决定）。

下一个步骤，就是应用海岸剖面模型来计算设计风暴事件所产生的风暴侵蚀量。然而，在实际应用以前，还需要校准并对模型的准确性进行验证，最理想的情况是验证用的实际风暴事件的重现期应当尽可能接近设计风暴事件的重现期。而作为最低要求，我们至少需要对 3 个独立的风暴事件（1 个用于校准，另外 2 个用于验证）进行充分的波浪、水位以及事件前/后剖面测量。

如果存在需要的数据，这种方法的实现就相对比较简单明了。这种方法的主要局限是：①上述问题与给定重现期的风暴浪波高和相关联的侵蚀量重现期值之间的差异有关；②只能提供一个确定的估计值，因此排除了风险告知决策的制定；③当用于模型校准/验证的风暴事件的重现期值远小于设计风暴事件重现期值的时候，会对模型预测的可靠性产生影响；④当存在两个或两个以上的风暴快速、连续地发生时，由此增强的累积侵蚀效应（即风暴群集效应）没有考虑进去；⑤没有考虑波浪方向对侵蚀作用的影响。

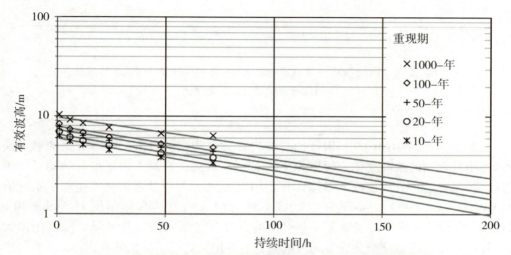

图 12.2 澳大利亚悉尼纳拉宾海滩外推波高 – 频率 – 持续时间曲线
（Callaghan 等，2009）

12.3.2 综合设计风暴方法的海岸剖面模型应用

包括综合设计风暴（synthetic design storm，SDS）方法的海岸剖面模型应用（Carley 和 Cox，2003）是 EWEC 方法的改进版本，它们的主要区别在于，SDS 方法考虑了设计波高重现期的风暴事件期间的波高变化。在这种方法中，上述的统计分析将在模型应用之前，通过如下步骤对特定重现期条件下的综合设计风暴浪波高时间序列进行估算：

（1）用外推波高 – 频率 – 持续时间曲线分别估算 10 年、20 年、50 年、100 年及 1000 年重现期对应的波高 – 持续时间的值（图 12.2）。

（2）使用指数函数（线性 – 对数坐标图上的直线）将风暴信息外推至更长的波高超越持续时间。

（3）对每个重现期，假设风暴事件的时间变化是在最大风暴浪波高发生时间左右对称的，使用拟合函数估计综合设计风暴时间变化（图 12.3）。

在将上述的设计重现期风暴事件确定以后，就可以按照第 12.3.1 节中所述的方法来进行海岸剖面模拟。

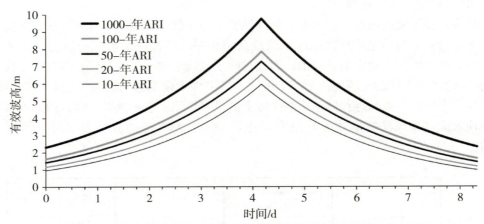

图 12.3　通过 SDS 方法获取的澳大利亚悉尼纳拉宾海滩的各种重现期值设计风暴时间变化曲线

（Callaghan 等，2009）

虽然 SDS 方法中的内在局限性均与 EWEC 方法相同，但由于 SDS 方法能够反映设计风暴事件期间的波高变化，所以相比于 EWEC 方法，它是一种更加科学的可辩护的方法。但是，这种方法也被证明其对小于 10 年重现期的侵蚀量的估算是小于实际值的（Callaghan 等，2009）。Shand 等（2011）针对澳大利亚的具体情况对 Carley 和 Cox（2003）的 SDS 方法进行了改善，并对强迫力分布（如波高）与风暴形态（用澳大利亚沿岸的波浪测量数据来建立空间与概率上的变化）进行了特别的考虑。

12.3.3　联合概率法

Callaghan 等（2008a）试验了几种不同的统计方法，来对澳大利亚悉尼纳拉宾海滩的海岸侵蚀进行模拟，包括 EWEC 方法、结构变量法、联合概率法（joint probability method，JPM）以及 JPM 的全模拟方法。根据这一评估的结果，Callaghan 等（2008a）选择了 JPM 的全模拟方法，主要原因在于它能将两次风暴间的海滩恢复也纳入考虑。这个方法的应用需要如下 3 个主要步骤（图 12.4）：

（1）通过风暴浪与风暴增水气候的统计模拟，获取风暴浪/风暴增水事件的时间序列。

（2）通过海岸剖面模型（即结构函数）将每个风暴浪/风暴增水事件的风暴浪/风暴增水气候量化为海岸侵蚀/堆积的量，这些风暴浪/风暴增水事件是由步骤（1）生成的时间序列（这可能还需要包含波浪变形作用并在需要的地方添加潮汐变化）。

（3）对风暴侵蚀量的时间序列进行处理，从而计算出它们的重现期值（如 12.3.1 节中所述）。

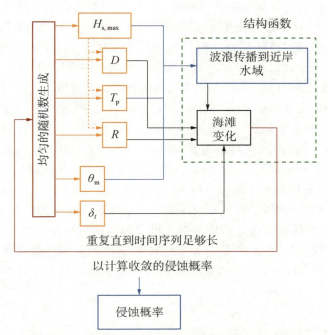

图 12.4 JPM 方法的操作结构（Callaghan 等，2013）

H_s 是有效波高，D 是风暴持续时间，T_p 是峰值波周期，R 是风暴增水，θ_m 是平均风暴浪方向，以及 δ_t 是两个风暴事件的时间间隔。

Callaghan 等（2008a）在对纳拉宾海滩的 JPM 方法初次应用中采用了 Kriebel 和 Dean（1993）提出的经验风暴侵蚀模型（即下文的 KD93）作为结构函数，这主要是为了提高计算效率。这样安排的话，在现代的单处理器（如英特尔 Xeon L5520）上对 1000 年的 JPM 进行模拟大约需要 2 秒。这种 JPM 方法（图 12.5）所给出的风暴侵蚀量重现期分布能够直接应用于风险告知的海岸管理/规划中（见 12.4 节）。

自从 2008 年首次使用以来，JPM 方法通过以下几种方式得到了扩展：通过自举法对置信区间进行估计，将潮汐变化与非线性波的传播包含进结构函数中（Callaghan 和 Wainwright，2013）、将半经验模型 SBEACH 以及完全基于过程的模型 XBeach 包含进结构函数中（Callaghan 等，2013），以及将基于过程的堆积模型包含到结构函数中（Pender 等，2014）。Vuik 等（2015）、Li 等（2014b）、Corbella 和 Stretch（2012）以及 den Heijer 等（2012）都开发出了 JPM 方法的替代版本并加以应用，每个应用也都遵循了上文中 JPM 方法引入的三步骤框架。

相比于 EWEC 方法和 SDS 方法，JPM 方法有几个优点，它们包括：① 直接输出风暴侵蚀量的连续重现期分布，这样就可以绕开第 12.3.1 节中讨论的诊断问题；② 包含了增强的累积侵蚀效应（风暴群）和波浪入射方向对风暴侵蚀的影响；③ 能够通过提供概率性风暴灾害的评估，来直接促进风险告知的海岸管理/规划策略的建立。尽管拥有这些优点，但 JPM 方法也存在一些缺点，包括：① 数值的复杂性和对计算能力有所要求；② 海滩恢复的模拟；③ 当校准/验证用的风暴侵蚀量重现期小于用蒙特·卡罗法进行 1000 年模拟的侵蚀事件的重现期时，模型的预测具有不可靠性。而 Callaghan 等（2008a）通过使用 KD93 经验风暴侵蚀模式作为结构函数，有效地解决了 JPM 方法中数值过于复杂的问题。通过这样的安排，在一个单处理器（英特尔 Xeon L5520）上进行一个 1000 年 JPM 方法模拟的 2000 次自举需要花费大概一小时的时间。然而，当使用更为复杂的模型如 SBEACH 或 XBeach 作为结构函数时，计算同等工作量所需要花费的时间会增加至大约 40 天（Callaghan 等，2013）。如何对风暴后海滩恢复进行准确模拟仍是目前海岸工程研究界一个悬而未决的重要问题，解决方法（精度有限）是用中期测量数据所得到的一段时间内的指数恢复率（Ranasinghe 等，2012）和使用海滩状态模型（如 Yates 等，2011；Splinter 等，2014a）。而关于上面所列出的第三个缺点，Callaghan 等（2013）证明，特别是对于使用 XBeach 模型的 JPM 方法，当 XBeach 模型被校准达到完整重现期分布的实测风暴侵蚀量与模拟风暴侵蚀量之间最佳匹配，而不是按照传统方法仅针对单个独立风暴事件进行校准时，模型预测的可靠性大大提高。这并不意外，因为一般由于缺乏剖面的实际测量，校准用风暴事件的重现期值（重现期值顶多不超过 30 年）可能远低于蒙特·卡罗法模拟中建模使用的大多数侵蚀事件的重现期值（重现期值范围至少是 1～100 年）。

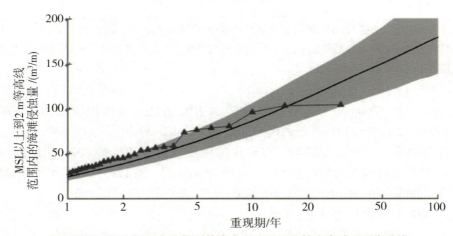

图 12.5　通过 JPM 方法得到的澳大利亚悉尼纳拉宾海滩重现期分布

该应用中，使用 KD93 作为结构函数。95% 的置信区间（阴影部分）是通过将蒙特·卡罗 1000 年的模拟自举 2000 次得到的。图中曲线的三角形表示测得的风暴侵蚀量的重现期分布（修改自 Callaghan 等，2013）。

12.3.4　CS 方法

Corbella 和 Stretch（2012）提出了一种风暴侵蚀概率的预测方法，即 CS（Corbella and Stretch）方法。这种方法能估计出重现期值在已知情况下的预报时间段开始时风暴事件的非定常影响。这种方法涉及利用与时间相关参数的极值分布来模拟波浪、水位气候。然后用一个统计学模型来估计从时间零点到预报期的风暴参数。比如，若已知一个 2010 年重现期值为 100 年的风暴事件并将其选作设计风暴事件，那么 CS 法可以确定出在 2060 年由非定常强迫力塑造出来的风暴特征，即可以对 100 年重现期的风暴进行 50 年的预报。Corbella 和 Stretch（2012）采用这种方法获得了南非德班湾的一个 31 年重现期的风暴事件的 100 年预测数据（基于风暴浪波高、波周期与风暴持续时间）（图 12.6）。CS 方法的主要步骤是：

（1）对风暴强迫参数（风暴期间峰值波高、风暴持续时间、典型波周期与波浪方向、峰值水位）进行统计学建模，包含随时间变化的分布参数的非定常作用效应。

（2）对应于已知（预报开始时）重现期风暴事件，估算其时间相关的非超越概率（整个预报期间）。

（3）通过风暴强迫统计模型的模拟，估算随时间变化的波浪与水位强迫参数（整个预报期间）。

（4）若有需要，可将风暴强迫参数推算到相关的近岸位置（如用 SWAN 模式）。

（5）用经过风暴强迫参数调整的各种形状函数来开发用于风暴侵蚀模型（例如，10 年预测的峰值波高与一个由统计模型提供的具有基本持续时间的三角形函数相结合）的输入时间序列（如波高、波周期、波浪方向以及水位）。

（6）对整个预测期间随时间变化的海滩侵蚀进行估计（如使用 XBeach 模型）。

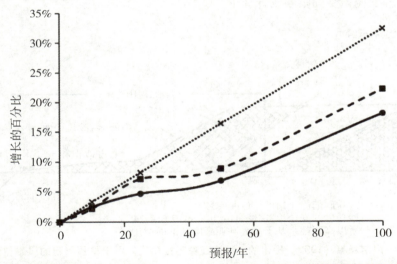

图 12.6 由 CS 方法（Corbella 和 Stretch，2012）计算得到的南非德班湾一个横跨海岸剖面上的 31 年重现期风暴事件相关联的有效波高（细虚线）、水位（长虚线）和侵蚀量（实线）的 100 年预报的百分比增长

这个方法的优势在于包含了非定常强迫作用，并且如果将其应用于大量的不同重现期的风暴事件，能有助于概率设计［尽管 Corbella 和 Stretch（2012）的应用局限于确定性应用］。因此，CS 方法可能会被修改并以一种有用的方式应用于风险告知海岸管理/规划。然而，这种方法与确定性的 EWEC 方法、SDS 方法类似，都不能克服第 12.2 节中所描述的风暴浪波高重现期值与风暴侵蚀量重现期之间存在差异的问题。此外，CS 方法没有考虑风暴群，而风暴群在某些地点可能至关重要（Karunarathna 等，2008；Callaghan 等，2009；Splinter 等，2014b）（另见第 8 章）。因此，需要对这一方法进行进

一步的发展，以应用在由不同时空尺度上若干不同气象特征产生风暴的地区（这将导致风暴持续时间对波高的依赖性降低）。与上面讨论过的方法相同，当模型校准/验证所用的风暴事件重现期值与设计风暴事件重现期值相比显著较小时，CS 方法获得的预测结果的可靠性令人怀疑。

12.4 风暴侵蚀量估算在海岸管理/规划中的应用

海岸管理/规划者常常使用风暴侵蚀量估算的方式来确定海岸退缩线或者风暴缓冲区的位置。可以通过第 12.3.1 节到第 12.3.4 节中所述的任何一个方法以及 Nielsen 等（1992）为此目的所提出的沙丘稳定性模式来获得单一的确定性侵蚀量估算值（图 12.7）。这样，除了估算的风暴侵蚀量以外，还对沙丘坍塌的过程、地基承载力减少的相关陆上带进行了考虑，以获得沿海海岸退缩线和相对保守、安全的位置，退缩线向海部分的人工开发应当受到限制或者禁止。

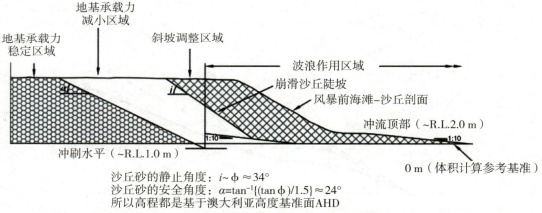

图 12.7 尼尔森等（1992）提出的一种沙丘稳定性模式，用于将预测到的风暴侵蚀量转换为海岸退缩线（或风暴缓冲区）

AHD 是澳大利亚高度基准面，约等于平均海平面（即 MSL 为 AHD = 0）。

通过 JPM 方法（第 12.3.3 节）获得的风暴侵蚀概率估计或许可以直接用于现代风险告知海岸管理/规划框架中去。沿着单一的海滩剖面，JPM 方法能提供风暴侵蚀量的全重现期分布情况。若需要置信区间，那么可以通过 JPM 蒙特·卡罗模拟方法自举来获得（图 12.5）。当对海岸的地形单元（如海湾海岸）进行考虑时，JPM 方法可应用在沿岸的多个跨岸剖面，并且可以将结果合并，以获取不同重现期值下的侵蚀量等值线或者沿海滩方向的超越概率（图 12.8）。而通过将 JPM 方法预测得到的风暴侵蚀量超越概率与财产价值进行结合的方式，也可以得到经济风险估计值（以美元每平方米为单位）（图 12.9）。这类风险评估方法可以与经济因素结合考虑，并利用 Jongejan 等（2011）

描述的经济建模技术来获取经济学上的最优海岸退缩线位置（图 12.9）。

图 12.8　应用 JPM 方法沿着海岸线的大量的跨岸剖面上得到的不同超越概率的侵蚀量等值线

绿色阴影区域表示 2010 年的财产价值。

图 12.9　通过结合 JPM 方法的概率输出以及 Jongejan 等（2011）描述的财产价值与经济建模方法获得的澳大利亚悉尼纳拉宾海滩的风险及经济最优海岸退缩线（蓝线）

12.5 结 论

风暴侵蚀量评估对于全世界的海岸工程师、管理者、规划者而言，都是一项尤为关键的任务。风暴侵蚀量常常被用于海岸退缩线或风暴缓冲区的测定、海岸防护工程结构的设计以及紧急疏散计划的制定。

一个经常被人忽略的重要问题是，"由设计重现期风暴浪波高对应产生的侵蚀量或者设计重现期风暴侵蚀量本身"是否更适用于海岸管理/规划工作。截至目前，前一种方法已经得到广泛使用，因为波浪数据相比于形态数据更容易获取以及/或是缺乏能够用于推导风暴侵蚀量的概率估计的建模方法，而这些建模方法有助于测定风暴侵蚀量的重现期分布。测量结果表明，侵蚀量重现期值及其对应的风暴浪波高重现期值之间确实会存在很大的差异，且前者比后者要小得多。并且由于现在存在可用的能够提供风暴侵蚀量概率估算值的建模方法，因此，我们强烈推荐将风暴侵蚀量重现期值本身应用在未来的海岸管理/规划工程上。

目前，主要有4种以海岸管理/规划为目的的风暴侵蚀量评估方法。其中，EWEC方法与SDS方法都只能返回与设计风暴浪波高相关的风暴侵蚀量的单一确定性估算值。然而，在灾害评估研究受到预算、计算或者建模技能的限制情况下，如果用户对于由这些方法计算得到的风暴侵蚀量的估算相关的注意事项有着清楚的认识的话，这些方法仍然能够用于支持海岸管理/规划战略的制定。尽管如此，这些方法并不能够满足现代风险告知海岸管理/规划框架构建的需求。

至今为止，CS方法在单一应用中也能够得到某设计风暴事件下风暴侵蚀量的单一确定性估算值（尽管是在不同时间），而这个值是通过一个高度复杂的统计学模型计算得到的，这个模型将波高、波周期以及风暴持续时间纳入了考虑。虽然可能需要大量的计算成本，但CS方法能够以不同的方式进行应用，以获得一系列从现在到未来的具有不同重现期值的风暴侵蚀量。

JPM方法，是唯一有能力提供风暴侵蚀量概率性的估算值，并且由之能得到侵蚀量全重现期分布的一种方法。同时，为了计算效率，JPM方法最初是以经验的KD93模型作为结构函数开发出来的。后来的JPM方法框架（den Heijer等，2012；Li等，2014b；Vuik等，2015）则成功地应用了其他更加具有特定区域特点的侵蚀经验模型（分别为DUROS+和DUNERULE）作为结构函数。Callaghan等（2013）对比了JPM方法分别使用3种复杂程度不同的模型（KD93、SBEACH以及XBeach，见图12.10）作为结构函数时的结果。在悉尼纳拉宾海滩的应用表明，JPM-SBEACH能够提供最好的结果，在1～100年间所有重现期值下实测和模拟的风暴侵蚀量之间均有很好的一致性。当Callaghan等（2013）说明与JPM蒙特·卡罗法模拟自举得到的模拟侵蚀量相关的不确定性时发现，数据点落在JPM-KD93法、JPM-SBEACH法以及JPM–XBeach法预测的95%置信区间内的百分比分别为53%、97%以及90%。这些结果表明，尽管如KD93

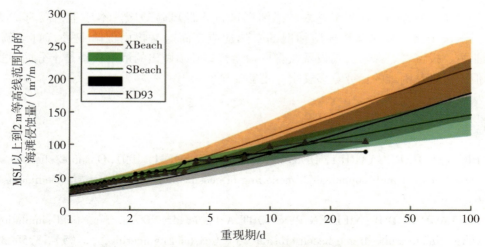

图 12.10　JPM 方法在澳大利亚悉尼纳拉宾海滩的应用

其分别使用了 3 种具有不同复杂程度的结构函数（来自 Callaghan 等，2013）。带符号的实线表示以两种不同方式计算得到的风暴侵蚀量实测值（详情请参见 Callaghan 等，2013）。

这样简单的结构函数在计算效率方面也表现得很好（单处理器上进行 2000 次持续时间为 1000 年的蒙特·卡罗方法模拟需要 1 h），像 SBEACH 或 XBeach 这样更基于过程的结构函数（单处理器上进行 2000 次持续时间为 1000 年的蒙特·卡罗法模拟需要 40 天）则更加注重准确性（注：当离线 XBeach 模拟被用于为随后的 JPM 模拟方法建立侵蚀量查阅表时，JPM-XBeach 方法的 40 天计算时间估计是可应用的）。然而，与不同结构函数相关的相对准确度确实可能会随着不同地点发生变化，这是因为其他地点与纳拉宾海滩上具有不同的动力环境。而且目前为止，所有 JPM 框架的应用都是基于长数据集（20～30 年的连续数据）所得到的风暴浪特征拟合分布。使用由免费波浪后报数据（ERA40，WaveWatch III）得到的拟合分布是否会对最终诊断结果产生影响值得调查研究，即这个分布是否会对风暴侵蚀量的重现期分布值，或更进一步地，是否会对风险地图和/或最优海岸退缩线的位置产生很大影响。如果不会，JPM 框架的通用性将增加很多倍，使之成为一种即使是在数据缺乏环境中也能够适用的风险评估的定量方法。

最后，政府的相应管理机构在海岸灾害评估上得到的定量风险评估和/或最优海岸退缩线，将在很大程度上决定此处海岸带的经济价值、海岸风险和社会人口经济随时间的变化情况。如果像在当下不完善的市场经济条件中经常做的那样，有关政府部门投资于高风险海岸地区的保护（如建造海岸保护结构，或通过回购计划），由于政府的干预意在减少社会风险，进而间接使（感知的）个人风险大幅减少，那么，沿海地区的财产价值将继续上升。在这样的设想下，特别是随着可预见的沿海气候变化的影响，沿海地区的经济风险将继续上升，而最佳海岸退缩线将继续向陆移动，使越来越多的发展中地区变成高风险区域。另外，如果政府不进行干预，并因此创造一个完全的市场经济条件，那么保险公司很有可能大幅提高高风险地区房产的保险费用，或者在极端情况下甚至拒绝为高风险财产进行保险服务（McNamara 和 Werner，2008）。这随后就会增加个人风险，无可避免的结果是位于沿海高风险地区的财产变得越发不受欢迎，使高度膨胀的价格被大大拉低。进而，目前的高风险地区将缓慢转变为低风险地区，并且最优海岸退缩线将自动向海移动，使越来越多的沿海财产进入低风险地区。本质上，政府"无所作为"的决定将导致对海岸风险情况的自然适应，而这又将由保险业进行自动调整。对于业主、投资者、保险公司以及监管机构而言，必须做出的最终抉择是十分简单直接的，但也是极其困难的：究竟多安全才足够安全？

参考文献

[1] BRØKER-HEDEGAARD I, DEIGAARD R, FREDSØE J, 1991. Onshore/offshore sediment transport and mophological modelling of coastal profiles [J]. Coastal Sediments'91, 643–657.

[2] CALLAGHAN D P, NIELSEN P, SHORT A D, et al., 2008a. Statistical simulation of wave climate and extreme beach erosion [J]. Coastal Engineering, 55(5), 375–390.

[3] CALLAGHAN D P, RANASINGHE R, NIELSEN P, et al., 2008b. Process-determined coastal erosion hazards [C] //Proceedings of the 31st International Conference on Coastal Engineering. World Scientific, Hamburg, 4227–4236.

[4] CALLAGHAN D P, RANASINGHE R, SHORT A, 2009. Quantifying the storm erosion hazard for coastal planning [J]. Coastal Engineering, 56(1), 90–93.

[5] CALLAGHAN D P, WAINWRIGHT D J, 2013. The impact of various methods of wave transfers from deep water to nearshore when determining extreme beach erosion [J]. Coastal Engineering, 74, 50–58.

[6] CALLAGHAN D P, RANASINGHE R, ROELVINK D, 2013. Probabilistic estimation of storm erosion using analytical, semi-empirical, and process based storm erosion models [J]. Coastal Engineering, 82, 64–75.

[7] CARLEY J T, COX R J, 2003. A methodology for utilising time-dependent beach erosion models for design events [C] //Proceedings of the 16th Australasian Coastal & Ocean Engineering Conference, Auckland, New Zealand, CD–ROM.

[8] CORBELLA S, STRETCH D D, 2012. Predicting coastal erosion trends using non-stationary statistics and process-based models [J]. Coastal Engineering, 70, 40–49.

[9] VAN GENT M R A, VAN THIEL DE VRIES J S M, COEVELD E M, et al., 2008. Large-scale dune erosion tests to study the influence of wave periods [J]. Coastal Engineering, 55(12), 1041–1051.

[10] DEN HEIJER C, BAART F, VAN KONINGSVELD M, 2012. Assessment of dune failure along the Dutch coast using a fully probabilistic approach [J]. Geomorphology, 143–144, 95–103.

[11] HOFFMAN J, HIBBERT K, 1987. Collaroy/narrabeen beaches, coastal process hazard definition study, 1 [R]. Public Works Department, Coastal Branch, NSW, PWD Report No. 87040, Sydney.

[12] IPCC, 2013. Summary for policymakers. In: T. F. STOCKER, D. QIN, G.-K. PLATTNER, et al., eds) climate change 2013: The physical science basis. contribution of

working group to the fifth assessment report of the intergovernmental panel on climate change [R]. Cambridge University Press, Cambridge, United Kingdom and New York, NY, USA.

[13] JONGEJAN R B, RANASINGHE R, VRIJLING J K, et al., 2011. A risk-informed approach to coastal zone management [J]. Australian Journal of Civil Engineering, 9 (1), 47 – 59.

[14] KARUNARATHNA H, REEVE D, SPIVACK M, 2008. Long-term morphodynamic evolution of estuaries: An inverse problem [J]. Estuarine, Coastal and Shelf Science, 77 (3), 385 – 395.

[15] KRIEBEL D L, DEAN R G, 1993. Convolution method for time-dependent beach-profile response [J]. Journal of Waterway, Port, Coastal and Ocean Engineering, 119 (2), 204 – 226.

[16] LARSON M, 1988. Quantification of beach profile change [D]. Lund University, Lund, Sweden.

[17] LI F, VAN GELDER P H A J M, RANASINGHE R, et al., 2014a. Probabilistic modelling of extreme storms along the Dutch coast [J]. Coastal Engineering, 86, 1 – 13.

[18] LI F, GELDER P H A M V, VRIJLING J K, et al., 2014b. Probabilistic estimation of coastal dune erosion and recession by statistical simulation of storm events [J]. Applied Ocean Research, 47, 53 – 62.

[19] MCNAMARA D E, WERNER B T, 2008. Coupled barrier island-resort model: Emergent instabilities induced by strong human-landscape interactions [J]. Journal of Geophysical Research: Earth Surface (2003 – 2012), 113. F1.

[20] NAIRN R B, SOUTHGATE H N, 1993. Deterministic profile modelling of nearshore processes. Part 2. Sediment transport and beach profile development [J]. Coastal Engineering, 19 (1 – 2), 57 – 96.

[21] NIELSEN A F, LORD D, POULOS H G, 1992. Dune stability considerations for building foundations [J]. Australian Civil Engineering Transactions, Institution of Engineers Australia, CE34 (2), 167 – 174.

[22] PENDER D, CALLAGHAN D, KARUNARATHNA H, 2014. An evaluation of methods available for quantifying extreme beach erosion [J]. Ocean Eng. Mar. Energy, 1 – 13.

[23] RANASINGHE R, HOLMAN R, DE SCHIPPER M, et al., 2012. Quantifying nearshore morphological recovery time scales using argus video imaging: Palm beach, Sydney and Duck, North Carolina [C] //Proceedings of 33rd International Conference on Coastal Engineering, Santander, Spain.

[24] RENIERS A J H M, ROELVINK J A, WALSTRA D J R, 1995. Validation study of unibest-TC model [R]. Report H2130, Delft Hydraulics, Delft, The Netherlands.

[25] VAN RIJN L C, 2009. Prediction of dune erosion due to storms [J]. Coastal Engineering, 56 (4), 441 – 457.

[26] ROELVINK D, RENIERS A, VAN DONGEREN A, et al., 2009. Modelling storm im-

pacts on beaches, dunes and barrier islands [J]. Coastal Engineering, 56 (11 – 12), 1133 –1152.

[27] SHAND T D, MOLE M A, CARLEY J T, et al., 2011. Coastal storm data analysis: Provision of extreme wave data for adaptation planning [R]. Water Research Laboratories, University of New South Wales, School of Civil and Environmental Engineering, Manley Vale, Australia.

[28] SPLINTER K D, TURNER I L, DAVIDSON M A, et al., 2014a. A generalized equilibrium model for predicting daily to interannual shoreline response [J]. Journal of Geophysical Research: Earth Surface, 119 (9), 1936 –1958.

[29] SPLINTER K D, CARLEY J T, GOLSHANI A, et al., 2014b. A relationship to describe the cumulative impact of storm clusters on beach erosion [J]. Coastal Engineering, 83, 49 –55.

[30] STEETZEL H J, 1993. Cross-shore transport during storm surges [D]. Doctoral thesis, Delft University of Technology, the Netherlands.

[31] VELLINGA P, 1986. Beach and dune erosion during storm surges [D]. PhD thesis, Delft Hydraulics Communications No. 372, Delft, the Netherlands.

[32] VUIK V, VAN BALEN W, VAN VUREN S, 2015. Fully probabilistic assessment of safety against flooding along the Dutch coast [J]. Journal of Flood Risk Management, 10 (3), 349 –360.

[33] WAINWRIGHT D J, RANASINGHE R, CALLAGHAN D P, et al., 2014. An argument for probabilistic coastal hazard assessment: retrospective examination of practice in New South Wales, Australia [J]. Ocean & Coastal Management, 95, 147 –155.

[34] WAINWRIGHT D J, RANASINGHE R, CALLAGHAN D P, et al., 2015. Moving from deterministic towards probabilistic coastal hazard and risk assessment: development of a modelling framework and application to Narrabeen Beach, New South Wales, Australia [J]. Coastal Engineering, 96, 92 –99.

[35] WISE R A, SMITH S J, LARSON M, 1996. SBeach: numerical model for simulating storm-induced beach change. Report 4. Cross-shore transport under random waves and model validation with supertank and field data [R]. US Army Corps of Engineers, Waterways Experiment Station, Technical Report CERC – 89 –9, United States.

[36] WOODROFFE C D, CALLAGHAN D P, COWELL P J, et al., 2014. A framework for modelling the risks of climate-change impacts on Australian coasts [M]. In: J. Palutikof, S. Boulter, J. Barnett, D. Rissk (eds) Practical studies in climate change adaptation: Applied climate change adaptation research. John Wiley & Sons, Ltd.

[37] YATES M L, GUZA R T, O'REILLY W C, et al., 2011. Equilibrium shoreline response of a high wave energy beach [J]. Journal of Geophysical Research, 116 (C4), C04014.

结论与未来展望

Giovanni Coco 和 Paolo Ciavola

  本书各章节提供了一个关于风暴对各种海岸系统的作用、我们对风暴期间物理过程的认识以及对来自海洋的极端风暴事件影响的预测和管理能力的先进而深入的见解。在本书提供的概述中，读者了解了关于海洋方面的风暴过程的知识，这些海洋过程主要是波浪、风暴增水和可以带来这些现象的风的贡献。但是，纯粹的气象因素（如极端风速、暴雨、冰雹和雪）以及水文过程（山洪暴发或河流泛滥）可能会对海岸产生额外的影响。这一领域在过去的几十年里取得了显著的进展：我们在极端条件下测量水动力和泥沙输运过程的能力已经提高，现在我们能够同时获得小尺度和快速尺度的水动力和泥沙输运数据。与此同时，我们现在能详细测量大尺度的水深变化，也可以将单个风暴置于气候框架背景中。同样引人注目的还有将快速和小尺度的过程引入数值模型的能力，该类模型试图预测风暴导致的大面积的变化，这是目前风险评估研究的一个关键组成部分。

  然而，知识的增加和新颖的数值模式的发展还没有转化为对风暴作用于海岸的预测改进。造成这种情况的原因是多方面的，一般来说，可以归因于涉及的许多空间和时间尺度，以及使问题进一步复杂化的许多非线性因素。例如，向海岸系统输入的能量发生在从波浪到潮汐的各种时间尺度上，以及大气锋的演变。但让问题更加复杂的是，风暴的频率和之前海滩状况的"记忆"可以有效地决定风暴的作用。与此同时，风暴本质上是非线性过程的集合，其中包括波浪的破碎和泥沙的输移。研究继续推进着我们对这些复杂过程的认识，但越来越多的认识尚未转化为对风暴影响的精确预测。本书的章节生动地阐述了这些观点，因为在许多情况下，我们仍然难以预测风暴是否会侵蚀或增加海岸沉积。这应该不会让读者感到惊讶，因为水位的微小差异可以改变障壁岛的越流从建设性到破坏性的本质特点。

  显然，本书所分析的每一个自然系统都有其独特之处和复杂性。在海崖岸线和珊瑚礁上，系统的岩性和生物学区域特点为该系统提供了如此明确的特征，以至于任何发展普遍参数化的愿望都是难以实现的。

  目前，我们从两个不同的方向来寻找可靠、真实和稳健的数值模型。一种是演绎方法（如基于守恒方程的数值模型的应用），它的优点是在清晰的理论背景和相关的解释力中处理物理过程和相互作用。与此同时，具有强归纳成分的方法（如基于平衡原理的数据驱动岸线位置模型）可以成为更强的特别是在中长时间尺度上的预测工具。我们希望，通过不同的方法来解决海岸侵蚀问题，并可能开发出更直接地解释人为驱动因素和反馈的新方法，以使这一领域的研究取得快速进展。特别是现在，海平面上升使我们的海岸进一步暴露于风暴袭击之下，提高认识和预测能力将直接解决人类社会对改善海岸灾害评估和可能发展早期预警系统需求的问题。

编者后记

本书是编者的多年研究以及与世界各地科学家合作的成果。如果没有来自不同国家诸多机构的资助，这一切都不可能发生。在此，我们特别感谢欧盟促进第七研究框架（如 MICORE 和 RISC-KIT 项目）在海岸风暴过程和作用的研究方面所发挥的作用。感谢 EU-RISC-KIT 项目（批准号 603458）（Paolo Ciavola）和 MBIE-GNS 灾害平台（Giovanni Coco）的持续支持。

保罗·恰沃拉（Paolo Ciavola）要感谢他的妻子克拉拉和儿子莱昂纳多，感谢他们因为与新西兰在时区上的差别时常为联系而熬到深夜，感谢他们一起游览了世界各地的许多海滩和极少的山脉。乔瓦尼·可可（Giovanni Coco）要感谢马蒂亚提醒他，海滩是供人娱乐而不是用来工作的。感谢詹妮弗·蒙塔诺发现了这本书的拼写错误。

我们都在意大利卡塔尼亚长大，那里是欧洲最大火山的山麓。我们都在那里上过科学高中，相距只有几千米。但我们住在岛上的时候从没见过面。我们在意大利和国外不同的地方学习不同的知识，当时命运并没有把我们带到一起。我们环游世界。是科学研究让我们遇见并发现彼此，进而共同编写了本书。有些人可能会把这称为"意外的发现"，毫无疑问，它向我们展示了科学研究能将人们团结在一起的力量，无论他们来自哪个国家、有什么信仰和个人观点是什么。

保罗·恰沃拉

乔瓦尼·可可

译者后记

在气候变化和区域高强度人类活动的共同作用下，海岸带面临着极大的挑战。海岸风暴与长周期平均过程的相互作用影响着海岸带的长期演变过程，这也增加了我们为进行长周期预测和情景分析的建模难度。我在研究和教学中发现，我们需要关于海岸风暴方面系统性的知识。当我们学院的教务员让我开设一门本科生的选修课时，我却发现我们缺少关于这方面系统性知识的教材。幸运的是，我惊喜地发现竟然有一本由诸多国际知名学者撰写的图书 *Coastal Storms: Processes and Impacts*。因此，我希望将这本书翻译成中文，让更多的学者、海岸管理和规划工作者，以及正在饥渴地吸取知识的学生了解目前该领域先进的知识及国际海岸管理方法和经验。

本书的出版，我要衷心感谢中山大学海洋科学学院领导和老师们的支持。感谢课题组同事对我此次翻译工作的理解与支持，同时感谢陈聪睿、王蓉、陈新龙、梁泽铭、彭志勇同学对本书翻译的协助，他们的协助加快了这个工作的进度。感谢学院教务刘亚婷老师、唐丽丽老师和广州中山大学出版社编辑在推进此书出版上作出的努力和工作。

由于译者专业水平与能力有限，书中难免有错漏之处，敬请各位读者、专家学者批评指正。

邓俊杰